JN003186

◉ 情報工学レクチャーテキスト ◉
QKC-8

レクチャー ソフトウェア工学

鵜林尚靖

数理工学社

編者のことば

人工知能，データサイエンスなど膨大なデータを基にした研究や技術開発が加速しています．それを支えるのは，データをどのように収集，処理，提示するかという情報工学の諸技術です．データの処理に関する技術はここ半世紀で飛躍的に進歩してきました．コンピュータがデータを記憶する容量は 100 万倍以上に，計算する速度も 100 万倍以上になりました．このような飛躍的な進歩は他の技術分野には見ることができません．半世紀前の大型コンピュータの性能は，今や手のひらサイズのスマートフォンよりも劣っているような状況です．

世の中の森羅万象は，様々なセンサーを通してデータになり，そして情報になります．また，情報が世の中にフィードバックされることにより，世の中が動いていきます．情報処理技術によって，世の中の状況を観測し，分析し，フィードバックすることによって世の中が動いていくという循環が，至る所で起こっています．現在，最新の情報処理技術は，介護，農業，金融，教育などにも応用され，社会のあらゆる所で活用されています．今後，社会の持続的な発展をはかるには情報処理技術のさらなる発展が不可欠です．そのためには情報処理技術の基礎である情報工学を学ぶことは不可欠であります．

このライブラリは情報工学の基礎を学ぶためのテキストとして編集されました．情報工学を学ぼうとする幅広い読者にわかりやすく説明する丁寧なテキストを目指し，標準的な大学生が独力で理解出来るように工夫されています．経験豊かな著者によって，情報工学の根幹となる「情報理論」，「アルゴリズム」，「コンピュータアーキテクチャ」，「情報ネットワーク」，「パターン認識」，「HCI」等がライブラリとして著されています．また，大学初年時に理系／文系を問わず情報工学の基礎を学ぶためのテキストを意識した「情報工学概論」という 1 冊も加えました．それ以外のテキストも情報工学を専門として学ばない学生にとっても，情報工学を自ら学ぶための参考書として活用できるものを目指しました．

まずは，このライブラリによってしっかりと基礎固めを行い，そこからより高度な情報関連分野の学びに繋げてほしいと思います．そして新しい社会を創造する礎を創ってくれることを期待しています．

2020 年 2 月

谷口 倫一郎，福田 晃

まえがき

本書は，大学生，大学院生，若いソフトウェアエンジニア向けにソフトウェア工学の基礎と実践について解説したものである．

現在の私たちの生活はソフトウェアの存在を抜きにして語ることはできない．銀行オンラインシステム，鉄道運行システム，航空券予約システムなどは私たちの社会基盤を支えている．ゲームソフトウェアなどのアミューズメントは私たちの生活に潤いを与えている．さらに，スマートフォンアプリケーションを通じて，私たちは様々な人々とネットワークでつながっている．

このようなソフトウェアはどのようにして作られるのであろうか？ その作り方について研究するのがソフトウェア工学である．ソフトウェアを利用するのは人間である．その意味で，ソフトウェア工学は人間を対象とした学問である建築学に近い．ル・コルビュジエ（Le Corbusier）は 20 世紀を代表する建築家の一人であるが，彼の有名な言葉に「住宅は住むための機械」がある．これをソフトウェアに置き換えてみると「ソフトウェアは社会生活を支えるための機械」となろう．機械という用語はソフトウェアに馴染まないと感じる方も多いかもしれないが，ソフトウェア工学における巨人の一人であるマイケルジャクソン（Michael Jackson）は，好んでこの機械という用語を使用している．「ソフトウェアは社会生活を支えるための機械」という言葉は，よく考えてみると奥が深い．社会生活を豊かにするには，顧客の要求を深く理解しなければならない．また，要求を理解するだけでなく，顧客が置かれている環境や生活空間を深く分析しなければならない．そうでないと，顧客に合った機械を構築することはできない．さらに，機械である以上，それを設計，制作（プログラミング）し，形あるものにしなければならない．そして，安心してその機械を利用できるように，顧客に手渡す前に念入りにテストをしなければならない．

よく大学でソフトウェア工学を学ぶことは難しいと言われる．理由の一つとして，ソフトウェア工学が対象とする領域が極めて広い点が挙げられる．顧客からの要求獲得では人間的なスキルが重要となるが，その一方で，システムの検証ではオートマトンや数理論理学のようなコンピュータサイエンスの基礎理論が必須となる．また，ソフトウェアの開発成果物（プログラムコードや開発ドキュメント）の変更履歴を分析し，そこから得られた知見を現在進行中あるいは今後の開発に活かすには人工知能やデータサイエンスの知識が必要となる．開発ドキュメントの分析では自然言語処理の知識も必要である．このようにソフトウェア工学を学ぶには幅広い技術や知識が必要となるが，見方を変えれば，ソフトウェア工学を学ぶことにより様々な知識を同時に吸収できるとも言える．これはある意味で大変魅力的なことである．大学でソフトウェア工学を学ぶことの難しさのもう一つの理由は，ソフトウェア工学の意義を真に理解するためには現場での実践体験が重要という点である．プログラミング演習の課題を解いている範囲内では，顧客の要求を理解することが重要と言われてもピンとこないであろう．しかし，最近では大学教育に PBL（Project Based Learning または Problem Based Learning）が標準カリキュラムとして導入されるなど状況は大きく変わりつつある．学生がチームを組みプロジェクトを実践することは，大学に開発現場を作ることに他ならない．当然のことながら，本書で紹介するようなソフトウェア工学の基礎を学ぶことは PBL 教育の効果を向上させる上でも重要である．

ソフトウェア工学の技術や知識を現実のソフトウェア開発に適用することは，実際には容易なことではない．学生や若いソフトウェアエンジニアは，それらの技術や知識の内容は理解できても，その意義や使い方までを理解するのは必ずしも容易なことではない．本書では，ソフトウェア工学の技術や知識と実践の間に横たわるギャップを埋めるのに役立ちそうな知見をコラムという形で多数掲載した．筆者は 20 年以上エンジニアとして電機メーカでソフトウェア工学の研究開発に従事した．現在は大学に所属しているが，こちらも 20 年近く経過している．企業での実務経験と大学に移ってからの教育研究活動から得られた個人的体験に基づいたコラムではあるが，ソフトウェア工学に対する理解の一助になれば幸いである．

本書を執筆するに当たり，東京大学名誉教授の玉井哲雄先生から貴重な助言をいただいた．また，先生の記事「ソフトウェアの語源」の引用については快くご了承していただけた．九州大学の亀井靖高先生，柏祐太郎先生，近藤将成先生，東京大学の佐藤亮介先生には，原稿を詳細にチェックしていただいた．ソフトウェアモデリングツール astah* の使用に際しては，株式会社チェンジビジョン様に大変お世話になった．数理工学社の田島伸彦氏，足立豊氏には，本書の企画から出版まで継続的にサポートしていただいた．ここに感謝の意を表したい．

鵜林 尚靖

令和 3 年 10 月 紅葉の頃

福岡伊都にて

本書の読み方

第1章〜第4章：第1章では，ソフトウェア工学が誕生した背景と概要を紹介する．第2章でソフトウェアを開発するための手順，第3章で代表的なソフトウェア開発方法，第4章でソフトウェアモデリングについて解説する．これらは第5章以降を読むための用語と概略的な知識を提供する．ただ，内容がやや抽象的なため，初学者にとっては理解が容易でない部分があるかもしれない．その際は適宜読み飛ばしていただいて構わない．第12章まで読んだ後にもう一度振り返ると理解が深まるであろう．

第5章〜第12章：第5章，第6章，第7章では，学務情報システムという身近な事例を通じて，要求獲得，ソフトウェア分析，ソフトウェア設計と実装について具体的かつ詳細に解説する．続く第8章でソフトウェアテスト，第9章で形式手法，第10章でソフトウェア保守，第11章でソフトウェア品質について解説する．第12章では，ソフトウェア開発を円滑に進めるために必要となるプロジェクトマネジメントとソフトウェア開発環境の整備について紹介する．ただし，本書の主たる読者が学生や若いソフトウェアエンジニアであることを考慮し，プロジェクトマネジメントの詳細には立ち入らずにPBL受講時に有用なものに限定して解説する．これらの章は順番に読み進めていただきたい．

第13章：本書の執筆に当たっては，教科書という性格上，月日が経過しても，ソフトウェア工学の基礎知識として重要であり続けるであろうテーマに絞った．ただし，現在，ソフトウェア工学研究の最前線で話題のトピックのうち，今後さらに重要性が増すと思われるものについては，第13章の「これからのソフトウェア工学」で簡単に触れることにした．

本書の主たる読者は学生や若いソフトウェアエンジニアではあるが，実はベテランのソフトウェアエンジニアが知識の再整理を目的に読まれることも想定している．その際は好きな章から読んでいただいて構わない．現在学生の方には本書を3回読んでいただきたい．最初は学生時代，次はエンジニアになったとき，3回目はエンジニアとして一通りの技術やスキルを身につけ後輩を指導する立場になったときである．それぞれの時期に合った発見があることを期待している．

目　次

第4章

第5章

第6章

第 7 章

第 8 章

第 9 章

第10章

第11章

第12章

第1章

ソフトウェア工学とは

ソフトウェアの作り方を研究する学問分野は，ソフトウェア工学と呼ばれる．その狙いは，ソフトウェア開発も電気・電子，建築，土木などと同じような工学にしてゆこうとするものである．本章では，ソフトウェア工学が生まれた背景や歴史，ソフトウェア工学を構成する知識領域を俯瞰《ふかん》する．

1.1 ソフトウェアと工学

ソフトウェア工学に関する具体的な知識や手法の説明に入る前に，「ソフトウェア」や「工学」という言葉が何を意味するのか，またそれらが結びついた「ソフトウェア工学」が目指すものが何なのかについて簡単に触れることにする．

1.1.1 ソフトウェアの語源

私たちは日頃あまり意識することなくソフトウェアという言葉を使用しているが，この言葉はいつ頃どのようにして生まれたのであろうか？ 玉井哲雄氏がソフトウェアの起源について興味深い調査を実施している．少々長くなるが，以下にその一部を引用する．

> これまでに知られている範囲では，プリンストン大学の統計学専門のテューキー（J. W. Tukey）教授が，米国数学月報（American Mathematical Monthly）の1958 年 1 月号に書いた論文の中に現れる「ソフトウェア」がもっとも古い用例ということになっている．これはイェール大学法学スクールの司書であるシャピロ（F. R. Shapiro）が見つけ，『IEEE 計算の歴史年報（The IEEE Annals of the History of Computing)』の 2000 年 4-6 月号にそれを報告して世の中に知られるようになった．
> テューキーが書いたのは「具象数学の教育」と題する論説で，応用数学は重要なのに純粋数学から低く見られがちであり，その教育方法も工夫されていない，という認識のもとに，応用ないし具象数学をいかに教えて活性化させたらよいかについて，提言を行ったものである．その中でソフトウェアが現れるのは，次の部分である．
> 「今日では，精細に作られた解釈ルーチン，コンパイラ，その他の自動プログラミン

> グからなる『ソフトウェア』は，真空管，トランジスタ，回線，テープなどの『ハードウェア』と少なくとも同程度に，現代の電子計算器（electronic calculator）にとって重要である．」
> 確かに，ここでテューキーが「ソフトウェア」を新語として考案して披露していると取れないこともないが，むしろすでに一部で流通し始めた語を，いち早く取り入れたというようにも読める．しかし，「ソフトウェア」という用語の創始者をテューキーに仮託したくなる事情が別にある．というのは，テューキーは「ビット」という語の創始者であるという説が有力なのである．
> （引用元：ソフトウェアの語源，bit，Vol.33，No.1 (2001)，pp.54-57）

「ソフトウェア」という言葉には実はこのような歴史的背景があったのである．この言葉の創始者として有力視されるテューキーが「ビット」という言葉の創始者としても有力視されているのは大変興味深い．また，「精細に作られた解釈ルーチン，コンパイラ，その他の自動プログラミングからなる『ソフトウェア』」というくだりも歴史性を感じる．現在では，自動プログラミングというと夢の技術であるが，当時はあまり堅苦しくこの言葉を使っていたわけではないことがわかる．当時，コンパイラは自動プログラミングの一つと考えられていた．世界初のコンパイラがバッカス（J. W. Backus）により開発されたのが1957年で，テューキーの論文が発表されたのがその翌年の1958年であることを考えると，当時の人々が「ソフトウェア」という言葉を使い始めた理由もわからないでもない．おそらく，当時の人々はコンピュータの世界に新しい風を感じたのだと思う．

「ソフトウェア」という言葉の誕生後，世の中のソフトウェアはその機能や規模を飛躍的に発展させた．現在では，ソフトウェアは重要な社会基盤となり，ソフトウェアなしでは1日たりとも私たちは生活を送ることができない．このようなソフトウェアを体系だって品質高く開発するには工学が必要となる．

1.1.2 工学とは

ソフトウェア工学について説明する前に，そもそも工学とは何かについて考えてみたい．工学に対応する英語はengineeringであるが，オックスフォード現代英英辞典では以下のように定義されている．

> *The activity of applying scientific knowledge to the design, building and control of machines, roads, bridges, electrical equipment, etc.*

工学とは，科学的知識を，機械，道路，橋梁，電気設備などの設計，建造，制御に応用する活動とある．すなわち，数学や物理学の理論や知識を応用して，社会に役立つものを開発するのが工学である．

1.1.3　ソフトウェア工学の定義

オックスフォード現代英英辞典における「工学」の定義部分で machines 以降の部分を software に置き換えれば，ソフトウェア工学の定義になりそうである．

ところで，ソフトウェアの場合の科学的知識とは何であろうか？　まず思い浮かぶのは，プログラミング言語理論，数理論理学，オートマトン，オペレーティングシステム，データベースなどのコンピュータサイエンスの基礎知識である．しかし，コンピュータサイエンスの基礎知識だけで十分かというとそうではない．自動車に搭載する車載システム，鉄道運行システム，銀行オンラインシステムなど私たちの社会を支えるような大規模かつ複雑なソフトウェアを開発しようとすると，多くのエンジニアが参画する巨大なプロジェクトを効率良く推し進めなければならない．また，そのようなソフトウェアの構築に当たっては，顧客や利用者からシステムに期待するニーズを漏らすことなく引き出す必要がある．エンジニアの仕事はある意味で非常に人間臭い．したがって，エンジニアにはコンピュータサイエンスの知識だけでなく，ヒューマンスキルなどの人文社会分野の知識も必要となる．

ソフトウェア工学は，コンピュータサイエンスや人文社会分野の知識を駆使して，社会に役立つソフトウェア製品やシステムを提供するための学問分野と位置づけることができる．

国際標準化機構（International Organization for Standardization，ISO）では，ソフトウェア工学を以下のように定義している．

> *The application of a systematic, disciplined, quantifiable approach to the development, operation, and maintenance of software; that is, the application of engineering to software.*
>
> （引用元：*ISO/IEC TR 19759:2016 Software Engineering – Guide to the Software Engineering Body of Knowledge*（*SWEBOK*）および（*ISO/IEC/IEEE 12207:2017 Systems and software engineering–Software life cycle processes, 3.1.52*）

ソフトウェアの開発・運用・保守に，体系的，規律的，定量化可能なアプローチを適用すること，すなわち，ソフトウェアに工学を適用することがソフトウェア工学である．本書では，「体系的，規律的，定量化可能な」アプローチとしてどのようなものがあるのか，それらのアプローチをどのようにソフトウェアの開発・運用・保守に適用してゆけばよいのか，について解説する．

1.2　ソフトウェア工学誕生の歴史的背景

ソフトウェアの開発・運用・保守に工学的アプローチが必要というのは，現在の私たちにとっては当然のことのように思われるが，ソフトウェア工学は，いつ，どのような理由で誕生したのであろうか？

図 1.1 は，ソフトウェア工学の誕生から現在に至るまでの発展経緯を俯瞰的《ふかんてき》に図示したものである．本節では，ソフトウェア工学が生まれた歴史的背景を中心に説明する．

1.2.1　コンピュータの誕生とソフトウェア

コンピュータの誕生に関しては諸説があるが，よく世界最初のコンピュータとして引き合いに出されるのが，1946 年ペンシルバニア大学で開発された ENIAC（Electronic Numerical Integrator and Computer）である．ENIAC では，人が配線することによりプログラミングが行われた．その後，1949 年に世界初の実用的なプログラム内蔵方式として EDSAC（Electronic Delay Storage Automatic Calculator）が開発された．プログラム内蔵方式とは，メモリ上にプログラムを配置し，それを実行する方式であり，その後のソフトウェアの発展に大きな影響を与えた．ある意味，現在の形態のソフトウェアが誕生したときとも言える．

昔は大したソフトウェアは開発されていなかっただろうと思っている方も多いであろうが，実際はそうではなかった．たとえば，科学技術計算向けプログラミング言語

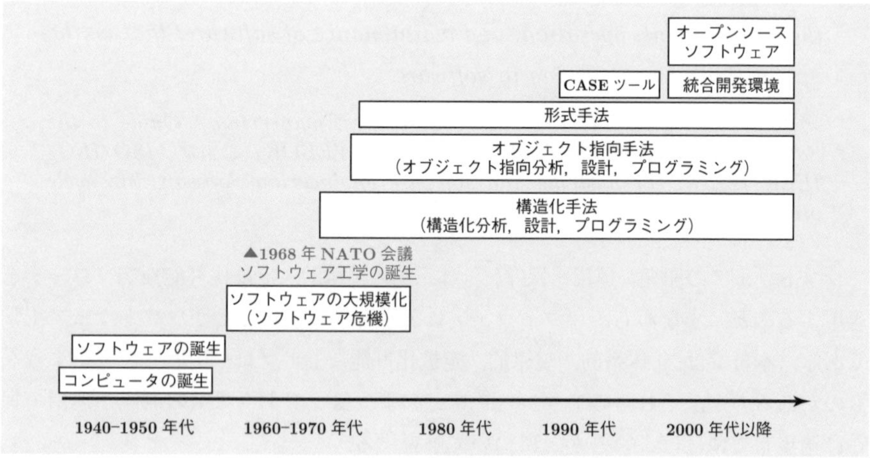

図 1.1　ソフトウェア工学の歴史

である FORTRAN は 1954 年にバッカスにより考案され，そのコンパイラは 1957 年に開発されている．初の汎用コンピュータと言われる IBM の System/360 とそのオペレーティングシステム OS/360 が世に出されたのは 1964 年である．1968 年時点の OS/360 のプログラムサイズはアセンブラで 5 百万ステップだったそうである．日本においても，世界初のオンラインシステムとされる東京オリンピックの成績集計システム（1964 年），日本国有鉄道（現在の JR）の座席予約システム MARS（Magnetic Electronic Automatic Seat Reservation System）（1966 年）などの大規模システムが開発されている．アポロ 11 号が月面に着陸したのは 1969 年であり，アポロ計画では大規模なシステム開発が行われている．そしてこの頃，ソフトウェア工学という言葉が誕生する．歴史的には，1968 年の NATO 会議で学問分野としてのソフトウェア工学が誕生したとされる．NATO 会議についてはこの後に詳しく説明する．

● 人類を月に導いたソフトウェア工学の先駆者マーガレット・ハミルトン ●

1961 年，米国大統領ケネディ（J. F. Kennedy）は 1960 年代中に人類を月に到達させるとの声明を発表した．アポロ計画である．そして，1969 年 7 月 20 日，ついにアポロ 11 号が月面に着陸する．アポロ計画が成功した裏には一人の女性エンジニアの存在があった．マーガレット・ハミルトン（Margaret H. Hamilton）である（図 1.2）．彼女はアポロ誘導コンピュータに搭載するソフトウェアのプログラマとして活躍した．彼女が書いたコードが人類を月に連れて行ったとも言える．彼女は「ソフトウェア工学」という言葉を最初に使った人物とも言われている．

図 1.2　マーガレット・ハミルトンと彼女のチームが開発したプログラムコード
——彼女と同じくらいの背丈

1.2.2 ソフトウェア危機

初期のソフトウェア開発の歴史を振り返ると，既に1960年代には大規模なソフトウェアが開発されていたことがわかる．アポロ11号の月面着陸にソフトウェアが重要な役割を果たしたことを考えると，ソフトウェア開発の難しさは現在と引けを取らない．当時のコンピュータの性能を考慮すると，ある意味で現在よりもソフトウェア開発は困難だったと言えよう．当然のことであるが，職人芸的なプログラミングでは既に対処できなくなっていた．大規模なシステム開発が大きな危機に直面していたのである．当時，それは**ソフトウェア危機**（software crisis）と呼ばれていた．

ソフトウェア開発が抱える本質的な難しさについては，ブルックス（F. P. Brooks, Jr.）の *The Mythical Man-Month: Essays on Software Engineering*（邦訳：**人月の神話**）に詳しい．この書籍は，現在においても，ソフトウェア工学のバイブル的存在であり，彼がIBM OS/360の開発に携わったときの体験に基づいている．

ソフトウェア開発を行う際によく使用される指標として「人月」がある．2人のエンジニアで取り組むと3ヶ月かかるプロジェクトの場合は6人月となる．人月の計算方法にしたがうと，プロジェクトに従事するエンジニアの数を増やせば開発期間は短くて済む．たとえば，エンジニアの数を3名にすると開発期間は2ヶ月に短縮される．ただ実際にはこのように上手くはいかない．遅延プロジェクトに人員を投入しても，そのプロジェクトをさらに遅らせるだけである．これは**ブルックスの法則**と呼ばれ，書籍名のタイトル（*The Mythical Man-Month: Essays on Software Engineering*）につながっている．開発人員が増えれば，新しく入った人への引継ぎや教育に時間が割かれると共に人数が増えた分開発メンバ間での意思疎通も難しくなる．人月の計算はソフトウェア開発に従事する人々の間で信じられていた神話にすぎなかったのである．しかし残念なことに，現在もこの神話を信じている人々は少なくない．

1.2.3 NATO 会議

世の中でソフトウェア危機が叫ばれていた中，1968年にドイツのガーミッシュ（Garmisch）で北大西洋条約機構（North Atlantic Treaty Organization, NATO）が主催するソフトウェア工学会議が開催された．この会議は，通称**NATO会議**と呼ばれ，ソフトウェア工学の歴史上最も重要な会議に位置づけられる．NATO会議の会議録は一般に公開されており[†]，当時の問題認識，目指したところを伺い知るこ

[†] http://homepages.cs.ncl.ac.uk/brian.randell/NATO/から入手可能．

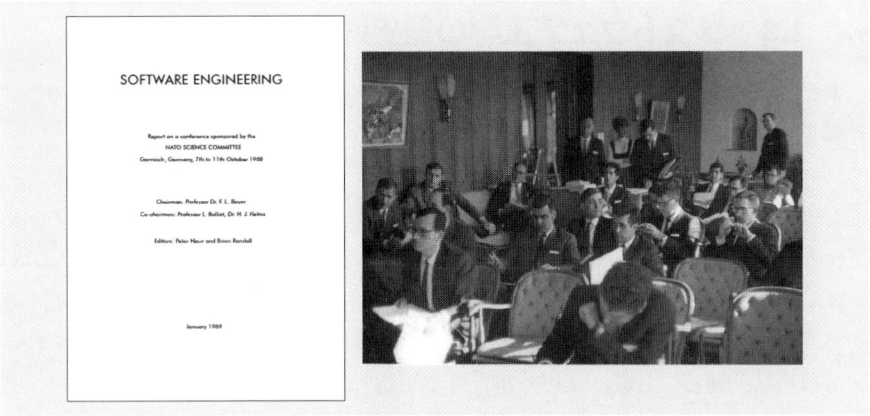

SOFTWARE ENGINEERING

Report on a conference sponsored by the
NATO SCIENCE COMMITTEE
Garmisch, Germany, 7th to 11th October 1968

Chairman: Professor Dr. F. L. Bauer
Co-chairmen: Professor L. Bolliet, Dr. H. J. Helms

Editors: Peter Naur and Brian Randell

January 1969

図 1.3　**NATO 会議報告書の表紙と会議の様子**
（引用元：http://homepages.cs.ncl.ac.uk/brian.randell/NATO/）

とができる．実は，翌 1969 年にもローマで NATO 会議が開催されているが，有名なのは 1968 年の NATO 会議で，「ソフトウェア工学」という学問分野がこの会議により生まれた．そのため，1968 年はソフトウェア工学の誕生年とされている．

この NATO 会議には，構造化プログラミングの提唱者であるダイクストラ（E. W. Dijkstra）やプログラミング言語の文法表記法であるバッカス–ナウア記法の考案者であるナウア（P. Naur）などコンピュータサイエンスの研究において大きな業績を残した巨人も参加しており，当時はソフトウェア工学とコンピュータサイエンス，特にプログラミング言語研究は非常に密接に関係していた．図 1.3 は，会議報告書の表紙と会議の様子である．当時のソフトウェア工学に対する期待と熱気が伝わってくる．

NATO 会議では，要求，見積もり，仕様，設計，テスト，保守，システム進化など，現在でも通用するソフトウェア工学上の様々な概念が既に登場していた．温故知新，ソフトウェア工学の源流はまさにここにあると言っても過言ではない．

1.3 ソフトウェア工学の歴史的歩み

本節では，図 1.1 に沿って，ソフトウェア工学が誕生した後の学問としての発展経緯を俯瞰《ふかん》する．

ソフトウェア工学の歴史はある意味で開発パラダイム変遷の歴史であったと言っても過言ではない．開発パラダイムの中でも，非常に重要な役割を果たしたのが構造化とオブジェクト指向の 2 つである．

NATO 会議の後，1970 年代から 80 年代にかけて，ソフトウェア工学を推進する指導原理となったのが「構造化」である．その指導原理は，構造化定理（あらゆる制御構造は，連接，分岐，反復の組合せで記述できるという定理）とモジュール抽象化によって特徴づけることができる．

まず，最初に**構造化プログラミング**が生まれ，それをさらに分析，設計までに発展させた**構造化分析**，**設計法**が誕生した．構造化プログラミングの考えを取り入れたプログラミング言語は多数生まれ，C 言語などもその一つである．C 言語の制御構造（if-else や while 文など）は構造化定理を具現化したものであり，C の関数はモジュールの抽象化機構（処理手続きの側面からの抽象化）を提供する．その後，このモジュールの抽象化機構は，抽象データ型，オブジェクト指向へと発展していく．

1990 年代に入ると，ソフトウェア開発のパラダイムは構造化からオブジェクト指向にシフトしていた．オブジェクト指向の源流は，1967 年，オスロ大学のニガード（K. Nygaard）とダール（O. -J. Dahl）によって開発された Simula67 が最初だと言われている．しかし，オブジェクト指向が実際に企業の現場で使用されていったのは 1990 年代になってからである．

オブジェクト指向の場合も，構造化のときと同じく，最初に**オブジェクト指向プログラミング**が生まれ，それに続いて，**オブジェクト指向分析**，**設計手法**が誕生した．1990 年代，ソフトウェアのユーザインタフェースはそれまで主流だったテキストベースのインタフェースから **GUI**（Graphical User Interface）に移行した．GUI はオブジェクト指向との相性が良く，この時期にオブジェクト指向が花開いた要因の一つと考えられる．その後，オブジェクト指向は GUI だけでなく，その他の部分にも適用されてゆき，現在のソフトウェア開発はオブジェクト指向抜きには語ることができないようになっている．オブジェクト指向の揺籃期《ようらんき》，1990 年前後，オブジェクト指向開発のための表記法と方法論が多数提案された．しかし，これらはお互いに概念が似ており，これらが並立することはオブジェクト指向を普及する上で妨げとなっていた．そこで生まれたのがデファクトスタンダードの表記法である

UML（Unified Modeling Language）である．

この他にも，要求獲得，仕様記述，テスト，保守，ソフトウェア開発環境に関する様々な技術が提案され，発展していった．たとえば，1990年代には，**CASE**（Computer Aided Software Engineering）が提唱され，ソフトウェア開発環境が大幅に発展した．当時の先進的なアイデアは，現在では，EclipseやGitなどの**オープンソースソフトウェア**（Open Source Software，**OSS**）に引き継がれている．また，数学を背景とする**形式手法**（formal methods）も実用的なレベルまで発展した．日本国内では，モバイルFeliCaの仕様記述に形式手法の一つであるVDM（Vienna Development Method）を全面的に適用し大きな成功を収めている．

1.4　ソフトウェア工学の概要

本節では，ソフトウェア工学を構成する様々な技術や手法を俯瞰《ふかん》する．個々については，次章以降，詳細に説明する．ここでは，ソフトウェアを開発するにはどのような技術やスキルが必要なのかを大まかに把握していただきたい．

1.4.1　知 識 体 系

表1.1は，ソフトウェア開発に必要な知識体系をまとめたものである．知識体系のことを**BOK**（Body of Knowledge）と呼ぶ．ビジネス分析，要求工学，ソフトウェア品質，プロジェクトマネジメントなど様々なものがあることがわかるであろう．ソフトウェア工学の分野は幅広く，様々な知識がソフトウェア開発に求められる．ソフトウェア開発に必要な知識体系は，ソフトウェアの作り方そのものを扱

表1.1　ソフトウェア開発に関連する主な知識体系

対象	知識体系
ビジネス分析	BABOK （A Guide to the Business Analysis Body of Knowledge）
要求工学	REBOK （Requirements Engineering Body of Knowledge）
ソフトウェア工学	SWEBOK （Software Engineering Body of Knowledge）
ソフトウェア品質	SQuBOK （Guide to the Software Quality Body of Knowledge）
プロジェクト マネジメント	PMBOK （A Guide to the Project Management Body of Knowledge）

う領域からプロジェクトマネジメントまで広がっている．技術的な領域だけでなく，人間的な側面まで考慮しないとソフトウェアは開発できない．ソフトウェア開発の中心に人がいるからである．

数ある知識体系の中でも，**SWEBOK**（Software Engineering Body of Knowledge）はソフトウェア開発全般を対象としている．SWEBOK は，米国電気電子技術者協会（Institute of Electrical and Electronics Engineers，IEEE）および米国計算機学会（Association for Computing Machinery，ACM）によってまとめられたソフトウェア工学に関する知識体系であり，V3.0 では 10 の知識領域（要求，設計，構築，テスティング，保守，構成管理，マネジメント，プロセス，モデル・方法，品質）に大分類している．SWEBOK はソフトウェアエンジニアがソフトウェア工学を学ぶ際のガイドして利用されている．

1.4.2　ソフトウェア開発の流れとその支援技術

図 1.4 に，ソフトウェア開発の典型的な開発手順とその支援技術を示す．開発手順のことを**ソフトウェア開発プロセス**と呼ぶ．図から，複数のステップを経てソフトウェアが開発されることがわかるであろう．小さなプログラムであればいきなりプログラム実装から開始できるかもしれないが，世の中で利用されるソフトウェアの場合はそうはいかない．個々の開発ステップのことを**工程**という．図を見ると，ソフトウェアを作るには，要求獲得，分析，設計，実装，テスト，保守・発展・運用の各工程を経る必要があることがわかる．

本書では，ソフトウェア開発プロセスについては第 2 章で，ソフトウェア開発パラダイムとして重要な構造化とオブジェクト指向については第 3 章で，分析および設計で用いるモデルについては第 4 章で解説する．モデルとは，分析や設計の結果を表現したものである．モデルを作成することをモデリングと呼ぶ．

以下，順に各開発工程の概要について説明する．

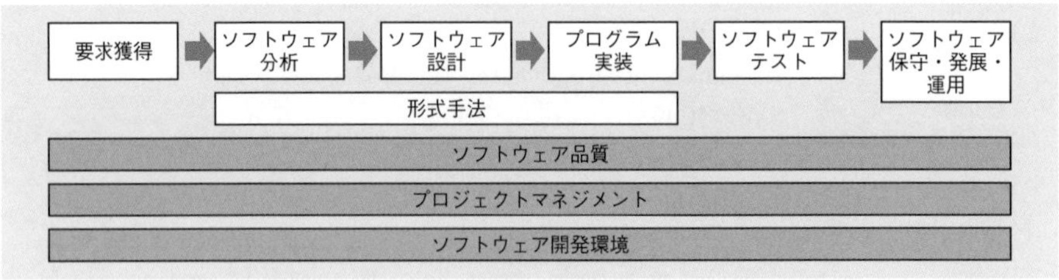

図 1.4　ソフトウェア開発の流れとその支援技術

要求獲得

要求獲得とは，顧客からの要求の抽出，要求の仕様化，要求の妥当性確認などを行う．要求仕様書がこの工程のアウトプットとなる．要求の獲得は主にソフトウェア開発の初期に行われるため，その後の工程に与える影響が非常に大きい．そのため，要求を独立した工学の対象とする場合があり，要求工学と呼ばれている．要求獲得においては，顧客との関係が重要であり，技術だけでなく人間的な側面が求められる．要求獲得については，第 5 章で解説する．

ソフトウェア分析

ソフトウェア分析では，要求仕様書をもとに，開発ソフトウェアが対象とする現実世界，すなわち，システム導入後の顧客業務の流れや情報の構造を明確にする．分析を行うことにより，要求獲得時の抜けや漏れを発見し，それを要求仕様書に反映させることができる．この工程の結果は分析モデルとしてまとめられる．また，ソフトウェアとして開発すべき事項，すなわち，what がはっきりする．ソフトウェア分析については，第 6 章で解説する．

ソフトウェア設計と実装

ソフトウェア設計では，分析モデルをコンピュータシステムとしてどう実現するか，すなわち， how を明らかにし設計モデルとしてまとめる．続くプログラム実装では，設計モデルに基づいてプログラムを作成する．ソフトウェアとプログラムの違いを用語として明確に区別することは難しいが，本書では，全体をソフトウェア，その構成要素をプログラムと呼ぶことにする．プログラム実装はプログラミングやコーディングとも呼ばれる．本書ではプログラム実装またはプログラミングという用語を主に用いる．プログラム実装により作成されるものが，プログラムコードである．プログラムコードはソースコードあるいは単にコードとも呼ばれる．本書ではプログラムコードという用語を主に用いる．ソフトウェア設計と実装については，第 7 章で解説する．

ソフトウェアテスト

ソフトウェアテストでは，開発したソフトウェアが要求仕様書に記載された内容を満たしているか否かを，機能面と非機能面（性能や使い勝手など）の両面から総合的に確かめる．ソフトウェアテストについては，第 8 章で解説する．

形式手法

関数や集合などの数学的概念に基づいて，厳密にソフトウェアの仕様を記述し，正しくソフトウェアを開発するための手法のことを形式手法と呼ぶ．ソフトウェアテストではテストケースに挙がっていることしか正しさを保証することができないため，鉄道や原子プラントなど厳しい安全性が求められるシステム開発では形式手法が適用されることが多い．形式手法はプログラム検証から研究が始まり，長い歴史を持つ．形式手法については，第 9 章で解説する．

ソフトウェア保守，発展，運用

ソフトウェアは一度作ったら終わりではない．リリース後に不具合が見つかった場合は，迅速に修正しなければならない．また，リリース後も顧客の新しい要求を受け入れ，ソフトウェアが提供する機能や性能を継続的に改善してゆく必要がある，このことをソフトウェアの保守，発展という．さらに，顧客に対してソフトウェアが適切なサービスを提供し続けるには運用が重要となる．ソフトウェア保守，発展，運用については，第 10 章で解説する．

1.4.3　管理技術と開発環境

ソフトウェア開発に用いる技術や手法は各工程を支援するものに限定されない．ソフトウェア品質，プロジェクトマネジメント，ソフトウェア開発環境などに関する技術や手法は各工程で共通的に必要とされる．

ソフトウェア品質

ソフトウェア品質にはプロダクト品質とプロセス品質の 2 つがある．前者は製品としてのソフトウェアの品質であり，ソフトウェアテストや形式手法などの技術が品質の向上に役立つ．一方，後者はソフトウェアを開発するための手順を改善していくことにより，最終的なプロダクト品質を高めようというアプローチである．また，ソフトウェア品質の良し悪しを判断するためには，何らかの評価指標が必要である．ソフトウェア品質を定量的に評価する方法や基準のことをソフトウェアメトリクスと呼ぶ．ソフトウェア品質とソフトウェアメトリクスについては，第 11 章で解説する．

プロジェクトマネジメント

ソフトウェア開発は技術論だけでは上手くゆかない．予算見積もり，スケジューリング，担当者の割当てなどプロジェクトの運営管理に関する仕事が必要である．プロジェクトマネジメントの分野では，標準的な知識体系として，米国の非営利団体 PMI（Project Management Institute）が策定した PMBOK（Project Management Body of Knowledge）が有名である．プロジェクトマネジメントについては，第

12 章で解説する．

ソフトウェア開発環境

ソフトウェアを開発するためには道具が必要である．この道具のことを CASE ツールという．CASE はコンピュータの力を借りてソフトウェア開発を自動化するアプローチである．ハードウェア開発における CAD（Computer Aided Design）のソフトウェア版と考えるとわかりやすい．ソフトウェアを分析，設計するためのモデリングツール，テスト自動化のためのツール，形式手法サポートツール，履歴管理ツールなどが相当する．ソフトウェア開発環境については，第 12 章で解説する．

1.5　銀の弾丸は存在するか

1986 年，ブルックスは，*No Silver Bullet - essence and accidents of software engineering*（邦訳：銀の弾などない – ソフトウェアエンジニアリングの本質と偶有的事項）という有名な論文を発表している．この論文は「人月の神話」の 20 周年記念版の中にも収められている．

銀の弾丸とは，西洋信仰においておそれられていた狼人間を撃退するものである．ソフトウェア開発においては，そのようなものは存在しないというのがブルックスの主張である．彼はソフトウェア開発の複雑さを「本質的な複雑性」（essential complexity）と「偶有的な複雑性」（accidental complexity）の 2 つに分類した上で，前者の問題を根本的に解決するような銀の弾丸は存在しないとしている．ソフトウェア開発において，顧客からの要求を的確に抽出したり，新たなアルゴリズムを設計することは難しい．これは前者の「本質的な複雑さ」に対応する．一方，実装の際に感じる複雑さや，開発にまつわる様々な付帯作業については，モダンなプログラミング言語やソフトウェア開発環境を使用することにより原理的には解決可能である．これは後者の「偶有的な複雑性」に対応する．

「本質的な複雑さ」への対応は昔も今も難しい．ただし，この複雑さを和らげる方法はソフトウェア工学の進展と共に発展してきた．特に昨今では，自動的にプログラムの不具合を修正する自動プログラム修正技術，簡単な要求仕様（プログラミング課題など）から自動的にプログラムを生成する自動プログラミング技術などに関する研究が進んでいる．これらの研究は，人工知能，データサイエンス，自然言語処理などの技術を取り込みながら実用化を目指している．現時点では，まだ銀の弾丸は存在しないが，ソフトウェア工学の技術は確実に発展進歩を続けている．ソフトウェア工学の将来については，第 13 章で解説する．

第１章の問題

□ **1.1** いままで経験したプログラミングで苦労した点をピックアップしてみよう．また，それらがソフトウェア工学とどう関係しそうか考察してみよう．

□ **1.2** SWEBOK を眺めてみよう．ソフトウェアを開発するにはどのようなことを学ばなければならないか考えてみよう．

第2章

ソフトウェア開発プロセス

ソフトウェア開発とプログラム実装は同じではない．銀行オンラインシステムや自動車の自動運転システムを開発する際，いきなりプログラムコードを書き始めることはできない．数百万行以上のソフトウェアを何の準備もなしに作成することは通常の人間では不可能である．プログラム実装の前に，何を作るのかを決め，それからソフトウェアの全体構造を設計しなければならない．ソフトウェアが完成した後も，正しく動作することを確かめなければならない．ソフトウェアは複数の工程を経て作成されるのである．ソフトウェアを開発する手順のことをプロセスと呼ぶ．本章では，代表的なソフトウェア開発プロセスについて学ぶ．

2.1 ソフトウェア開発プロセスモデル

ソフトウェアを開発する際の手順的な流れのことを**ソフトウェア開発プロセス**と呼ぶ．ソフトウェア開発工程あるいはソフトウェア開発手順という用語が使用される場合も多い．本書では，これらは同じ意味で使用する．ソフトウェア開発プロセスを一般化したものを**ソフトウェア開発プロセスモデル**という．ソフトウェア開発モデルと簡略的に呼ぶことも多い．本章では，ソフトウェア開発プロセスモデルとして，ウォータフォールモデル，反復型開発モデル，アジャイル開発などを紹介する．

ソフトウェアの開発を広く捉え，その構想から開発，運用，保守，廃棄に至るまでの過程を**ソフトウェアライフサイクル**と呼ぶ．ソフトウェアも人と同じようにその一生をすごす．情報処理推進機構（Information-technology Promotion Agency, IPA）では，ソフトウェアライフサイクルにおける作業項目，役割などを包括的にガイドラインとしてまとめて，**共通フレーム**（Software Life Cycle Process Japan Common Frame, SLCP-JCF）として提供している．共通フレームは，ウォータフォールモデル，反復型開発モデル，アジャイル開発など全てのソフトウェア開発プロセスモデルに共通するものを体系化したものである．

ところで，コンピュータサイエンスにおいて，プロセスというと通常は処理のことを指す．オペレーティングシステムにおけるプロセスを思い浮かべればわかりやすい．ソフトウェア工学におけるプロセスはこれとは無関係である．ソフトウェア工学では，ソフトウェアの開発手順のことをプロセスと呼ぶ．よく「結果よりもそれに至るプロセスの方が大切」と言われるが，ソフトウェア工学におけるプロセスはこの意味に近い．

2.2 ウォータフォールモデル

2.2.1 基本モデル

ソフトウェアは複数の工程に分割して開発される．いきなり，アルゴリズムの設計やプログラム実装から開始することはできない．一般的に，要求獲得，分析，設計，実装，テストの工程からなる．ソフトウェア開発をこの順に進めていくスタイルのことを**ウォータフォールモデル**または**落水モデル**（waterfall model）という．最も代表的なソフトウェア開発プロセスモデルである．

図 2.1 にウォータフォールモデルを示す．滝の水が上流から下流に向かって落水するように，ソフトウェア開発も要求獲得からスタートして，流れるように分析，設計と進んでいくという考え方に基づいた開発プロセスモデルである．要求獲得，分析，設計のことを**上流工程**，実装以降を**下流工程**と呼ぶ．

以下に各工程の概要を示す．

要求獲得 ソフトウェアに求められるニーズを顧客から抽出し，それを要求仕様書にまとめる工程である．ニーズのことを要求（requirements），要求を引き出すことを要求獲得（requirements elicitation）という．要求仕様書はシステム開発契約に関する顧客との合意事項となる．

分析 要求獲得段階で作成した要求仕様書は，顧客の立場から，「これこれ，このような機能が欲しい」ということをまとめたものであり，もしかしたら，抜けや漏れ，あるいは矛盾を含んでいる可能性がある．したがって，要求仕様書の中身をしっかり吟味し，何を最終的な要求事項とするかについて，開発ソフトウェアが対象とする現実世界と照らし合わせながら，体系的に分析する必要がある．この工程のことを分析という．顧客の業務フローを詳しく分析すると，要求仕様書には記載されていない機能が必要となったり，あるいは逆に，不要な機能が見つかったりする．分析結果の内容は，顧客合意の下で，要求仕様書にフィー

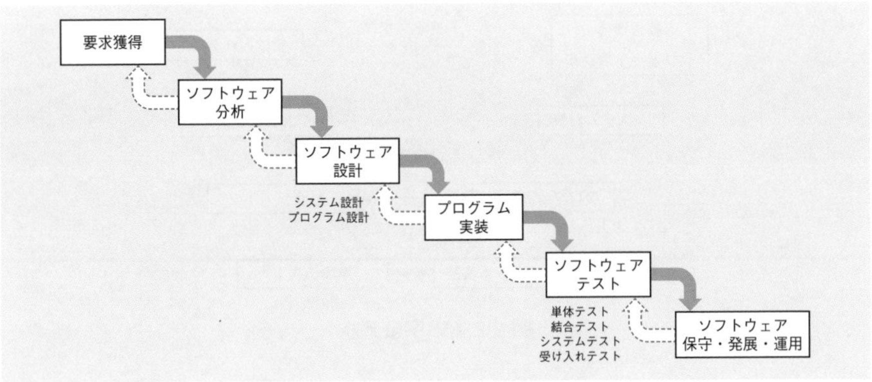

図 2.1　ウォータフォールモデル

ドバックされる．また，次工程である設計への入力情報にもなる．要求獲得と分析の工程は実は明確な線を引いて分けることが難しい．そのため，要求分析などの工程名称を用いて両者を一緒に扱う場合も多い．

設計　分析工程の完了により何（what）を開発すべきかが決まった．設計ではそれをどう（how）実現するかを決定していく．設計は，ソフトウェアの基本構造であるソフトウェアアーキテクチャを決めるシステム設計と個々のプログラムの設計を行うプログラム設計から構成される．システム設計のことを基本設計，プログラム設計のことを詳細設計と呼ぶ場合もある．設計内容は，システム設計書やプログラム設計書という形にまとめられる．アーキテクチャという言葉は，元来，建築，建築様式，建造物の構造などの意味を持つ．ソフトウェア工学でも，建築学に倣い，ソフトウェアの基本構造のことをソフトウェアアーキテクチャと呼んでいる．

実装　設計内容にしたがって，C，C++，Java，Python などのプログラミング言語を用いてコーディングを行う工程である．

テスト　開発したソフトウェアが要求仕様書や設計書の内容を満たすかをどうかを確かめる工程である．もし，間違いが見つかった場合は実装工程に戻ってから作業をやり直すことになる．設計内容や要求仕様に問題がある場合は，さらに設計工程や分析工程にまで遡って作業をやり直さなければならない．テストは，個々のプログラムが正しいか否かを確認する単体テスト，全てのプログラムを組み合わせたものが正しく動作するか否かを確認する結合テスト，性能面なども含めてソフトウェアシステム全体として期待通りに動作するか否かを確認す

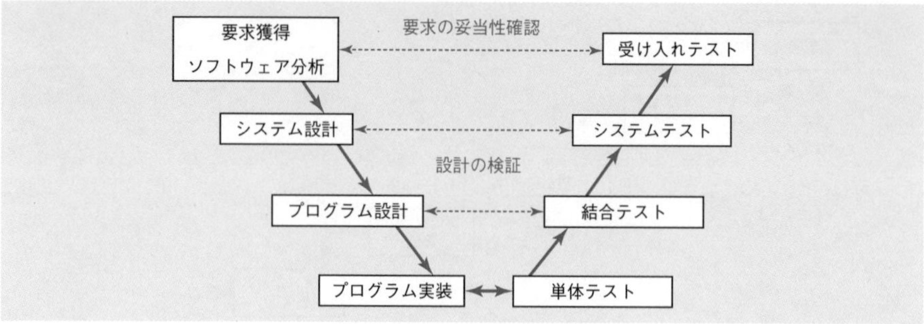

図 2.2 **V 字モデル**

るシステムテスト，顧客の要求を満足するかどうかを最終的に確認する受け入れテストなどから構成される．

2.2.2 V 字モデル

ウォータフォールモデルを少し変形したものとして図 2.2 に示す **V 字モデル**がある．V 字モデルは，ウォータフォールモデルを実装工程と単体テストの部分で折り返し，上流工程（要求獲得，分析，設計）と下流工程（結合テスト以降）を対応づけたモデルである．形が V 字になっているのでこのように呼ばれる．V 字モデルでは，要求獲得・分析に受け入れテストが，システム設計にシステムテストが，プログラム設計に結合テストが，プログラム実装に単体テストが対応している．これは，要求獲得・分析工程では要求仕様書の他に受け入れテストのためのテスト仕様書を，システム設計ではシステム設計書の他にシステムテスト仕様書を，プログラム設計ではプログラム設計書の他に結合テスト仕様書を，プログラム実装では単体テスト仕様書（または単体テストコード）を作成しなければならないことを意味する．すなわち，要求仕様，設計内容とそれに対応するテスト仕様は表裏一体である．テストできないような要求仕様を決めたり設計してはならない．

2.2.3 バックスラッシュモデル

V 字モデルからテスト工程を省いたモデルを**バックスラッシュモデル**（backslash model）という．図 2.3 に示すように形がバックスラッシュ（\）になっているため，このように呼ばれる．第 9 章で紹介する数学に基づいて正しくソフトウェアを構築する形式手法ではテスト工程は不要であるため，その開発プロセスはバックスラッシュ型になる．このような開発スタイルのことを **CbC**（Correct by Construction）という．構築しながら正しいソフトウェアを作り上げる，すなわち，間違ったソフト

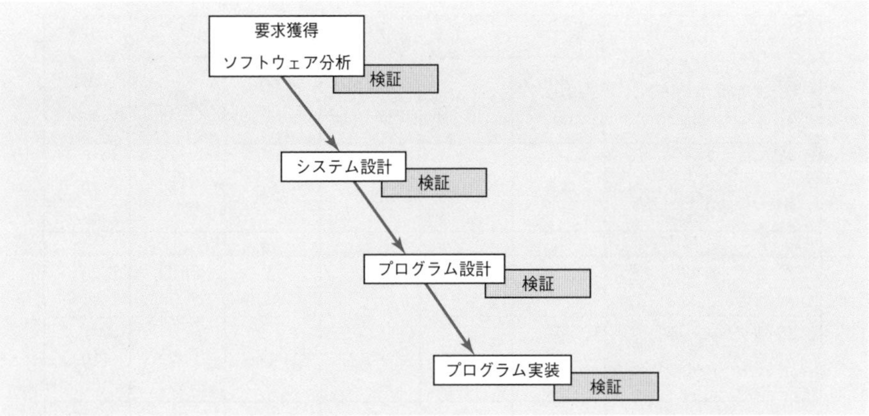

図 2.3 バックスラッシュモデル

ウェアは開発しないアプローチである．バックスラッシュモデルは，宇宙航空システムや鉄道システムなど高信頼性が特別に要求されるようなソフトウェアの開発に適用されることが多い．

2.2.4 長所と短所

ウォータフォールモデルの良いところは，ソフトウェア開発の進捗管理がやりやすい点である．いまどこまで開発が進んでいるのかが理解しやすい．また，各工程で実施すべきこと，成果物として残さなければならないドキュメントやプログラムコードなどがはっきりしていること，など様々な長所がある．そのため，大半のソフトウェア開発では伝統的にこのウォータフォールモデルが利用されてきた．

一方で，ウォータフォールモデルにはいくつかの短所が存在する．それは，滝を遡るのが難しいのと同様，工程を後戻りすることが容易ではない点である．ソフトウェアは人間が作るものである以上，見落としや誤りを完全に避けることはできない．実装において設計の不備に気づくことだってある．その場合は，いままでプロジェクトの進捗が実装だったのが設計に逆戻りするわけであるから，管理がややこしくなる．たとえば，システム発注元に毎週進捗を報告していたとする．顧客は予定通り実装まで進んでいると安心していたのに，ある日突然，設計に戻ったと言われると怒るであろう．この逆戻りにはもっと深刻な問題がある．開発の最終局面で要求仕様の不備に気づいたときである．要求分析時に誤りに気づいた場合は要求仕様書を修正するだけであり影響は小さいが，システムテストで要求仕様の不備に気づいたときには，分析，設計，実装，単体テスト，結合テストを全てやり直さなければ

エラーが混入した箇所(%)	エラーが発見された箇所					合計
	要求収集および分析/アーキテクチャ設計	コーディング/単体テスト	インテグレーションおよびコンポーネント/RAISEシステムテスト	早期顧客フィードバック/ベータテストプログラム	製品リリース後	
要求収集および分析/アーキテクチャ設計	3.5	10.5	35	6	15	70
コーディング/単体テスト		6	9	2	3	20
インテグレーションおよびコンポーネント/RAISEシステムテスト			6.5	1	2.5	10
合計	3.5	16.5	50.5	9	20.5	100%

図 2.4 開発工程におけるエラーの混入と検出
(引用元：NIST 計画レポート 02-3，2002 年 5 月)

ならない．この場合の影響は甚大である．実際のところ，図 2.4[†]に示すように上流工程（要求収集および分析/アーキテクチャ設計）で混入されたエラーは全体の 70%を占めている．また，それらのエラーの大半がコーディングや単体テスト以降に発見されている．製品リリース後に発見されたエラーも少なくない．これは 2002 年に米国標準技術研究所（National Institute of Standards and Technology，NIST）から報告されたデータであるが，その傾向は現在もあまり変わっていない．

明示的なエラーでなくても，開発期間が数年にわたるプロジェクトの場合，開発が終わる頃には顧客の要求やビジネス環境が変化している可能性がある．開発が完了する頃には，そのソフトウェアは役立たないものになっているかもしれない．ウォータフォールモデルはこのような場合にも弱い．環境の変化に俊敏に追随してゆけないからである．

このようにウォータフォールモデルには弱点があるが，ソフトウェア開発プロセスの基本形を与えていることには変わりない．また，弱点を克服するための改善もなされている．図 2.1 で工程間に逆戻りの矢印があるのに注意して欲しい．制限つきではあるが，逆戻りも考慮には入れている．そのため，ウォータフォールモデルは，現在でも，最も利用されているソフトウェア開発プロセスモデルである．特に大規模で開発期間も長いプロジェクトでは，開発管理のやりやすさからよく使用される．

[†]工程名称が図 2.1 のものと若干異なるが，ここでは引用元と同じ名称を用いている．

● ウォータフォールモデルの都市伝説 ●

ソフトウェア工学の教科書に必ず登場するウォータフォールモデルであるが，それがいつどこで生まれたのかは実は定かではない．ウォータフォールモデルを説明する場合，1970 年にウィンストン W ロイス (Winston W. Royce) が著した論文 *Managing The Development of Large Software Systems* が引用されることが多いが，この論文の中にはウォータフォールモデルという用語は出てこない．しかも，要求と分析の間に基本設計を入れる，基本設計以降を 2 度繰り返すなど，後ほど本章で紹介する反復型開発にも通じる考えが既に登場している．ウォータフォールモデルは基本的に後戻りを許さないという負のイメージが強いが，ロイスが提案した開発プロセスは実はそのようにはなっていない．それにも関わらず，ロイスがウォータフォールモデルの祖という都市伝説が定着してしまった．本人にとっては迷惑な話である．なお，後述のラショナル統一プロセスを提唱したウォーカー ロイス（Walker Royce）は彼の息子である．父の考えを反復型開発モデルとして発展させたと言えよう．ラショナル統一プロセスについては後ほど説明する．

2.3　反復型開発モデル

ウォータフォールモデルはソフトウェア開発の基本形を与えるが，「工程間の後戻りが容易ではない」「開発期間が長いと開発しているソフトウェアが陳腐化してしまう」といった問題を抱えている．これを改善するには，ソフトウェアに求められる要求を優先順位づけし，優先度の高い要求から少しずつ開発を行い，最終的に顧客が満足するソフトウェアに仕上げるようなアプローチが必要となる．すなわち，要求獲得からテストまでの期間を短縮し，顧客が満足するまでそれを何度か繰り返すのである．このような開発プロセスを**反復型開発モデル**（iterative and incremental development model）と呼ぶ．

2.3.1　スパイラルモデル

初期の反復型開発モデルとして，1988 年にベーム（B. Boehm）が提案した**スパイラルモデル**（spiral model）がある．スパイラルモデルでは，図 2.5 に示すように，**リスク分析**と**プロトタイピング**を繰り返しながら，渦巻き状に少しずつソフトウェアの範囲を拡大したり，リスクを考慮しつつ，要求仕様，設計，実装を具体化していく．各繰返しでは，まず最初に代替案（設計などの選択肢）や制約（コストやスケジュールなどに関わる制約条件）を決定する．その次に代替案とそのリスクを分析し，実際にプロトタイプを作成する．その後，開発したプロトタイプを評価し，製品の開発と検証を行い，次フェーズの計画を決定する．なお，図 2.5 の中の用

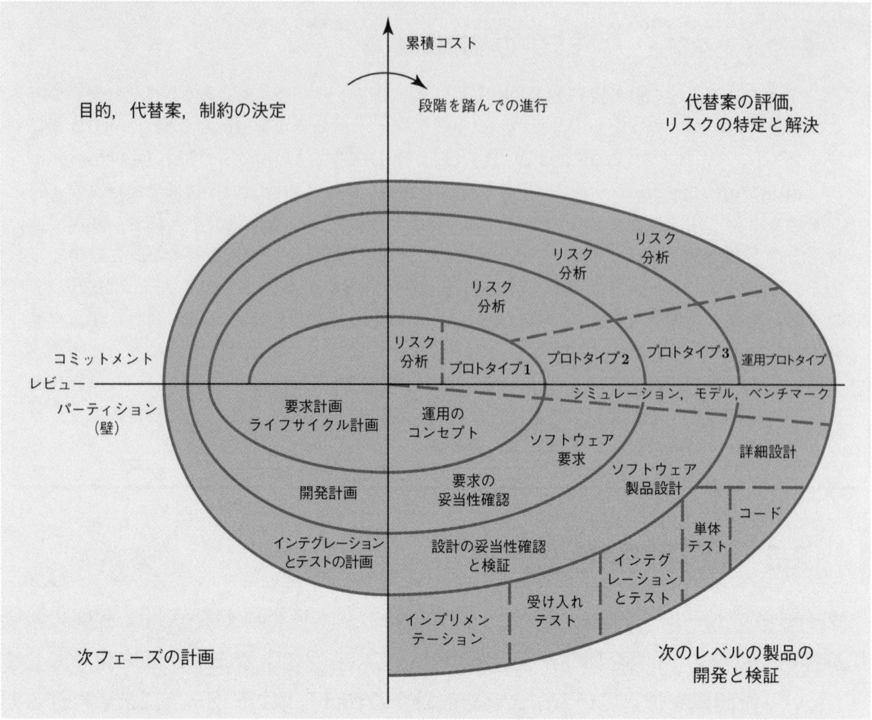

図 2.5　スパイラルモデル

語は図 2.1 と若干異なるが，ウォータフォールモデルの工程名に大雑把に対応づけると，「ソフトウェア要求」「要求の妥当性確認」は要求獲得と分析に，「ソフトウェア製品設計」「設計の妥当性確認と検証」はシステム設計に，「詳細設計」はプログラム設計に，「コード」は実装に，「インテグレーションとテスト」は結合テストとシステムテストになる．

スパイラルモデルで重要なのはリスク分析が開発プロセスの中に明示的に埋め込まれている点である．ソフトウェア開発とはある意味で常に新しいことに取り組んでいる．そのため常にリスクは存在する．たとえば，ある要求をせっかく実現しても本当に使われるのか（要求の妥当性に対するリスク），本当にソフトウェア製品として実現できるのか（設計の妥当性に対するリスク），などのリスクが存在する．ウォータフォールモデルを採用しているソフトウェア開発現場でも，各工程の節目でリスク分析を行う等の対策を実践していることが多い．

問題とリスクは混同しやすいが，ソフトウェア開発においては，両者を明確に区別することが重要である．問題とは，既に発生してしまったことであり，それを解消するための行動を起こさなければならない．一方，リスクとは，まだ発生していない（あるいは発生するかどうかもわからない）が，もし発生したら大きな問題になり得るものである．

2.3.2　ラショナル統一プロセス

1990 年代から 2000 年代初期にかけて，ソフトウェア開発現場においてオブジェクト指向技術が急速に普及した．オブジェクト指向開発では，分析，設計と実装の間を何度か行き来することが多い．このような開発スタイルのことを**ラウンドトリップ**（round trip）という．ラウンドトリップは反復型開発との相性がよく，当時新たな開発プロセスモデルが求められていた．その代表例が Rational Software 社（その後 IBM の部門へ統合された）が開発した**ラショナル統一プロセス**（Rational Unified Process，RUP）である．

図 2.6 にラショナル統一プロセスによる開発の流れを示す．なお，図の中のビジネスモデリングでは，顧客の業務プロセスを可視化する．適切な要求を獲得するには業務の流れを理解しなければならないからである．配置（deployment）では，開発したソフトウェアを顧客の利用環境に設置する．興味深いのは，個々の反復（イテレーション）の中に要求獲得，設計，実装などが同時に含まれる点である．

しかし，反復が進むにつれ，これらの比率が変化していく．方向づけ（inception）や推敲（elaboration）のフェーズでは要求や分析の作業比率が高く，作成（construction）フェーズになると実装やテストの比率が高くなる．移行（transition）フェーズになると配置（deployment）の比率が高くなる．ここで注意して欲しいのは，比率が減少しているとは言え，作成や移行フェーズになっても要求や分析が存在する点である．他の設計，実装，テストについても同様で，どのフェーズにも存在する．ラショナル統一プロセスは，その後，**統一プロセス**（Unified Process，UP）へと一般化され発展した．

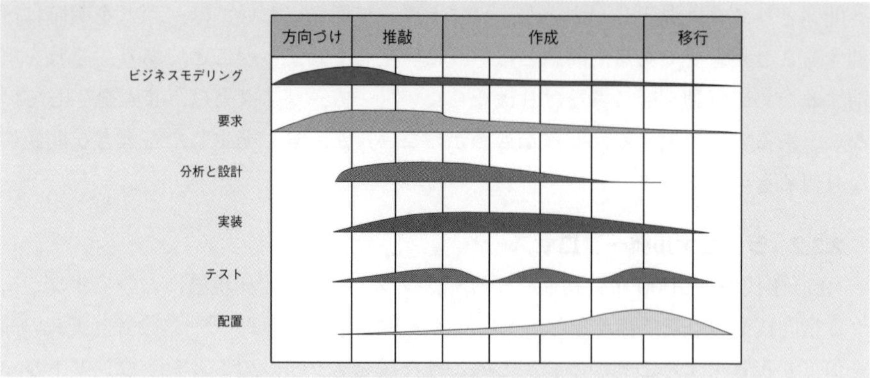

図 2.6　ラショナル統一プロセス

2.3.3　長所と短所

スパイラルモデルやラショナル統一プロセスは現在ではあまり使用されていないが，歴史的には重要であり，その考え方は実際のソフトウェア開発現場でも形を変えつつ導入されている．たとえば，ウォータフォールモデルをベースとしつつも，上流工程においてプロトタイプを開発したり，リスク分析の一環として実開発に入る前に新規導入技術の事前調査を実施するケースは多い．後者においては簡単な実装を伴う場合もある．そのため，スパイラルモデルやラショナル統一プロセスのエッセンスを理解しておくことは大切である．

スパイラルモデルもラショナル統一プロセスも主に大規模なソフトウェア開発プロジェクト向けの開発プロセスである．しかしながら，昨今のソフトウェア開発は大規模なものだけでなく，Web，スマートフォン，タブレット端末向けの比較的小規模なアプリケーション開発が増えている．むしろ，これらが現在のソフトウェア開発のメインになりつつあると言っても過言ではない．Web アプリケーションやスマートフォンアプリケーションの開発は，ユーザニーズの変化に機敏に対応していく必要がある．そのため，反復型開発モデルでも，次に紹介するアジャイル開発が適用されるのが一般的である．

2.4 アジャイルソフトウェア開発

アジャイルソフトウェア開発（agile software development）は，ウォータフォールモデルやラショナル統一プロセスなどの重量級の開発プロセス（きちんと手順を追って重々しく開発する形態）に代わるものとして提唱されされたものであり，軽量級の反復型開発を特徴とする．アジャイルソフトウェア開発では，「いかに変化を克服できるか」「いかに変化に強くなるか」という点を最も重視する．*Embrace changes* すなわち「変化ヲ抱擁セヨ」である．また，個人やチームの能力を最大限に活かすことも重視している．

アジャイルソフトウェア開発として，XP，Crystal，ASD（Adaptive Software Development），スクラム，FDD（Feature Driven Development）など様々なものが提案されている．現在では，この中でもスクラムの人気が高い．ここでは，アジャイル開発が生まれた背景，初期の代表的な手法である XP を紹介した後に，スクラムについて説明する．

2.4.1 アジャイルソフトウェア開発宣言

アジャイルとは「機敏な」という意味である．したがって，アジャイル開発とは，機敏にソフトウェア開発を行うことである．アジャイルソフトウェア開発が最初に注目されたのは，1990 年代の終盤から 2000 年代初期である．その頃は，インターネットが普及し，ソフトウェアシステムの Web 化が急速に進み出した時期である．素早く Web アプリケーションを開発，運用しなければならず，従来のウォータフォールモデルなどの重量級開発プロセスは段々と開発現場の実情に合わなくなってきていた．そこに登場したのが機敏な軽量級開発プロセスである．軽量級開発プロセスとして様々なものが提唱されたが，総称的にアジャイルソフトウェア開発と呼ばれることになった．

2001 年，ベック（K. Beck），コックバーン（A. Cockburn），カニンガム（W. Cunningham），ファウラー（M. Fowler）など当時の代表的なアジャイルソフトウェア開発の提唱者が米国ユタ州スノーバード（Snowbird）に集い，アジャイルアライアンスを結成した．そのときに宣言したのが以下の**アジャイルソフトウェア開発宣言**（*Manifesto for Agile Software Development*）であり，4 つの特徴・価値を明示している．

- Individuals and interactions over processes and tools（プロセスやツールよりも個人やインタラクション）
- Working software over comprehensive documentation（包括的なドキュメントよりも動くソフトウェア）
- Customer collaboration over contract negotiation（契約交渉よりも顧客との協調）
- Responding to change over following a plan（計画に沿うことよりも変化に対応してゆくこと）

アジャイルソフトウェア開発宣言はアジャイル開発の本質を理解する上で重要である．アジャイルソフトウェア開発は軽量級開発プロセスと呼ばれているが，宣言の1番目を見るとプロセスを否定している．ここで言うプロセスとは，ウォータフォールモデルなどの重量級のプロセスのことを指している．

アジャイルソフトウェア開発宣言で提示された4つの特徴・価値はいずれも重要であるが，その中でも「変化への対応」がアジャイルソフトウェア開発にとって最も根元的なものである．世の中のビジネス環境は常に変化するし，それに伴い顧客からの要求も変化する．また，ソフトウェア技術は日進月歩で発展し，それに伴いソフトウェア開発で利用する技術も変化する．好むと好まざるに関わらず，現在のソフトウェア開発は常に変化を受け入れざるを得ない．ここにアジャイルソフトウェア開発の思想的な根底がある．変化を受け入れるためには，顧客と協調しなければならない．顧客の要求を適切なタイミングで取り込まなければならないからである．顧客の理解を得るには，まずモノ（＝動くソフトウェア）を見せることが重要である．モノを見せれば，顧客は要求を出しやすくなる．そして，このような柔軟な開発を進めるためには，開発者同士，開発者と顧客の間のインタラクションが大切となる．アジャイルソフトウェア開発は非常に人間性の高い開発スタイルである．

2.4.2 XP

アジャイルソフトウェア開発手法として，様々なものが提案されているが，いずれもアジャイルソフトウェア開発宣言の内容を具現化している．その中でも2000年代前半おいて最も代表的なアジャイルソフトウェア開発手法であった**XP**（eXtreme Programming）は，ソフトウェア工学の歴史的にも，またその後のソフトウェア開発への影響という観点でも重要である．

表 2.1　**XP** のプラクティス

区分	プラクティス
共同のプラクティス	反復，共通用語，オープンな作業スペース，振り返り
開発のプラクティス	テスト駆動開発，ペアプログラミング，リファクタリング，ソースコードの共同所有，継続的インテグレーション，YANGI（You Aren't Going to Need It）
管理者のプラクティス	責任の受け入れ，援護，四半期ごとの見直し，ミラー，最適なペースの仕事
顧客のプラクティス	ストーリの作成，リリース計画，受け入れテスト，短期リリース

XP はベックらが中心になり Smalltalk コミュニティで生まれた手法であり，5 つの価値（コミュニケーション，シンプル，フィードバック，勇気，尊重）を重視している．表 2.1 に示すように，XP は様々なプラクティスから構成される．これらのプラクティスの中には，**テスト駆動開発**（Test-Driven Development，TDD），**ペアプログラミング**（pair programming），**リファクタリング**（refactoring）など現在ではソフトウェア開発現場に広く普及しているものが多く含まれている．また，ソースコードの共同所有は現在では Git による開発で当たり前になっている．**継続的インテグレーション**（Continuous Integration，CI）も現在では当然のように実践されている．現在一般的に普及している「モダンな」ソフトウェア開発スタイルの多くが XP を源流としていることがわかる[†]．なお，ここで「モダンな」とは相対的な表現であり，主に 2000 年代以降に普及した開発スタイルという意味である．

2.4.3　スクラム

スクラム（Scrum）は，現在最も人気の高いアジャイルソフトウェア開発手法である．企業における小規模ソフトウェア開発や大学における課題解決型学習（Project-Based Learning または Problem-Based Learning，PBL）などで広く利用されている．スクラムという名称はラグビーのスクラムに由来する．その根底には，ラグビーの試合でスクラムを組むかのようにチーム一丸となってソフトウェアの開発を行うべきだという思想がある．

[†] 正確には，XP はアジャイルソフトウェア開発に必要な既存のプラクティス群を整理したものである．個々のプラクティスの源流は別々のところにある．しかし，既存の有用なプラクティスを整理し，XP という 1 つの手法にまとめ上げげた功績は大きい．

スクラムでは，**スプリント**（sprint）と呼ばれる単位で反復開発が行われる．予め設定された機能をこの期間で実現する．スプリントの間，毎日，開発チームは**デイリースクラム**と呼ぶミーティングを実施する．XP など他のアジャイル開発手法で有効なプラクティスはスクラムでも導入されている．

図 2.7 にスクラムによるソフトウェア開発の流れを示す．スクラムでは，**プロダクトオーナ**が顧客側の代表者として要求（ユーザストーリ）を取りまとめ，**スクラムマスター**がスクラムのフレームワークがチーム内で適切に使用されるように支援する．スクラムにおいて重要なのはバックログの作成である．これが反復の単位を決定づける．バックログには**プロダクトバックログ**と**スプリントバックログ**の 2 つがある．プロダクトバックログは製品に必要な機能などを優先順位をつけてリスト化したものである．プロダクトオーナはプロダクトバックログの作成において重要な役割を果たす．一方，スプリントバックログはプロダクトバックログを 1 つのスプリントで実現可能な単位に分割したものである．

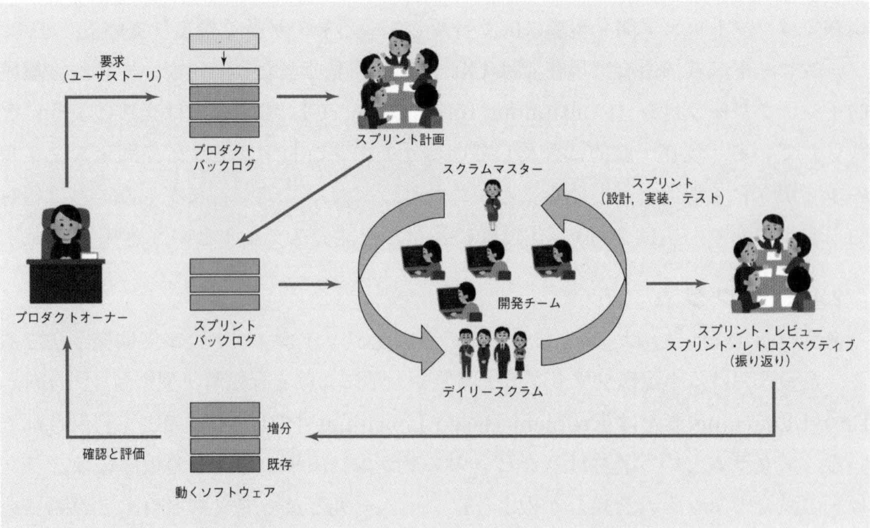

図 2.7　スクラムによるソフトウェア開発

2.5 DevOps

アジャイルソフトウェア開発では，顧客ニーズを段階的に深堀したり，顧客ニーズそのものの変化に柔軟に対応できる．しかしながら，現在，私たちを取り囲むビジネス環境は，当初アジャイルソフトウェア開発が提唱された頃と比べると遥かに速いスピードで変化している．実際，スマートフォンのアプリケーションは頻繁に更新版をリリースし，顧客ニーズの変化に日々対応している．この更新スピードを弱めてしまうと，市場から脱落しかねない．ウォータフォールモデルのように要求分析，設計，実装，テストの順に開発を進めていては，毎日のように更新版をリリースすることはできない．また，リリースしたソフトウェアはそれ以降保守の対象になる．

上述のような問題に対応する方法として，開発（development）と運用（operations）を組み合わせた**DevOps**が提案されている．従来のソフトウェア開発では開発した後に運用を行うが，DevOpsでは開発と運用を同時並行的に行う．DevOpsとは，高品質なソフトウェアを継続的にデリバリー（delivery）するためのプラクティスである．DevOpsが必要なソフトウェア開発の一例として機械学習（machine learning）ソフトウェアがある．機械学習による予測精度を維持していくためには学習モデルを運用時に更新していく必要があり，特に**MLOps**と呼ばれる．

2.6 ソフトウェア開発の本質とは

いままで紹介してきたように，ソフトウェア開発プロセスには様々なものが存在する．また，本章では紹介しなかったが，製造業からヒントを得た**リーンソフトウェア開発**（無駄をなくす），**かんばん**（ジャスト・イン・タイムのリリースに価値を置く）などの開発モデルも存在する．プロジェクトの目的や規模に合わせて適切な開発モデルを選択することが大切である．その一方で，個々の開発モデルに依存しない「ソフトウェア開発の本質」とは何かという疑問が生じる．もしソフトウェア開発に本質的に必要なアクティビティ群を体系的に分類することができれば，その中から個々のプロジェクトに合ったものを選択することにより，最もそのプロジェクトに適した開発プロセスを作り上げることができるのではないかと期待できる．

2009年，ヤコブソン（I. Jacobson），マイヤー（B. Meyer），ソーリー（R. Soley）の3人が**SEMAT**（Software Engineering Method and Theory）という団体を立ち上げ，ソフトウェア工学の手法やプラクティスなどを記述し発展させるための共通基盤を構築する運動を始めた．そこでは，ソフトウェア工学の理論的基礎を定義した上で，世の中で広く受け入れられた要素を**カーネル**として整理している．このカーネル上にアジャイルや統一プロセスなど様々な手法や開発プロセスを定義することができる．また，手法やプロセスを定義するための図式言語が用意されている．カーネルと図式言語のことを**エッセンス**（essence）と呼ぶ．

第 2 章の問題

□ **2.1** なぜ，一つの開発プロセスモデルだけでは不十分なのか考えてみよう．

□ **2.2** PBL 演習の機会があれば，スクラムを使ってみよう．

第3章

代表的な
ソフトウェア開発手法

ソフトウェア開発手法とは，顧客から要求を獲得し，それを分析，設計し，最終的にプログラムコードに落とし込んでいくための大きな枠組みを与えるものである．開発パラダイムとも呼ばれる．現在，代表的なソフトウェア開発手法として，構造化開発手法とオブジェクト指向開発手法の2つがある．まず，最初に構造化開発手法が提唱され，その後，オブジェクト指向開発手法が生まれた．本章では，両手法の概要とその歴史的経緯について学ぶ．

3.1 プログラミング言語と開発手法の関係

皆さんは「ソフトウェア開発で最も重要な行為は何か？」と問われたらどのように答えるであろうか？ その回答は，皆さんの価値観やソフトウェア開発経験などによって異なるであろう．ある人は上流工程の要求獲得が重要だと言い，ある人はソフトウェアアーキテクチャだと言い，またある人はテストが重要だと言うかもしれない．しかし，実行可能なソフトウェアが存在するためには，プログラミングを除外することはできない．そして，プログラミングが可能になるためにはプログラミング言語の存在が必須である．

ソフトウェア開発という側面で見た場合，プログラミング言語が与えた影響は非常に大きい．構造化分析手法や構造化設計手法は構造化プログラミングの考え方を上流工程から導入するために提案されたものである．同様に，オブジェクト指向分析やオブジェクト指向設計もオブジェクト指向プログラミングの考え方を上流工程から導入するために提案されたものである．

ソフトウェアの歴史を振り返ると，「プログラミング言語の開発 ⇒ 設計手法の開

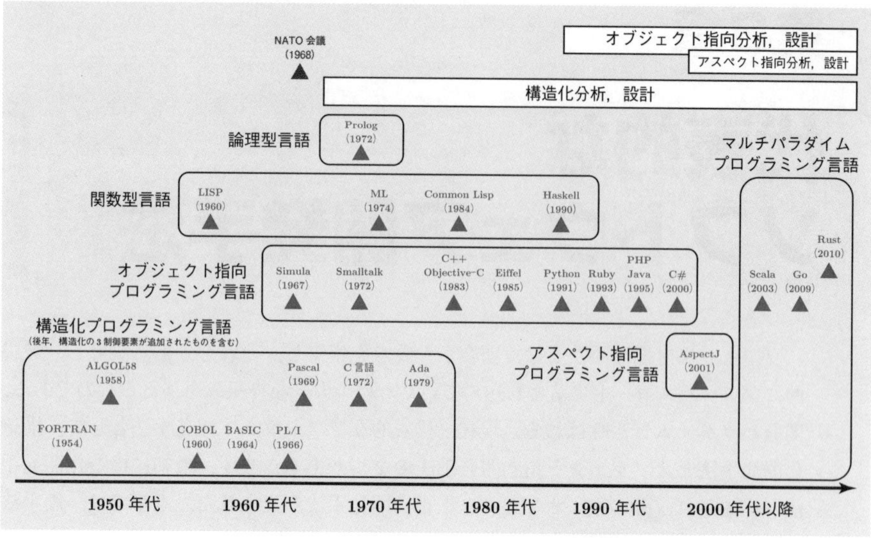

図 3.1　プログラミング言語，ソフトウェア開発手法の発展系譜

発 ⇒ 分析手法の開発」という時間的な流れが存在している．図 3.1[†]に示すように，プログラミングの概念や開発スタイルは時代と共に変化してきた．コンピュータ誕生当時は機械語（コンピュータが直接実行することができる命令語）でプログラムを実装していたが，1950 年代の後半に生まれた FORTRAN コンパイラによりプログラムの開発スタイルは一変した．すなわち，人間にとってわかりやすい人工言語によるプログラム表現が可能となった．いわゆるプログラミング言語の誕生である．その後，COBOL，BASIC，PL/I，C，C++，Python，Java，Go など様々な言語が誕生し現在に至っている．

一旦，プログラミング言語が生まれると，今度はどのようなメカニズムを持てば，理解しやすいプログラムコードが記述可能かという視点が生まれた．初期の FORTRAN などは機械語よりは遥かに人間に親しみやすい言語ではあったものの，その構造はコンピュータの構造に依存していた．すなわち，プログラムの制御は goto 文により表現された．このため，プログラムの構造は必ずしも理解しやすいも

[†] 図 3.1 では，FORTRAN や COBOL は構造化プログラミング言語に分類されているが，これはその後の言語仕様の拡張により，構造化プログラミングに必要な機能がサポートされたからである．初期の言語仕様に限定すれば構造化プログラミング言語には分類されない．なお，後年，COBOL などオブジェクト指向への拡張を行っているプログラミング言語もある．図の言語区分はあくまでもある言語を特徴づける目安と理解していただきたい．また，年についてもあくまで目安である．文献や見解により年が若干異なる場合がある．他の図や表に記載されている年についても同様である．

のではなかった．1968 年に構造化プログラミングの提唱者であるダイクストラ（E. Dijkstra）が発表した論文 *Go To Statement Considered Harmful* はこの問題を指摘したものであり，**goto 文有害論**として知られる．そのため，goto 文を使用しなくてもプログラムが書ける構造化プログラミングの考え方が普及し，その後，オブジェクト指向プログラミングへと発展して行った．

プログラミング言語の発展は，**関心事の分離**（separation of concerns）のあり方の歴史と言ってもよい．関心事の分離を最初に唱えたのはダイクストラである．関心事とは，設計や実装時に考慮しなければならないひとまとまりの事柄を指す．構造化プログラミング言語ではひとまとまりの機能を，オブジェクト指向プログラミング言語ではデータとそれにアクセスするひとまとまりの機能を関心事として表現する．

3.2 構造化開発手法

構造化開発手法は，構造化分析，構造化設計，構造化プログラミングからなる．

3.2.1 構造化プログラミング

図 3.2 に示すように，**構造化プログラミング**（Structured Programming，SP）では，プログラムの制御構造に大きな特徴を持つ．制御構造をわかりやすく表現するため，連接（または順次），選択，反復の 3 制御要素がプログラミング言語に導入された．さらに，プログラム記述の機能的なまとまり（関心事）を分離して表現したいという問題意識に対しては，サブルーチン，関数，手続き，さらにはパッケージというモジュール化のメカニズムがプログラミング言語に持ち込まれた．現在では，どの言語にも連接，選択，反復の 3 制御要素が取り入れられており，当たり前の存在となっているが，構造化プログラミングが出現したときはある意味で驚くべきことであった．1966 年，ベーム（C. Böhm）とヤコピーニ（G. Jacopini）によって「任意の一入力，一出力関数は，連接，選択，反復の 3 つのみからなる関数と等価である」ことが証明されたのである．この定理のことを**構造化定理**と呼ぶ．この定理に基づき，IBM 社のミルズ（H. Mills）は構造化プログラムを連接，選択，反復を組み合わせたものとして定義した．goto 文がなくてもプログラムが作成できる道が開けたのである．

1971 年，ヴィルト（N. Wirth）により**段階的詳細化**（stepwise refinement）の考え方が提唱された．段階的詳細化とは，まずソフトウェアを 1 つの大きな機能として定義し，次にその内部処理をサブ機能として段階的に詳細化していく．構造化プログラミングでは，図 3.2 に示すように，機能を中心にソフトウェアの構造を階層化す

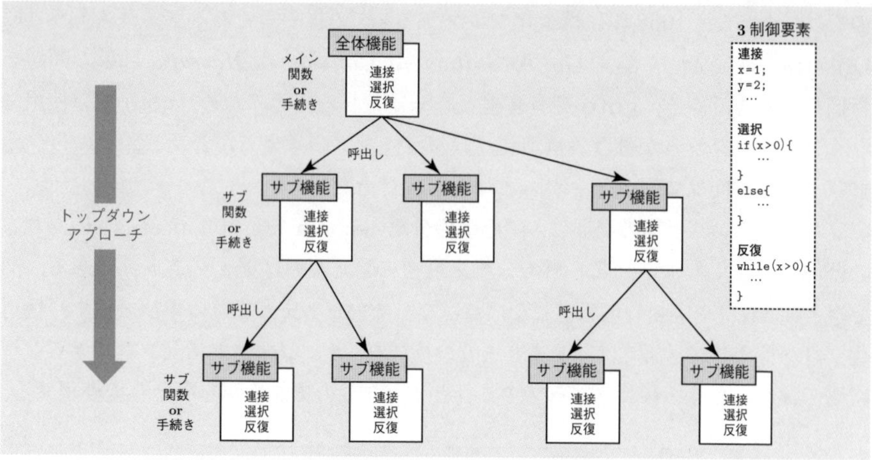

図 3.2　構造化プログラミングの考え方

る．これを機能階層と呼ぶ．最上位にソフトウェア全体の機能を表現するモジュールを配置する．その直下の階層では，その機能を実現するためのモジュール群が配置される．以下同様に，単一の機能を実現するためのモジュールまで機能を**トップダウンアプローチ**により分割していく．その際，機能を段階的に分割していくことが重要である．これは**分割統治法**（divide-and-conquer method）の考え方をプログラミングに応用するものである．分割統治法とは，大きな問題を小さな問題に分割し，小さな問題を解くことによって最終的に元の大きな問題を解く問題解決方法である．

● ポリアの「いかにして問題をとくか」●

初学者向け数学啓蒙書の名著に，ポリア（G. Polya）の「いかにして問題をとくか」（柿本賢信 訳）がある．そこで提示されている問題の解き方の骨子は以下の通りである：

> 第 *1* に問題を理解しなければならない．第 *2* にデータと未知のものとの関連を見つけなければならない．関連がすぐにわからなければ補助問題を考えなければならない．そうして解答の計画をたてなければならない．第 *3* に計画を実行せよ．第 *4* にえられた答を検討せよ．（柿本氏の訳による）

ここに示された問題の解き方は，分割統治法の考え方にも通じる．数学もプログラミングも問題解決の枠組みに大きな違いはない．

構造化プログラミングでは，上位モジュールと下位モジュールはモジュール呼出しにより結合される．各モジュールの機能は連接，選択，反復の3要素により記述され，サブ機能の利用は下位モジュールの呼出しにより実現される．このような方式を採用することにより，プログラムの構造は非常に見通しの良いものとなる．また，分割統治の考えに沿って，プログラマは機能を中心に関心事を分割してゆくことができる．

3.2.2 構造化分析，設計

構造化プログラミングにおけるモジュール化は3制御要素に基づいており，制御の流れとそれがアクセスするデータとが分離している．そのため，企業における基幹業務システムなどデータベースを中心に構築されるソフトウェアの開発にこの構造化の考え方が向いている．ただ，当然のことであるが，構造化プログラミング言語のみがあれば，基幹業務システムのような大規模なシステムが開発できるわけではない．構造化プログラミングの考え方と相性が良いソフトウェア分析，設計手法が必要となる．

構造化プログラミングで難しいのは，どのように機能を分割するのか，どのような機能階層にすればよいのか，という部分である．1つの機能が複数のモジュールに分散してしまうと，もしその機能にバグが見つかった場合に複数のモジュールにその影響が波及してしまう．したがって，1つの機能は1つのモジュールにできるだけ凝集させ，その一方でモジュール間の結合は疎な関係の方がよい．すなわち，**モジュール強度**（module strength）を高め，**モジュール結合度**（module coupling）を弱める必要がある．このような適切なモジュール設計を行うのが**構造化設計**（Structured Design，SD）である．**構造化分析**（Structured Analysis，SA）は，顧客からの要求や顧客の業務フローを機能を中心に分析し，構造化設計につなげる役割を果たす．

表3.1に主な構造化分析・設計手法を示す．時代的な流れを示すため，構造化プログラミングに関するものもこの表の中に含めている．1960年代末から1970年代にかけて提唱されたものが多い．第1章でも紹介したが，これらの手法は1960年代に顕在化したソフトウェア危機を解消する切り札として期待されたことがうかがえる．現在でも比較的よく使用されているものとして，デマルコ（T. DeMarco）らの構造化分析法やコンスタンチン（L. Constantine）らの構造化設計法などがある．

連接，選択，反復の3制御要素に基づいてプログラムの構造を図的に表現する**プログラム図式**も各種提案されている．通常のフローチャートは基本的に条件分岐とgoto文のみでしかプログラムを表現できないため，プログラムの3制御要素を明示的に表現できるプログラム図式が提案された．代表的なものとして，NS（Nassi-Shneiderman）ダイアグラムやWarnier/Orrダイアグラムなどがある．日本国

表 3.1 主な構造化分析，設計手法

手法	提唱者	提唱時期
構造化プログラミング (structured programming)	ダイクストラ (E. Dijkstra)	1968 年
SADT (Structured Analysis and Design Technique)	ロス (D. T. Ross)	1960 年代後半
段階的詳細化 (stepwise refinement)	ヴィルト (N. Wirth)	1971 年
NS (Nassi-Shneiderman) ダイアグラム	ナッシー (I. Nassi), シュナイダーマン (B. Shneiderman)	1972 年
Warnier/Orr ダイアグラム	ワーニエ (J-D. Warnier), オール (K. Orr)	1974 年
HIPO (Hierarchy Input Process Output)	IBM 社	1974 年
構造化設計 (structured design)	コンスタンチン (L. Constantine), ヨードン (E. Yourdon), スティーブンス (W. Stevens)	1975 年頃
JSP (Jackson Structured Programming)	ジャクソン (M. A. Jackson)	1975 年
構造化分析 (structured analysis)	デマルコ (T. DeMarco), ヨードン (E. Yourdon) ら	1978 年頃
IDEF0 (Icam DEFinition for function modeling)	ロス (D. T. Ross)	1981 年
JSD (Jackson System Development)	ジャクソン (M. A. Jackson)	1982 年
IE (Information Engineering)	フィンケルシュタイン (C. Finkelstein)	1990 年

内においても，日立製作所の PAD (Problem Analysis Diagram)，東芝の TFF (Technical description Formula for Fifty steps / module design)，日本電気の SPD (Structured Programming Diagram)，NTT の HCP チャート (Hierarchical and ComPact description chart)，富士通の YAC (Yet Another Control chart) など数多く提案されている．しかしながら，プログラムの 3 制御要素が直接的に表現可能なプログラミング言語が普及するにつれ，これらのプログラム図式はあまり使用されなくなった．ただし，いまでも初学者がプログラムの処理ロジックを設計する場合にはプログラム図式は有用である．

3.2.3　構造化による分析と設計の流れ

図 3.3 に，デマルコによるデータフロー分析，データフローダイアグラムからのモジュール切出しの流れを示す．構造化分析・設計法には様々なものがあるが，図に示したのはその中でも典型的なものである．

データフロー分析

データフロー分析では，まず最初に開発すべきシステムとその外部（当該システムが動作する環境やそのシステムが利用する外部システム）の境界を明確化するために**コンテキストダイアグラム**（Context Diagram，CD）を作成する．この境界のことを**システム境界**と呼び，円はそのシステムが実現すべきトップレベルの機能を表す．システムが外部とやり取りするデータは矢印で示す．次にデータに着目してトップレベルの機能を実現する業務の流れを分析する．円は業務のプロセス（機能）を，矢印はプロセス間で受け渡しされるデータを示す．データベースなどに蓄積すべきデータはデータストアに格納される．これによりシステムがどのような機能から構成され，どのようなデータが流れるのかを表現することができる．このダイアグラムのことを**データフローダイアグラム**（Data Flow Diagram，DFD）と呼ぶ．データフローダイアグラムは階層化することができる．これにより大規模なシステムの分析結果を階層的に抽象化することができ，システム全体の見通しを良くすることができる．

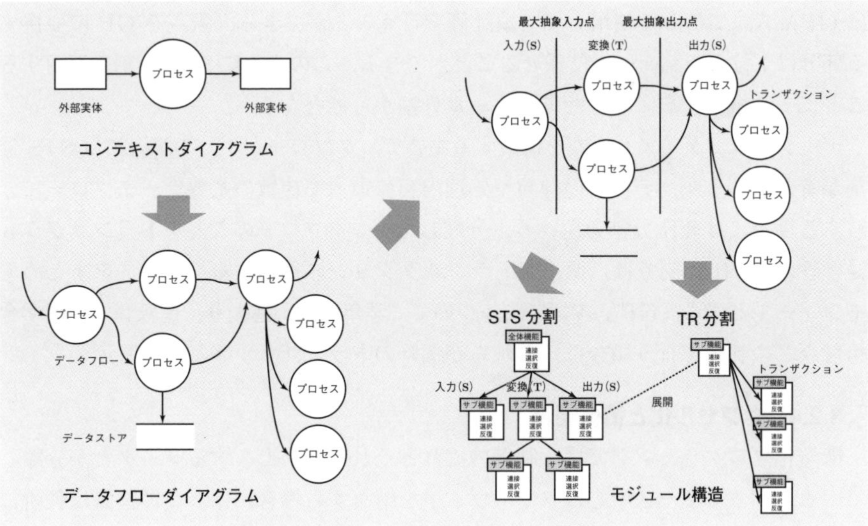

図 3.3　構造化による分析と設計の流れ

モジュール構造の決定

データフローダイアグラムからモジュールを切り出す方法として，**STS 分割**（Source，Transform，Sink）と**TR 分割**（TRansaction）がある．切り出したモジュール群は**モジュール構造図**として整理される．後は，このモジュール構造図にしたがってプログラムコードを作成すればよい．

STS 分割では，データの流れに着目して，プロセスを入力（source），変換（transform），出力（sink）に分割する．その際，データフローが入力からどのように変化するのかを分析し，最もデータの抽象度が高い箇所を特定する．この箇所のことを**最大抽象入力点**と呼ぶ．逆にデータフローの出力側から見て最も抽象度が高い箇所を特定する．この箇所のことを**最大抽象出力点**と呼ぶ．データフローの開始から最大抽象入力点までを「入力」モジュールに，最大抽象入力点から最大抽象出力点までを「変換」モジュールに，最大抽象化出力点からデータフローの終わりまでを「出力」モジュールに分割する．分割後，さらに必要であれば，この STS 分割を繰り返す．これにより，モジュール構造図の上位には抽象度の高いモジュールが，下位にはより具体的な内容のモジュールが配置される．一例として，大学の成績評価を GPA（Grade Point Average）で行うソフトウェアのモジュール分割を考えてみよう．GPA を算出するには，まず個々の科目成績の素点を収集し，それを GP（Grade Point）に変換しなければならない．その後に GPA スコアを計算することになる．この場合，素点，GP，GPA スコアの順に抽象度が高くなる．上位のモジュールでは GPA スコアのみを使用して成績評価を行うことができる．素点を GP に変換する部分は下位のモジュールに任せることができる．このように STS 分割を適用することにより抽象化を考慮したモジュール分割が可能となる．

データフローダイアグラムを構成する主要データフローが1つの場合には STS 分割が有効であるが，データの種類や処理内容によって複数の主要データフローに分岐する場合には TR 分割を用いる．分岐したデータフローのことを**トランザクション**と呼ぶ．TR 分割では，個々のトランザクションに対応するプロセスをまとめてモジュールとする．GPA スコアに基づいて，学年末に，進振り，進級判定，奨学金給付などの判定を行う場合は，これらが個々のトランザクションになる．

3.2.4 カプセル化と情報隠蔽

構造化プログラミングでは，制御の流れとそれがアクセスするデータとが分離している．データベース中心のソフトウェアを構築する場合には，この性質は長所になる．その一方で，構造化プログラミングには，データ構造の変更にもろいという

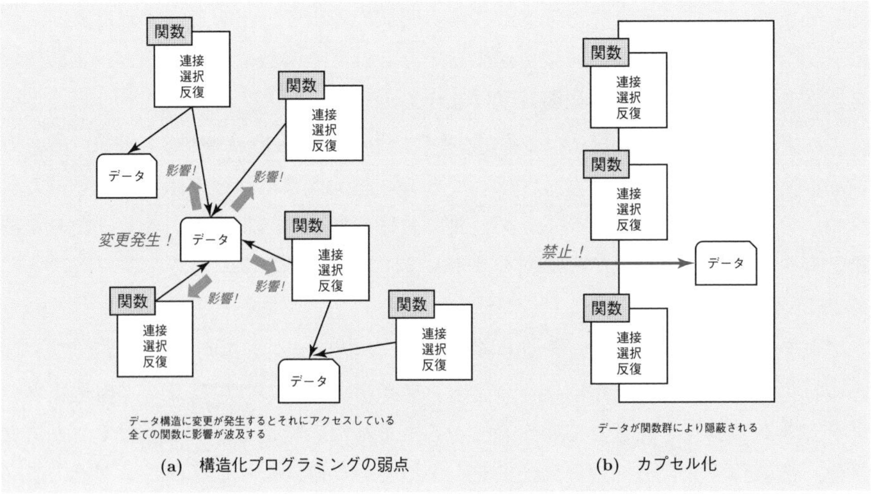

(a)　構造化プログラミングの弱点　　(b)　カプセル化

図 3.4　カプセル化の考え方

弱点がある．図 3.4 の左側に示すように，あるデータの構造を変更すると，それに依存しているプログラムコードを全て変更しなければならない．この問題を解決するため，図の右側に示すように，「データとそれにアクセスする関数や手続きをひとまとめにして扱おう」という考え方が生まれた．これを**カプセル化**と呼ぶ．データが関数群というカプセルにより包まれる．決められた関数を通じてしかカプセルの中のデータにはアクセスできない．カプセル化はパルナス（D. L. Parnas）が提唱した**情報隠蔽**（information hiding）の概念を構成するものである．カプセル化により，データ構造の変更の影響範囲はひとまとまりにした関数群のみに限定されるため，プログラムの変更や保守が楽になる．

カプセル化を実現するためにまず最初に提案されたのが**データ抽象**である．データ抽象はプログラム実装上のテクニックであり，C 言語などの構造化プログラミング言語を用いて実現できる．構造体などを用いてデータを定義し，そのデータにアクセスする関数群を 1 つのソースファイルに集めればよい．他のソースファイルで定義された関数からは直接そのデータにアクセスしないようにする．そのデータにアクセスしたい場合には，必ず，データと共に定義された関数を経由するようにする．すなわち，アクセス用の関数群はインタフェースとしての役割を果たす．プログラム実装に際してこのようなルールを設けることにより，カプセル化を実現することができる．データ抽象とは，インタフェースであるアクセス用の関数群によりデータを抽象化する考え方である．データがどのような構造で定義されているかは知る必要はなく，あくまでもアクセス用の関数の呼出し方法を遵守すればよい．仮にカプセル中のデータ構造に変更が生じても，外部の関数はインタフェースの仕様を遵守している限り，その影響は受けない．

データ抽象には大きな利点があるが，その一方で限界もある，データ抽象の考え方に違反するようなプログラムを作成してもコンパイラでそれを検出することはできない．データ抽象をプログラミング言語における型のレベルまで引き上げたのが**抽象データ型**である．抽象データ型をサポートする代表的なプログラミング言語として Ada がある．

データ抽象および抽象データ型の考え方は，オブジェクト指向へと発展していく．ある日突然オブジェクト指向プログラミングが出現したわけではなく，構造化プログラミングの弱点を改善してゆく過程から生まれたのである．その過程で，カプセル化，情報隠蔽，データ抽象，抽象データ型という優れたプログラミング上の概念が提案されたことを理解しておく必要がある．

3.3 オブジェクト指向開発手法

オブジェクト指向開発手法は，オブジェクト指向分析，オブジェクト指向設計，オブジェクト指向プログラミングからなる．

3.3.1 オブジェクト指向プログラミング

オブジェクト指向プログラミング（Object-Oriented Programming，OOP）は抽象データ型の発展形であり，クラスや継承などの機構を提供する．最初のオブジェクト指向プログラミング言語は Simula67 である．その後，Smalltalk，C++，Objective-C，Java，Scala などのオブジェクト指向プログラミング言語が誕生した．オブジェクト指向プログラミング言語には，クラスベースのものとオブジェクトベースのものがあるが，実際の開発現場で使用されているのは前者が多い．ここで**クラス**とは**オブジェクト**の雛形である．たとえば，学生クラスがあった場合，具体的な個々の学生がオブジェクトとなる．

クラスはオブジェクト指向におけるモジュールである．複数のクラスからなるモジュール群を組み合わせることにより 1 つのソフトウェアが構築される．データ抽象におけるデータとアクセス用の関数は，クラスの**属性**と**メソッド**（あるいは**操作**）にそれぞれ対応する．すなわち，属性とそれにアクセスするメソッドをひとまとめにしたものがクラスとなる．**継承**は上位クラスが提供する機能を下位クラスが引き継ぐ機構である．たとえば，学部生クラスと大学院生クラスがあった場合，その上

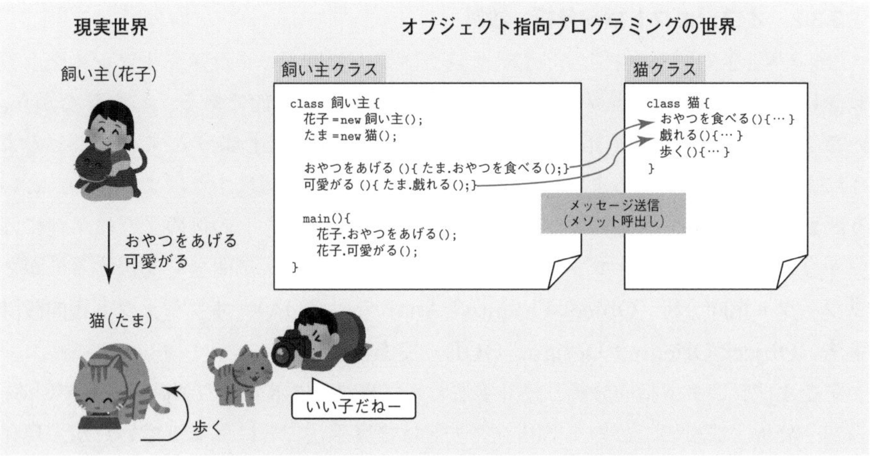

図 3.5 オブジェクト指向プログラミングの考え方

位クラスとして学生クラスを用意すると，学生としての共通の属性や振舞いを定義することができる．

オブジェクト指向プログラミングでは，現実世界に存在するモノに着目してクラス（あるいはオブジェクト）を抽出する．そのため，システム化の対象となる現実世界と対応が取りやすい．

図 3.5 を例にオブジェクト指向プログラミングの考え方を説明する．この例は「ネコ歩き†」をオブジェクト指向で表現したものである．現実世界には，「花子」（オブジェクト）という飼い主（クラス）と「たま」（オブジェクト）という猫（クラス）がいる．「花子」は「たま」におやつをあげたり可愛がったりする．「たま」はおやつを食べ，散歩に出かける．オブジェクト指向では，「花子」が「たま」におやつをあげるときは，「たま」にメッセージを送る．「たま」が散歩するときは，自分自身に向かって「歩く」というメッセージを送る．このようにオブジェクト指向では，現実世界に存在するモノをオブジェクトとして抽出し，モノ同士のインタラクションはオブジェクト間のメッセージ通信により表現する．図の右側は，Java ライクなプログラミング言語で「ネコ歩き」を記述したものである．オブジェクトである「花子」の雛形となる飼い主クラスと，「たま」の雛形となる猫クラスからなる．飼い主クラスの中では，`new` により「花子」と「たま」を生成し．その後，「花子」から「たま」にメッセージを送っている．

† ここでは，NHK 番組「岩合光昭の世界ネコ歩き」に登場する猫が飼い主と触れ合う場面や散歩する様子をオブジェクト指向で表現した．岩合光昭氏は猫の写真で著名な動物写真家で，猫を撮影するときに「いい子（猫）だねー」と褒めることで有名．

3.3.2 オブジェクト指向分析，設計

「ネコ歩き」の例で示したように，オブジェクト指向ではクラスやオブジェクトの概念にしたがって現実世界に即したプログラミングが可能である．しかしながら，いざ実際にオブジェクト指向によりソフトウェアを開発しようとすると，どのようにクラスを抽出したらよいのか，どのようなクラス階層にすればよいのか，という問題にぶつかる．実際のソフトウェア開発は「ネコ歩き」の例のように単純にはいかないことが多い．オブジェクト指向によるソフトウェア開発を支援するのが**オブジェクト指向分析**（Object-Oriented Analysis，OOA），**オブジェクト指向設計手法**（Object-Oriented Design，OOD）である．

主なオブジェクト指向分析・設計手法として**表 3.2** に示すものが提唱されている．当初，分析・設計のためのモデリング表記は提案手法ごとに異なっていたが，現在では**統一モデリング言語**（Unifed Modeling Language，**UML**）を使用するのが一般的となっている．特に，OMT 法，Booch 法，OOSE 法は UML の誕生に大きな影響を与えている．OMT 法は主に UML におけるオブジェクト指向分析モデリングに，Booch 法はオブジェクト指向設計モデリングに貢献している．ユースケースは OOSE 法により提唱され，UML にも含まれている．Shlaer-Mellor 法は Executable UML（実行可能 UML）につながっている．

3.3.3 オブジェクト指向による分析と設計の流れ

図 3.6 に，UML を用いたオブジェクト指向分析，設計の典型的な流れを示す．以下の説明で用いる UML ダイアグラムは，**ユースケース図**，**クラス図**，**シーケンス図**の 3 つのみである．これらの具体的な表記法については，現時点では気にしなくてもよい．詳細は次章以降で解説するので，ここでは，全体像のみをつかんでいただきたい．

まず最初に，顧客の要求をシステムの利用例（ユースケース）の集合と考え，UML のユースケース図を用いてモデリングする．分析段階では，現実世界に存在するモノに着目しクラスを抽出しそれを UML のクラス図に表現する．スペースの都合上，**図 3.6** にはクラス図しかないが，その他にユースケースを実現するためのオブジェクト同士の振舞いを UML のシーケンス図に表現する．現実世界に存在するモノ（の雛形）に対応するクラスのことをドメインクラスと呼ぶ．設計段階では，プログラム実装に必要なクラスを追加して，クラス図とシーケンス図をブレイクダウンしていく．設計段階で抽出されるクラスのことを設計クラスと呼ぶ．分析でも設計でも同じ UML ダイアグラムが使用されることに注意して欲しい．構造化手法では，分

表 3.2　主なオブジェクト指向分析，設計手法

手法	提唱者	提唱時期
Shlaer-Mellor 法	シュレイアー（S. Shlaer）， メラー（S. Mellor）	1988 年
Coad/Yourdon 法	コード（P. Coad）， ヨードン（E. Yourdon）	1990 年 前後
OMT （Object-Modeling Technique）	ランボー（J. Rumbaugh）， プレメラニ（W. Premerlani）， ローレンセン（W. Lorensen）， ブラハ（M. Blaha）， エディ（F. Eddy）	1991 年
Booch 法	ブーチ（G. Booch）	1992 年
OOSE （Object-Oriented Software Engineering）	ヤコブソン（I. H. Jacobson）	1992 年
UML （Unified Modeling Language）	OMG （Object Management Group）	1997 年
UP（Unified Process）または RUP（Rational Unified Process）	Rational 社	1990 年代 後半

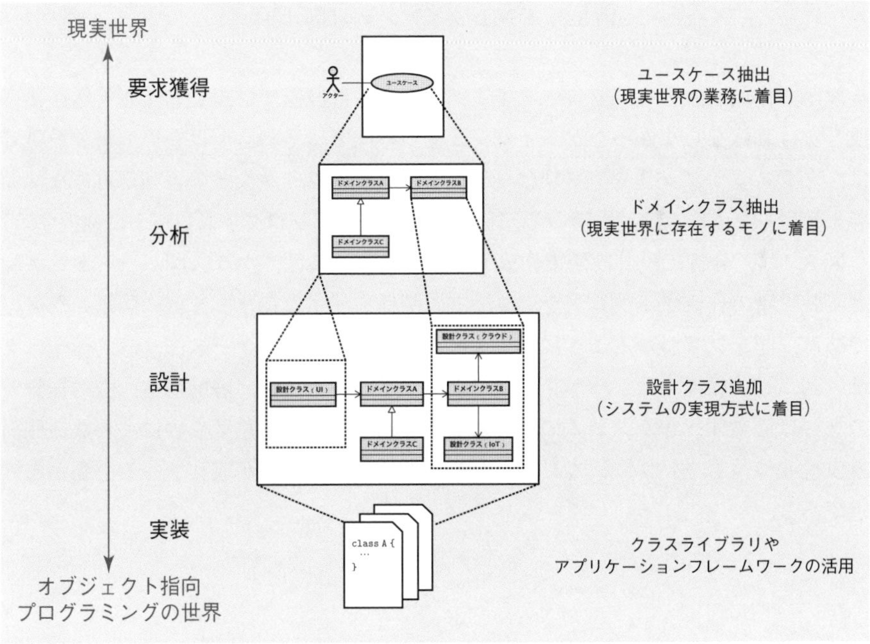

図 3.6　オブジェクト指向による分析と設計の流れ

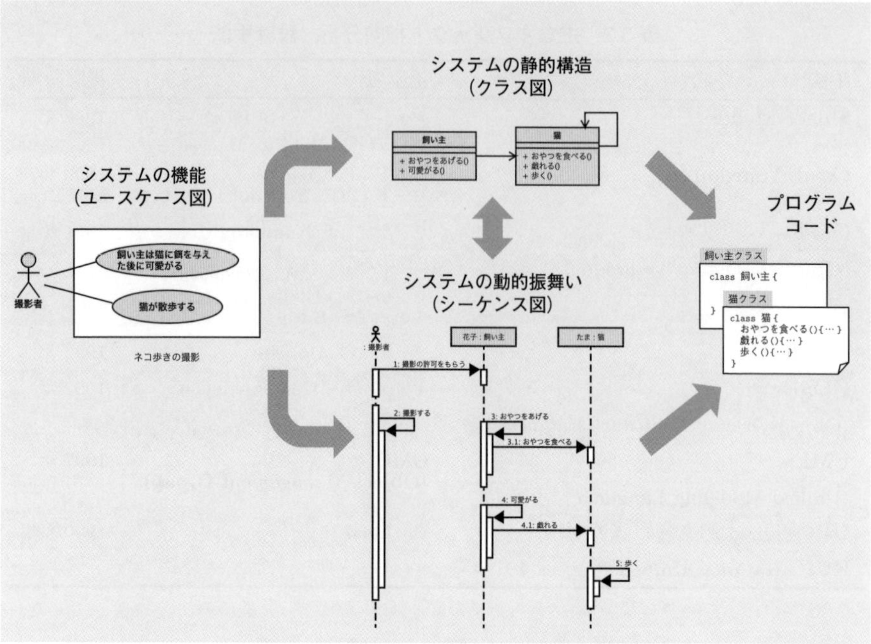

図 3.7　**UML ダイアグラム間の関係**

析段階で作成したデータフローダイアグラムを設計段階ではモジュール構造図に変換しなければならなかったが，オブジェクト指向ではその必要はない．実装段階では，クラスライブラリやアプリケーションフレームワークなどの再利用可能な部品群を活用しながら，設計段階の UML ダイアグラムをプログラムコードに変換する．

図 3.7 は，分析，設計段階で作成するユースケース図，クラス図，シーケンス図と実装段階で作成するプログラムコードの関係を「ネコ歩き」を例に図示したものである．図を見てわかるように，システムの機能はユースケース図，静的構造はクラス図，動的振舞いはシーケンス図で表現している．機能，静的構造，動的振舞いの 3 つは開発すべきシステムの異なる側面を示している．重要なのは，異なる側面を表現しつつも，1 つのシステム表現としてお互いに整合が取れている必要がある点である．

3.4 アスペクト指向開発手法

オブジェクト指向はソフトウェア工学における金字塔の一つであるが，全ての問題が解決できるわけではない．そこで誕生したのが**アスペクト指向ソフトウェア開発**（Aspect-Oriented Software Development，AOSD）である．アスペクト指向はオブジェクト指向の弱点を補完する．

3.4.1 横断的関心事

関心事の分離の視点からオブジェクト指向プログラミングの弱点について考えてみよう．構造化プログラミングでは実現することが難しかった「データとそれにアクセスする関数や手続きを一括りの機能としてまとめたい」という関心事は，クラスというモジュール機構を導入することにより，わかりやすく表現することができた．しかしながら，オブジェクト指向プログラミングは，性能最適化などの関心事を1つの独立したモジュールとして表現するのには向いていない．たとえば，プログラムに性能チューニングを施すと，基本的関心事（クラスが本来的に有する機能など）を表現するプログラムコードに性能改善のためのコード片が幾箇所にも絡み合い，プログラム全体の見通しが悪くなる．性能最適化はそれ自体1つの関心事であるにも関わらず，オブジェクト指向プログラミングの枠組みでは，そのためのコード記述が複数のクラスやメソッドに散らばってしまう．このような関心事のことを**横断的関心事**（crosscutting concerns）と呼ぶ．図3.8 (a) に，オブジェクト指向プログラミングにおいて横断的関心事が適切にモジュール化できない様子を示す．

横断的関心事の例として，性能最適化の他にログ収集（logging），同期処理，エラー処理などがある．エラー処理はエラーを専門に扱うクラスを用意すればモジュールとして簡単に分離することができるのではないかと思われるかもしれないが，エラー処理のたびにそのクラスのメソッドを呼び出さなければならない．メソッド呼出しのためのコード片が様々な箇所に散らばってしまうのである．オブジェクト指向プログラミングでは，残念ながらこのような横断的関心事が適切に表現できない．この問題は構造化プログラミングにおいても生じる問題であり，実はオブジェクト指向に限定された問題ではない．

3.4.2 アスペクト指向によるソフトウェア開発

オブジェクト指向や構造化が抱えるこのような問題を改善するための方法の一つがアスペクト指向である．アスペクト指向は横断的関心事を**アスペクト**（aspect）という概念を用いてモジュール化するための技術である．**アスペクト指向プログラ**

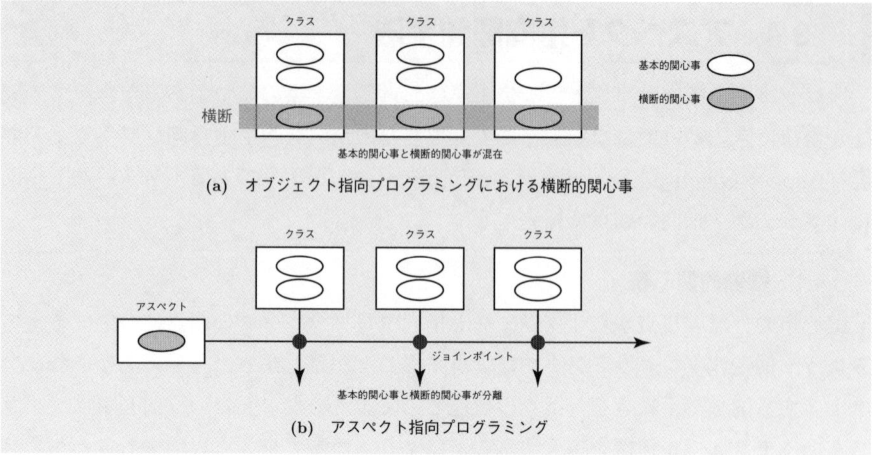

(a)　オブジェクト指向プログラミングにおける横断的関心事

(b)　アスペクト指向プログラミング

図 3.8　横断的関心事

ミング（Aspect-Oriented Programming, AOP）をサポートする言語として Java ベースの AspectJ などがある．図 3.8 (b) にアスペクト指向プログラミングの概念を示す．

AspectJ を例にアスペクト指向のメカニズムがどのようなものかを説明する．AspectJ では，基本的関心事は通常のクラスでモジュール化し，横断的関心事はアスペクトでモジュール化する．これらのモジュールを組み立てるのが**ウィーバー**（weaver）である．機織りという意味である．クラスを縦の糸にたとえると，アスペクトは横の糸に相当する．両者を織り合わせて 1 つのプログラム（織物）にする．ウィーバーはコンパイラと一体化しているので，プログラマはウィーバーのことを気にする必要はない．縦の糸と横の糸が出会う箇所を**ジョインポイント**（joinpoint），クラス上の様々なプログラム点（プログラム実行や宣言の箇所）からジョインポイントを切り出す方法を**ポイントカット**（pointcut）と呼ぶ．性能最適化の例では，性能チューニングのためのコード片を埋め込みたい箇所がジョインポイント，その箇所を指定するのがポイントカットである．埋め込みたいコード片はアスペクトに記述する．AspectJ では，メソッドの呼出しなどの箇所をジョインポイントとして指定できる．

図 3.9 に AspectJ によるプログラムコード例を示す．このアスペクトは図形（`FigureElement`）が描画されるたびにトレース情報を出力する．2 行目と 3 行目がポイントカット `tracedCall` の指定である．図形のメソッド `draw` が呼び出さ

```
01:aspect SimpleTracing {
02:  pointcut tracedCall():
03:    call(void FigureElement.draw(GraphicsContext));
04:
05:  before():tracedCall() {
06:    System.out.println("Entering:" + thisJoinPoint);
07:  }
08:}
```

図 3.9 **AspectJ によるプログラムコード例**
（引用元：Eclipse AspectJ プロジェクトのサンプルプログラム）

れた実行箇所（call で指定）をジョインポイントとして抽出する．5 行目から 7 行目は，抽出したジョインポイントでどのようなコード片を埋め込むかを指定している．ここでは draw メソッドが呼び出された際，その直前（before）にジョインポイントの内容（thisJoinPoint）をプリントする命令を挿入する．このように，AspectJ ではトレースという横断的関心事をアスペクト SimpleTracing としてモジュール化することが可能となる．もし，このトレース操作を Java などのオブジェクト指向プログラミング言語で記述しようとすると，draw メソッドを呼び出すたびに毎回プリント文を記載しなければならない．また，トレースが必要でなくなったら，コードから全てのプリント文を削除する必要がある．一方，ApectJ では，単に SimpleTracing アスペクトをウィーバーの対象から外すだけで済む．

アスペクト指向開発手法も，構造化開発手法やオブジェクト指向開発手法と同様に，プログラミング言語からスタートしたが，その対象は分析や設計に広がり，全体として AOSD と呼ばれるようになった．アスペクト指向はオブジェクト指向や構造化を置き換えるものではなく，補完するものである．

第3章の問題

□ **3.1** 構造化プログラミング言語としてどのようなものがあるか調べてみよう．

□ **3.2** オブジェクト指向プログラミング言語の発展経緯について調べてみよう．

● 思想としての構造主義とソフトウェア工学における構造化 ●

様々な構造化開発手法が提案されたのは，1960 年代末から 1970 年代にかけてのことである．なぜこの時期に「構造」という名の下でソフトウェアの開発手法が次々と生まれたのであろうか？ 時代的な背景として，1960 年代に登場した構造主義という現代思想からの影響が考えられる．構造主義の祖とされるレヴィ＝ストロース（C. Lévi-Strauss）が，オーストラリアの未開族における親族関係の構造を群論（group theory）を用いて説明したことは有名である．構造主義とは，世の中の様々なものには構造が存在するという思想である．ここでいう構造とは数学的構造やシステムに近い．ソフトウェア開発とは，現実世界に存在する（と信じている）構造を発見し，コンピュータシステムとして実現する行為と見なすことができる．この場合の構造表現がソフトウェア工学における構造化であったりオブジェクト指向であったりする．個人的な話になるが，随分昔に「オブジェクト指向は構造化ではないのか」とある人から尋ねられたことがある．構造主義の考えにしたがうと，オブジェクト指向も立派な構造化である．その方への私の回答は「もう構造化という名称を使ってしまったので，オブジェクト指向という別の名称を使用したのではないか」というものであった．ところで，顧客のビジネス環境や顧客からの要求に本当に「必ず」構造は存在するのであろうか？ 哲学的な問いである．しかし，世の中のソフトウェアエンジニアは，意識的か無意識的かはわからないが，そこには必ず構造が存在すると信じて，構造化開発手法やオブジェクト指向開発手法を適用してソフトウェアを日々作り続けている．

第4章

ソフトウェアモデリングとUML

ソフトウェアを開発するためには，顧客の要求やそれを取り巻く現実世界を分析し，その結果を設計に落とし込んでゆく必要がある．モデリングはそのための有用な道具となる．モデリングにおいて最も重要なことは抽象化である．抽象化とは，複雑な現実世界から本質的に重要な部分を切り出し，それを簡潔に表現することである．一般的にソフトウェアエンジニアに求められる最も重要な能力は抽象化だと言われている．本章では，ソフトウェアモデリングの概要と代表的なモデリング言語であるUMLについて学ぶ．次章以降，このUMLを用いて，分析，設計を行う．

4.1 モデリングと抽象化

4.1.1 モデリングとは

実は，前章までにモデルあるいはモデリングに関わる用語が既に何度も出てきている．ソフトウェア開発プロセスモデル，構造化開発手法で用いるデータフローダイアグラム，オブジェクト指向におけるUMLなどである．開発プロセスモデルはソフトウェア開発の工程を一般化し，誰もが容易に導入できるようにしたものである．一方，データフローダイアグラムやUMLダイアグラムは主に分析や設計で活用する図式であり，現実世界やソフトウェア構造のある側面を切り出して表現したものである．いままでモデリングという用語を厳密に定義しなくても，その言葉が持つ意味を何となくイメージしていたのではないかと思われる．しかしながら，真正面から「モデリングとは何か」と問われると，皆さんはどのように答えるであろうか？

オックスフォード現代英英辞典で調べてみると，以下のように記述されている．

The work of making a simple description of a system or a process that can be used to explain it, etc.

この定義において，簡潔（simple）という箇所が重要である．システムあるいはプロセスの本質をつかみ，それを適切に抽象化（abstraction）し，簡潔に表現することがモデリングである．データフローダイアグラムやUMLダイアグラムはシステムの表現に，ウォータフォールモデルなどはソフトウェア開発プロセスの表現に利用する．

皆さんはモデリングというと図を描くものと思っているかもしれないが，それは誤りである．プログラミングも重要なモデリング行為の一つである．プログラムはコンピュータ上での実行手順を記述したものである．すなわち，プログラミング言語を用いて実行過程をモデルとして表現したものと言える．また，プログラムの全体構造を簡潔かつ見通しの良い形にモデリングするために，分割統治法や情報隠蔽などのプログラミングテクニックを用いる．そこでは抽象化が重要な役割を果たす．分割統治法では，大きな問題を段階的に小さな問題に分割する．これは高い抽象度から段階的に具体化してゆくことに他ならない．小さな問題に分割する際には，どのレベルの抽象度で表現したら理解しやすいかを常に考慮しなければならない．情報隠蔽では外部に対して公開する関数群をどの抽象度で提供すべきかを考えなければならない．このようにプログラミングと抽象化は密接に関係する．さらに，テスト仕様書もソフトウェアテストという行為をモデル化したものである．

ソフトウェア開発においては *everything is a model* なのである．「ソフトウェア開発＝モデリング」という境地に至ると，ソフトウェア開発において抽象化がいかに重要であるかが身に染みて感じられるであろう．最終的なソフトウェアの出来栄えは，ソフトウェアエンジニアの抽象化能力に大きく依存する．抽象化能力が低いエンジニアが開発したソフトウェアは得てして品質が悪くバグだらけということが少なくない．適切に抽象化が行われていないソフトウェアは構造が複雑になる．複雑なものはデバッグするにしても，テストを行うにしても難しい．結果としてバグが混入する機会が増えることになる．

4.1.2 抽象化の本質

抽象化は重要だということがわかったとしても，それをどう身につければよいのであろうか？ 非常に難しい課題であるが，まずは優れたモデルを数多く見て，その美しさを感じ取るところから始めるとよい．

図4.1は葛飾北斎の「神奈川沖浪裏」という作品である．誰しもが知っている有名な浮世絵である．現在の神奈川県横浜市神奈川区の沖合を描いたとされる．波浪の躍動感と遠くに見える富士山が印象的である．この作品は風景画であるが，風景

図 4.1　**北斎の神奈川沖浪裏**

をそのまま描いたものではない．この風景の印象や魅力を最大限に切り取るために，波浪にフォーカスを当てている．しかし，波浪だけでは絵として物足らない印象である．そこで遠景に富士山を入れたのだと考えられる．大きな波浪と遠景の富士山のコントラストは見事としか言いようがなく，この絵 1 つで「日本」を感じさせる名作である．これは優れたモデリングの例である．風景をそのままの形でモデルとして表現するのではなく，風景の中から本質的なもの，すなわち波浪と富士山を切り出し，最も魅力的な形で両者を配置している．これが抽象化能力である．北斎の浮世絵のようなソフトウェアモデルが作れるようになったら一流のソフトウェアエンジニアの証と言えよう．顧客の要求やそれを取り巻く現実世界から，顧客のビジネスにとって何（what）が本質的かを見抜くことが抽象化である．

次に別の角度から抽象化について考えてみよう．図 4.2 を見ていただきたい．これは JR 東日本・京浜東北線の路線図である．京浜東北線は神奈川県を走る路線であり，北斎の神奈川沖浪裏も神奈川県を描いたものである．同じ神奈川県を表現したものでありながら，両者の表現形態は大きく異なる．路線図は鉄道の利用者がわかりやすい形に路線上の駅を配置したものであり，乗降や乗換えの方法が即座に理解できるようになっている．日本地図に基づいて物理的な駅の位置を配置するよりは，路線図の方が利便性に優れる．駅同士のトポロジーだけに着目すれば両者は同じである．すなわち，路線図は駅同士の連結関係は保持しつつ，その表現形態を物理的な地図から変換したものである．その際，駅間の物理的な距離は捨象されている．これも重要な抽象化である．ソフトウェア開発にたとえると，システムとしてどう（how）実現するのが適切かを考えることに対応する．機能がてんこ盛りになったシステムを作るのではなく，何が本質的な機能かを見抜くことが抽象化である．路線

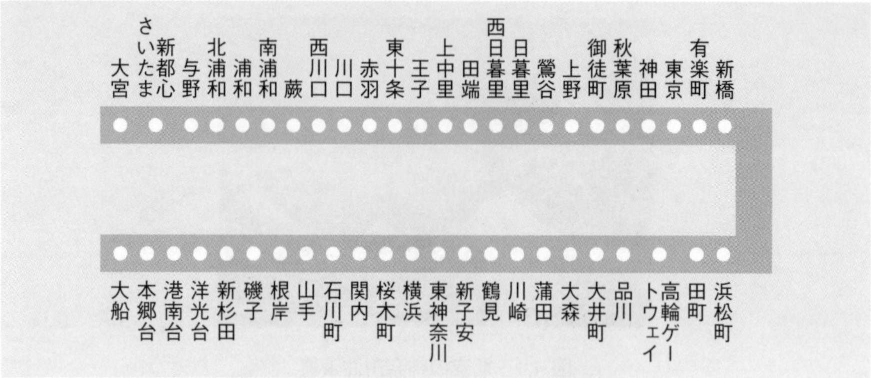

図 4.2　**JR 東日本・京浜東北線路線図**

図の場合は，駅同士の連結関係である．

北斎の神奈川沖浪裏が要求獲得や分析モデリングにおける抽象化だとすると，路線図は設計モデリングにおける抽象化に相当する．両者とも，ソフトウェアモデリングにおいて重要な抽象化である．クラマー（J. Krammer）は，論文 *Is Abstraction The Key to Computing?*（Communications of the ACM，2007.4）の中で，コンピュータ科学を修得する上で最も重要な能力は抽象化能力だと述べている．と同時に，その修得は容易ではないとも述べている．自分が作成したモデルが北斎に近いづいているか常日頃考えてながら，モデリングに精進すると抽象化能力は高まってゆくであろう．

● カッサンドルのノールエクスプレス ●

カッサンドル（A. M. Cassandre）は 20 世紀を代表するグラフィックデザイナーである．その代表作に「ノールエクスプレス（Nord Express Paris-Varsovie）」というポスターがある．ポスターの上部に目的地に向けて疾走する機関車を配置し，下部に，ロンドン，パリからベルリンを経由してワルシャワに至る路線を配置している．躍動感に溢れる素晴らしいポスターデザインである．沢木耕太郎の「深夜特急」（新潮社文庫）の表紙にも使われている．長距離国際寝台列車であることが一目でわかる（顧客要求を簡潔かつインパクトのある形で表現）と同時に旅情（顧客要求だけでは表現し切れない感情や満足度）をも誘う名作である．もう一つ興味深いのは，上部の構図と下部の路線図が一体となっている点である．北斎の「神奈川沖浪裏」と京浜東北線路線図が 1 つになったようなイメージである．広告ポスターならではのなせる技である．広告ポスターの名作を数多く鑑賞するのは，モデリングにおける抽象化能力を高めるのに役立つ．何よりも顧客を意識しなければならない．

4.2　統一モデリング言語 UML

第 3 章では，統一モデリング言語 UML を用いて，オブジェクト指向分析，設計の大まかな流れを示した．ただし，UML そのものについては簡単な説明に留めていた．ここでは UML の概要について説明する．UML ダイアグラムの表記法については，次節以降，実例を挙げながら具体的に紹介する．

UML は **OMG**（Object Management Group）から提供されているモデリング表記の世界標準である．1997 年に初版が出された．2005 年に UML2.0 が出されて，その後も改訂がなされている．ここでは，UML2.0 以降の版を UML2.x と表記する．UML は OMG という標準化団体が定めたデファクトスタンダードなソフトウェアのモデリング表記法であり，ソフトウェアエンジニアとして活躍するためには必ず身につけておかなければならない技術の一つである．ただし，UML はあくまでも表記法であり，ソフトウェアの分析，設計の仕方を定めたものではない点には注意しておく必要がある．

4.2.1　ダイアグラムの種類

表 4.1 に示すように，UML2.x では複数のダイアグラムを提供している．具体的には，クラス図，オブジェクト図，パッケージ図，コンポジット構造図，コンポーネント図，配置図，ユースケース図，アクティビティ図，ステートマシン図，シーケンス図，コミュニケーション図，相互作用概要図，タイミング図の 13 種類である．ただ，実際の開発で主に使用するのは，ユースケース図，クラス図，シーケンス図，アクティビティ図，ステートマシン図の 5 つである．第 3 章でも触れたが，この中でも，ユースケース図，クラス図，シーケンス図の 3 つは必須である．まずは最初にこれら 5 種類のダイアグラムの使用方法を修得し，その後，必要に応じて他のダイアグラムを随時身につけてゆくのがよいであろう．

実際の要求獲得，ソフトウェア分析，ソフトウェア設計で，頻繁に使用するユースケース図，クラス図，シーケンス図，アクティビティ図，ステートマシン図の 5 つについては，次章以降，その適用方法を含めて詳細に説明する．

4.2.2　言語としての UML

言語と言うとそれが依拠する文法が必要となる．通常のプログラミング言語では，言語仕様はバッカス–ナウア記法（Backus-Naur form）で記述される．UML もモデリング「言語」と言っている以上，何らかの形で言語仕様を記述しなければならない．しかし，UML はダイアグラムを記述するための図式言語である．どのよう

表 4.1　**UML2.x のダイアグラム**

区分	ダイアグラム	内容
構造	クラス図 (class diagram)	クラスの構造を表記する
	オブジェクト図 (object diagram)	オブジェクトの構造を表記する
	パッケージ図 (package diagram)	関係するクラス群をグループ化する
	コンポジット構造図 (composite structure diagram)	クラスやコンポーネントの内部構造を表記する
	コンポーネント図 (component diagram)	コンポーネント間の関係を表記する
	配置図 (deployment diagram)	システムの物理的な構成を表記する
振舞い	ユースケース図 (use case diagram)	利用者視点でシステムの提供機能を表記する
	アクティビティ図 (activity diagram)	業務フローやシステム内の処理手順を表記する
	ステートマシン図 (state machine diagram)	状態遷移を表記する
相互作用	シーケンス図 (sequence diagram)	オブジェクト間の協調動作を時系列で表記する
	コミュニケーション図 (communication diagram)	オブジェクト間の協調動作を構造的に表記する
	相互作用概要図 (interaction overview diagram)	個々の相互作用図が全体から見てどのように連携しているかを表記する
	タイミング図 (timing diagram)	オブジェクトの状態遷移を時系列で表記する

に文法を定義したらよいのであろうか？ 実は，UML の言語仕様は **MOF**（Meta-Object Facility）のメタモデルを使って記述される．このメタモデルも図式言語であり，UML のサブセットとなっている．すなわち，図式言語の文法定義に図式言語を使用していることになる．

UML は一般的なモデリング言語であり，あらゆる業務のモデリングに適用可能である．その一方，汎用的であるがために，業務に特化したモデリングがやりづらい場合もある．そのようなときには，業務に特化したモデリング言語が使えると便利である．このような言語のことを**ドメイン特化言語**（Domain-Specific Language, DSL）と呼ぶ．ドメイン特化言語を定義する方法として，UML プロファイル（表記法拡張のためのステレオタイプ）を使用する方法と MOF により新たなメタモデルを定義する方法がある．一例として，システムエンジニアリング向けののドメイン特化言語である **SysML**（Systems Modeling Language）は UML プロファイルとして定義されている．

第 4 章の問題

□ **4.1** いままで自身が作成したプログラムコードをモデリング，特に抽象化の観点から眺めてみよう．適切な抽象化がなされているか否かを確認し，もしそうでないと感じたら，抽象化に際して考慮すべき点は何だったかについて振り返りを行ってみよう．

□ **4.2** 身の周りにある広告ポスターを抽象化の観点から見直してみよう．何にフォーカスを当て，何を捨象しているのかについて考えてみよう．顧客の立場から見て，魅力的な抽象化になっているかを評価してみよう．

第5章

要求獲得

本章では，要求獲得について学ぶ．要求獲得とは，顧客からニーズを適切に引き出すための活動である．要求獲得に求められるのは，技術的な知識よりも，顧客とのコミュニケーションなど人間的な側面が中心となる．そのため，学生や若いソフトウェアエンジニアの方には理解しづらい面があるかもしれないが，実際のソフトウェア開発においてはこの部分がある意味で一番重要なスキルとなる．

5.1　ソフトウェア開発の難しさ

本書では，1つの例を通じて，要求獲得から分析，設計，実装の流れを解説する．ここで使用する例は大学における講義，履修，成績などを管理する「学務情報システム」である．学生の皆さんには馴染みの深いシステムである．身近なシステムがどのような手順を経て構築されていくのか見ていって欲しい．

本章では，**要求獲得**（requirements elicitation）について学ぶが，その前にソフトウェア開発の本質的な難しさについて考えてみよう．顧客に満足して貰えるソフトウェアを開発することは難しい．だからこそ，ソフトウェア工学という学問分野が生まれたのである．図5.1を見て欲しい．この漫画は1973年ロンドン大学コンピュータセンターのニューズレターに掲載されたもので，ソフトウェア開発の難しさを的確に表現した有名な絵である†．この図は顧客からのニーズ把握の難しさや上流工程での品質の重要性について語っている．

この図は奥が深く，色々な解釈が可能である．ここでは筆者自身の解釈を紹介する．左上の図から順番に説明する．最初の図は顧客から提案されたシステム化要望である．顧客自身が解決したい「問題」を表している．この場合，「木にブランコ

†実はこの漫画にはいくつかのバージョンが存在し，その内容は少しずつ異なっているが，伝えたいメッセージには大きな差はない．本書では，ソフトウェア工学に関する初期の良書である「ソフトウェア工学」（有澤誠著，岩波書店）で引用されているバージョンを採用した．古いバージョンの方が，オリジナルの問題意識に近いと思われるからである．

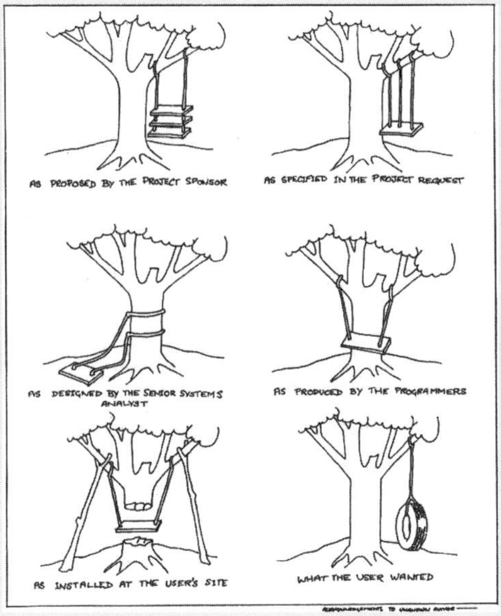

図 5.1　ソフトウェア開発の課題
(引用元：University of London Computer Center Newsletter, No.53, March 1973)

のようなものを作り，遊び場を提供したい」というのが解決したい問題である．その右図は，要求仕様書として記載された「仕様」である．ブランコのようなものには変わりないが，板 3 枚がいつの間にかロープ 3 本に変わってしまっている．これは，顧客の要望を仕様化する際のコミュニケーションミスが原因であり，分析工程で誤りが混入したことを意味する．この誤りは，その後の工程でさらに傷が大きくなってしまう．中段左図は，誤った要求仕様書に基づいて設計した内容である．ブランコであるが吊るされていない．中段右図は実際にプログラム化された内容である．おそらく，設計書だと吊るされていないので，プログラマの方でその誤りに気づいてブランコを吊るしたのであろう．しかし，吊るし方が良くなく，これではブランコとして機能しない．下段左図は，顧客のサイトにインストールした状態である．開発したプログラムではブランコを揺らすことができないので，とっさの判断として，木を切ってしまったのであろう．確かにブランコは揺らすことができるが，顧客の大切な木を切ってしまったら大変な事態になってしまう．

このように上流段階で誤りが混入するとそれが段々と大きくなり，最後はとんでもない状況になる可能性があることをこの図は示している．この図から上流工程の品質の重要性，各工程を担当するエンジニア間のコミュニケーションの大切さを伺い知ることができる．しかし，この図には最後にオチがついている．下段右図を見て欲しい．顧客が本当に欲しかったものは木にタイヤをぶらさげた遊具だったのである．必ずしも，顧客は自らが欲しているものを的確に表現できるとは限らない．顧客が提示したのは上段左図である．要求獲得の重要性をこの漫画は如実に語っている．顧客からいかに真の要求を引き出すかは，システム開発を成功させる上で最も重要なことである．

5.2 ソフトウェア開発の始まりとしての要求獲得

ゼロからソフトウェアを開発することは，真白な画用紙の上に新しい絵を描くようなものである．初学者はどこから描いてゆけばよいのか悩むであろう．ソフトウェア開発の場合でも同様である．顧客から「こういうシステムを作って欲しい」と言われても，とまどうばかりであり，どこから手をつけてよいかわからない．

ソフトウェアの開発は，まず，顧客からニーズを引き出すところから始まる．その際のキーパーソンが**システムエンジニア**（system engineer）である．単にSEとも呼ぶ．システムエンジニアは顧客と開発エンジニアの間に立ち，要求獲得や仕様作成をメインの業務とする．皆さんの中には，「システムに何を求めるかは顧客が一番わかっているはずで，要求は顧客から提示されるものではないか？」「システムエンジニアはその要求にしたがってシステムを開発すれば済むのではないか？」「それなのに，なぜ，獲得なのか？」と感じる人も多いと思う．しかし，図5.1に示した漫画を見てわかるように，顧客だって自分が欲しいものを正確に提示できるとは限らない．皆さんが顧客の立場に立って考えてみるとその気持ちがわかるであろう．それならば，システムエンジニアの方から積極的に要求の定義に関与し，顧客と共同で真の要求を引き出してゆくことが望まれる．だから，「獲得」なのである．もう少し控えめに**要求抽出**（requirements extraction）という言葉も使用される．

5.3 要 求 工 学

5.3.1 要求工学の知識体系

顧客から要求を的確に獲得し，それを要求仕様書として記述するための技術分野は**要求工学**と呼ばれる．要求工学の分野は幅広く，これだけで一冊の教科書になるくらいの膨大な知見が蓄積されている．**要求工学知識体系**（Requirements Engineering Body Of Knowledge, **REBOK**）は要求工学を構成する知見や知識を体系化したものである．REBOK（アールイーボックと呼ぶ）は，**表 5.1** に示すように，「要求工学の基礎」「要求工学プロセス」「要求獲得」「要求分析」「要求仕様化」「要求の検証・妥当性確認・評価」「要求の計画と管理」「実践の考慮点」からなる 8 つの知識領域で構成されている．本章で説明する要求獲得は要求工学における重要な領域の一つである．

要求工学が必要なのは，何もソフトウェア開発に限った話ではない．あらゆる製品開発やサービス提供に対して要求工学が求められると言ってよい．したがって，要求工学が提示する様々な手法や知見はソフトウェア開発以外にも役立つ．それでは，なぜ，要求工学がソフトウェア工学の一分野として生まれたのであろうか？ それは，ソフトウェアは椅子，洋服，自動車などとは異なり，その存在を形あるモノ

表 5.1　**REBOK 共通知識カテゴリ（REBOK Core）の知識領域**
（引用元：要求工学知識体系 第 1 版 近代科学社，2011）

知識領域	内容
要求工学の基礎	要求の定義とそのスコープや性質などの主要な概念や基礎技術に関する知識
要求工学プロセス	要求工学のプロセスとそれに関する主要な概念，技術に関する知識
要求獲得	顧客を含むステークホルダを明らかにし，会議やインタビューなどを通して要求を獲得する技術に関する知識
要求分析	要求項目を整理し，要求項目間の関係を明らかにし，優先順位づけなどを行い，実現すべき要求を明らかにし，絞り込む技術に関する知識
要求仕様化	分析された要求を規定の書式や表記法で要求仕様書として記述する技術に関する知識
要求の検証・妥当性確認・評価	要求仕様書に矛盾が無いことなどの正当性の確認や，要求仕様書が顧客の要求を満たしていることなどの妥当性の確認，あるいは，その達成度の度合いを評価する技術などに関する知識
要求の計画と管理	要求管理を計画し，その推敲や成果物を管理する技術に関する知識
実践の考慮点	要求工学を実践する上で有用な知識

として認識することができない，すなわちモノを見たりモノを指し示したりすることができないからである．形があるものは顧客から要求を引き出しやすいが，形がないものは開発の目標や目的など概念的なものから手続き的に要求を引き出していく必要がある．これは容易なことではないが，ソフトウェア開発には必要なことである．だからこそ，要求工学がソフトウェア工学の中から生まれたのである．しかしながら，世の中の価値がモノからコトに変化しつつある現在，大半の商品開発がソフトウェア化，サービス化している．今後，要求工学の対象はソフトウェア開発からより広い世界へと拡大していくであろう．

● 要求と要件 ●

「要求」と近い用語に「要件」がある．「要求」と「要件」はどう違うのであろうか？ 学術用語としては一般的に「要求」が使用されるが，実際の開発現場では「要件」が使われる場合が多い．そして，開発現場では，要求を「顧客の曖昧な希望や要望」，要件を「システムとして実現すべき事項」という風に区別することが多く，「要件」を顧客からいかに引き出すかを重視する．そのように考えると，本書でも「要求」ではなく「要件」を使用すべきであるが，学術的には伝統的に「要求」が使用されることが多いので，本書でもそれにしたがった．実は，「要求」も「要件」も英語では requirements であり，区別は存在しない．筆者の推測であるが，requirements の和訳を割り当てる際に本来は「要件」とすべきところ，誤訳とまでは言えないもののあまり適切とは言えない「要求」を割り当ててしまったのではないかと思われる．さらに不幸なことに「要求」が学術用語として国内で定着してしまった．そして，企業の開発現場では，「要求」と「要件」を区分する日本独自の考えが生まれた．たかが用語，されど用語である．訳語を割り当てることは難しい．

5.3.2 問題フレーム

要求獲得では，顧客が解決したい「問題」を知ることが重要である．とは言え，問題を知ることは至難の業である．顧客のビジネスを取り巻く現実世界からどのように問題を切り出してゆけばよいのであろうか？ そのための手がかりとなるものとして，ジャクソン（M. A. Jackson）が提案した**問題フレーム**（problem frame）がある．問題フレームは，問題自体を分析するための手法である．ここでは，玉井の解説（問題フレームについて，情報処理 Vol.49，No.4）に沿った説明を行う．

問題フレームは，図 5.2 に示すように，大きく，機械 D，世界 C，要求 R の 3 つから構成される．問題のコンテキストとしての世界のことを問題領域（顧客の問題が存在する領域）とも呼ぶ．ソフトウェア開発の対象となるものが機械である．機械と世界の間の実線 A は，機械と世界（解決しようとしている問題領域）との間の

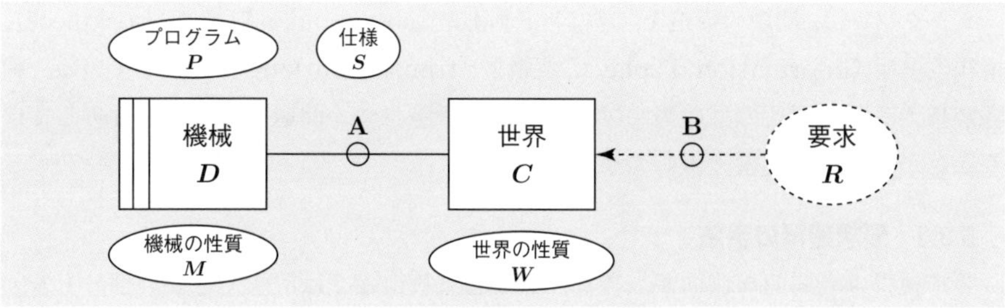

図 5.2　問題フレームの構造

インタフェースを示す．要求から世界への点線の矢印 B は，要求が世界に対するものであることを示す．顧客からの要求は機械であるソフトウェアに対するものではなく，世界に対するものであることに注意していただきたい．顧客はソフトウェア自体を欲しているわけではなく，顧客を取り巻くビジネス上の問題を解決したいのである．だから，問題フレームでは要求は世界へと向けられる．一方，機械と世界のインタフェースは，機械と世界がインタラクションする，すなわち機械が世界の状況を観測し必要であればそれを制御する，ことを示している．ソフトウェア（機械）とは，顧客のビジネス環境において顧客からの要求を満たすように世界をコントロールするものなのである．そして，ソフトウェア開発とは，世界に存在する顧客の問題を解決するための機械を作ることに他ならない．

要求と仕様の関係について考えてみよう．ゼーヴ（P. Zave）とジャクソンは，要求，仕様，世界の関係を，論理命題風に以下のように定式化している．記号は図 5.2 のものである．

$$W, S \vdash R$$

仕様 S を満足し世界の性質 W が成り立つと仮定すると，要求 R が満たされる．逆に言うと，要求 R を満足するように仕様 S を定める必要がある．さらに，プログラム P と仕様 S の関係を定式化すると以下のようになる．

$$M, P \vdash S$$

プログラム P と機械の性質 M が成立すると仮定すると，仕様 S が満たされる．逆に言うと，仕様 S を満たすようにプログラム P を作成する必要がある．なお，問題フレームは問題そのものに焦点を当てているため，プログラム P は問題フレームの中には明示的には出てこない．

ジャクソンは，問題の構造を，コマンド制御型（command），編集型（workpiece），情報表示型（information display），変換型（transformation）に分類している．顧客が抱える問題がどの型に当てはまるのかを考慮しつつ問題そのものを分析してゆくことが，適切な要求獲得につながる．

5.3.3 要求獲得の手法

要求獲得は人間的な側面が大きく，必ずしも技術論では解決できない部分も多いが，要求工学では様々な手法やベストプラクティスが提供されている．要求の抽出は，インタビュー，シナリオ分析，ゴール指向要求分析，プロトタイピング，業務フロー分析，社内業務標準や帳票の調査，既存システム（存在する場合）の調査など様々な手段を組み合わせて行う．どれか1つだけの方法で済むわけではない．また，学校の試験と違って「問題」が提示されているわけではなく，ましてや正解が存在するわけでもない．要求獲得とは，顧客が解決したい「問題」を知るための過程である．

次節では，初学者にも比較的理解しやすいと思われるインタビューとシナリオ分析を用いて顧客から要求を抽出する手法を解説する．

● ソフトウェア工学の巨人，マイケルジャクソン ●

皆さんはマイケルジャクソンと言うと真っ先にスター歌手のマイケルジャクソンを思い浮かべるであろう．実は，ソフトウェア工学の世界にもマイケルジャクソンというスターが存在する．彼は第3章で紹介したJSPやJSDの提案者である（**表 3.1**（36ページ）を参照）．JSPやJSDは1970年代から80年代にかけて提案された極めて独創性に富んだソフトウェア開発手法である．現在においてもそのアイデアの輝きは失われていない．そのマイケルジャクソンの代表的な業績の一つがここで紹介した問題フレームである．

5.4　要求の抽出

5.4.1　例　題

これ以降，具体的な例を用いつつ，要求獲得の方法について説明する．例として，あるシステムベンダーA社がB大学から「学務情報システム」の開発を受注したとしよう．B大学の情報基盤室から提出された初期要求は以下の通りである．

> このシステムは学務に伴う事務作業を効率化するためのものである．教員，学生，事務職員などが利用するWebシステムであり，ブラウザを通じて，シラバスや履修状況に関わる情報を表示したり，成績を管理したりできる．

顧客から出される要求には様々なレベルのものがある．簡単な要望書のレベルから詳細な画面仕様まで記載されているレベルまで色々である．システムを構築するには，顧客から出された要求を顧客の立場に立って吟味し，不足分は補ってあげなければならない．しかし，いくら顧客の立場に立てと言われても，システムエンジニアは顧客自身ではないのだから相手の欲するものが何なのかは正直言って全部わかるとは限らない．

ソフトウェア工学の世界では，システム構築に先立って，ユーザ（顧客）の業務内容，ユーザ企業が属する業界や領域の仕事のやり方を分析することが推奨されている．これを**ドメイン分析**（domain analysis）という．ドメイン分析の手段として，**ユーザインタビュー**，**業務フロー分析**など様々な方法がある．

ここでは，まずはB大学における学務係の業務内容を知るという目的で，A社のシステムエンジニアがB大学の情報基盤室と学務係を訪問するところから始めよう．

5.4.2　ステークホルダー

顧客側の情報システム部門，エンドユーザ，技術営業，システムエンジニア，プログラマなど，ソフトウェア開発には様々な人たちが関わる．これらの人たちのことを**ステークホルダー**（stakeholder）という．学務情報システムの場合，実際の利用者である教員，学生，事務職員の他に，システムの導入責任者，情報システム運用担当者などがこのステークホルダーの中に含まれる．また，システムベンダー側のプログラマなども重要なステークホルダーの一員である．システム開発を成功させるには，これらのステークホルダーの間で要求に対する合意ができていないといけない．もし，ベンダー側のシステムエンジニアが利用者の要求を的確に獲得できていなければ，そのシステムは利用されないであろう．仮に運用まで辿り着けたとして

図 5.3　様々なステークホルダー

も，当初の目的を達成することはできない．一方，利用者側の要求を全て引き受けてしまうと，ベンダー側の採算がとれなくなってしまう．また，プログラマの実装能力を超える機能を要求に折り込んでしまうと将来的に品質問題が生じる可能性が高い．

図 5.3のように，システムエンジニアはステークホルダー間の意見の調整を行い，要求をバランスよく抽出してゆく必要がある．同じ顧客でも，経営者，経営企画部門，情報システム部門，システム利用部門では意見が異なることが多い．通常は，情報システム部門の担当者が顧客側の要求の取りまとめを行うが，システムエンジニアは他の部門，特にシステム利用部門からの声にも耳を傾けなければならない．開発したソフトウェアを実際に使うのは彼らだからである．B 大学の場合に対応させると，経営者と経営企画部門は学長や学部長に，情報システム部門は情報基盤室に，そしてシステム利用部門は学務係に対応する．学生や教員はエンドユーザである．

5.4.3　シナリオ分析

顧客の業務の流れ，その中でのシステムの位置づけをシナリオ風に記述し分析する方法を**シナリオ分析**という．シナリオとはドラマの脚本と同じで，登場人物間のやり取りを記述したものであり，具体的な人物を想定する．「どのような役割を持っているか，どのような書類を作成するのか？」「部門間の情報の流れはどのようになっているのか？」などをドラマの脚本風に記述し，顧客の業務を明らかにする．シナリオは顧客とのインタビューを通じて，顧客と共に作成するとより良いものができあがる．

学務情報システムの場合は，学務係の鈴木さんという風に具体的な利用者がいるが，全てのソフトウェア開発がそうとは限らない．不特定多数の利用者を想定した商品やサービスの場合は鈴木さんのような具体的な利用者はいない．もし，A社が学務情報システムをパッケージ化し，色々な大学で導入できるようにしたい場合も，これと同じ状況になる．このような場合は，学務係の鈴木さん，学生の田中君，教員の山田先生という風に仮想の利用者を想定し，たとえば田中君だったらどのようなニーズがあるかを分析するとよい．このような分析のことを**ペルソナ** (persona) 分析という．

もう一度，B大学から出された最初の要求を見てみよう．この要求には，システムに対する要望の大筋は記載されているが，具体的な部分は不明確である．たとえば，教員がつけた成績をどのような手順で学生に提示するのかが不明確である．教員が入力した成績をそのまま学生に公開することは通常好ましくない．学務係で一旦内容を確認した後に，問題がなければ公開すべきである．このような要求はシステムを運用する立場の人たちにインタビューし，シナリオの形で書き留めると要求を抽出しやすくなる．

ここでは，シナリオの例として，学務情報システムの中の一機能である履修申請を考えてみよう．登場人物として考慮しなければならないのは，学生，学務係職員，教員である．ドラマの脚本の雰囲気を出して，それぞれ，学生の代表として田中君を，学務係からは鈴木さんを，そして教員の代表として山田先生を選出しよう．なお，田中君，鈴木さん，山田先生は，B大学に実際に在籍している人である．

業務の現状分析

B大学において，現状の履修申請はまだ紙の帳票ベースで実施されているとしよう．今回の学務情報システムの導入により，帳票ベースの履修申請がWebベースのシステムに刷新される．新システムのシナリオの作成に先立って，システムエンジニアは，現状の学務係の仕事の流れを分析しておく必要がある．このような分析のことを**現状分析**または**AS-IS 分析**と呼ぶ．まず最初に業務の流れがどうなっているかを分析しないことにはソフトウェアの開発はできない．仮にできたとしても，現状の業務にそぐわないシステムになってしまう．問題フレームにおいて，要求とは現実世界に対するものであったことを思い出して欲しい．要求を抽出する前に現実世界を分析しなければならない．

図5.4は，現状分析に基づいた最初のシナリオである．A社のシステムエンジニアが学務係の鈴木さんや学生の田中君にインタビューをしながらまとめたものである．

あるべき姿の抽出

シナリオを書くことにより，学務情報システムの利用シーンがある程度具体的につかめるようになったのではないだろうか？ しかし，図5.4に示したシナリオは現

田中君はB大学工学部情報工学科の**3**年生である．**4**月初旬のある日，履修申請の手続きをするため大学にやってきた．田中君が履修を希望している科目は，「ソフトウェア工学」「コンパイラ」「人工知能」「データベース」の**4**科目である．田中君はパソコンから学務情報システムを起動し，ログインした．そうすると，学部**3**年生が春学期に履修可能な科目の一覧が表示された．その中から希望する**4**科目を選択し，履修申請のボタンをクリックした．その後，田中君はシステムからログアウトした．

鈴木さんは学務係の中で主に学生の履修や成績の管理の仕事をしている．履修管理では，申請した学生が履修条件を満たしているか確認の上，正式に受講を認めるようにしている．鈴木さんは，この日の履修申請状況を確認するため，学務情報システムにログインした．この日は**30**名の学生から履修申請があり，その状況が画面にリストアップされた．その中に田中君からの申請もあった．情報工学科では，「ソフトウェア工学」を受講するためには，**2**年生のときまでに「プログラミング演習」と「プログラム設計」の単位を取得しておかなければならないという条件が設けられている．田中君の場合，「プログラム設計」の単位を落としているため，「ソフトウェア工学」の履修は認められないことがわかった．鈴木さんは，学務情報システムのメール送信機能を使用して，その旨を田中君に連絡した．その後，田中君の履修申請から「ソフトウェア工学」を削除した．

山田先生は「ソフトウェア工学」を担当している．履修申請期間が終わった**4**月のある日，履修者名簿を入手するため，学務情報システムにログインした．山田先生が担当している授業科目の一覧が表示されたので，その中から「ソフトウェア工学」を選択した．すると，履修者の一覧が表示されたので，それを印刷した後，ログアウトした．

図5.4　現状分析に基づいた最初のシナリオ（第**1**版）

状を示しているにすぎなく，これが本当に顧客が欲しているシステムであろうか？

今回，学生代表として田中君がインタビューに参加したが，田中君自身も気づいていない要求はないであろうか？ 学生の立場で考えた場合，履修申請の登録をする際に，受講条件も調べてくれた方が本当はありがたいのではないだろうか？ 後で学務係からメールで通知を受け取るよりも，こちらの方が便利である．また，学務係としても，学生ごとに受講条件のチェックをせずに済む．紙の帳票ベースで履修申請が行われていた時代は仕方がなかったかもしれないが，このようなチェックはコンピュータが得意とするところであり，システム化に伴い，業務の流れそのものを見直すべきである．一般的に人間の行動変化によってソフトウェアに求められる問題自身が時間と共に変化してしまうが，その逆もあり得る．すなわち，システム化により，人間の行動も変化してしまう．そして，このサイクルが続く限り，人間の行動とシステムは相互に影響を与えながら発展していくことになる．

図5.5は，インタビュー時にシステムエンジニアから田中君へ問いかけることにより見直したシナリオである．田中君もこちらの方が便利だと納得している．システムエンジニアは，顧客が話した内容をそのまま要求として抽出するだけでは一人前とは言えない．本章の冒頭で示した漫画（図5.1）が言いたかった最後のオチの部分を思い出して欲しい．図5.5のシナリオは，システム導入後の業務のあるべき姿（**TO-BE**）を示したものである．

田中君はB大学工学部情報工学科の3年生である．4月初旬のある日，履修申請の手続きをするため大学にやってきた．田中君が履修を希望している科目は，「ソフトウェア工学」「コンパイラ」「人工知能」「データベース」の4科目である．田中君はパソコンから学務情報システムを起動し，ログインした．そうすると，学部3年生が春学期に履修可能な科目の一覧が表示された．その中から希望する4科目を選択し，履修申請のボタンをクリックした．すると，「ソフトウェア工学」は受講不可というメッセージが理由と共に表示された．理由には，「ソフトウェア工学」を受講するには「プログラミング演習」と「プログラム設計」の単位を取得済みでなければならず，田中君は「プログラム設計」の単位を未取得なので受講できないという旨が記載されていた．田中君は，「ソフトウェア工学」を除く3科目の履修申請がOKになったことを確認した後，システムからログアウトした．

山田先生は「ソフトウェア工学」を担当している．履修申請期間が終わった4月のある日，履修者名簿を入手するため，学務情報システムにログインした．山田先生が担当している授業科目の一覧が表示されたので，その中から「ソフトウェア工学」を選択した．すると，履修者の一覧が表示されたので，それを印刷した後，ログアウトした．

図5.5　あるべき姿を考慮したシナリオ（第2版）

新しいシナリオでは，学務係の業務に関する記述がなくなっていることに注意して欲しい．学務係で実施していた確認作業はシステムの導入により不要になり，履修申請業務が効率化されたのである．ビジネスの世界では，このような業務変革のことを**ビジネスプロセス リエンジニアリング**（business process reengineering）と呼ぶ．大学と言えども，業務変革は重要である．

要求の洗練

図5.5に示したシナリオで本当に要求は適切に抽出できたと自信を持って言えるであろうか？ 今回のソフトウェア開発のステークホルダーとして，学務係，学生，教員の他にB大学の情報基盤室がいる．情報基盤室はB大学における情報システムの企画，開発，運用を一手に引き受けている．ソフトウェアの開発に当たっては，今回のようにシステムベンダーから調達することもある．その情報基盤室の観点から見た場合，図のシナリオの中にはセキュリティなどシステム運用に影響を与えるものがが抜けている．たとえば，「ログイン時の認証はどのようにするのか？」「学生，学務係，教員がアクセス可能な情報は何なのか？」といった要求が抜けている．また，教職員情報システムや学生情報システムなどの既存システムがある場合は，それらとの連携についても考慮する必要がある．

ここでは，簡単のため，ログイン時の認証のみを現在のシナリオに追加することにしよう．図5.6は，安全なシステム運用を考慮して見直したシナリオである．具体的なシステムの利用画面を描いたドキュメントを用意すると，図のシナリオはさらに理解しやすくなる．

図 5.6 に示したシナリオは，本当は，まだまだ洗練していく必要がある．たとえば，田中君がログインするといきなり履修可能科目のリストが表示されるのは，実用には即さないであろう．また，メニューが表示され，その中から履修申請を選択するような流れが自然であろう．しかし，シナリオの書き方や改善の方法を学ぶのがこの章の目的なので，これ以上は要求をブレイクダウンしないことにする．より現実的なシナリオの作成は皆さんへの演習課題としたい．

田中君は **B** 大学工学部情報工学科の **3** 年生である．**4** 月初旬のある日，履修申請の手続きをするため大学にやってきた．田中君が履修を希望している科目は，「ソフトウェア工学」「コンパイラ」「人工知能」「データベース」の **4** 科目である．田中君はパソコンから学務情報システムを起動した．まず，ログイン画面が表示され，学籍番号とパスワードの入力を要求された．田中君は自分の学籍番号とパスワードを入力した．そうすると，学部 **3** 年生が春学期に履修可能な科目の一覧が表示された．その中から希望する **4** 科目を選択し，履修申請のボタンをクリックした．すると，「ソフトウェア工学」は受講不可というメッセージが理由と共に表示された．理由には，「ソフトウェア工学」を受講するには「プログラミング演習」と「プログラム設計」の単位を取得済みでなければならず，田中君は「プログラム設計」の単位を未取得なので受講できないという旨が記載されていた．田中君は，「ソフトウェア工学」を除く **3** 科目の履修申請が **OK** になったことを確認した後，システムからログアウトした．

山田先生は「ソフトウェア工学」を担当している．履修申請期間が終わった **4** 月のある日，履修者名簿を入手するため，学務情報システムを起動した．まず，ログイン画面が表示され，教職員番号とパスワードの入力を要求された．山田先生は自分の教職員番号とパスワードを入力した．そうすると，山田先生が担当している授業科目の一覧が表示されたので，その中から「ソフトウェア工学」を選択した．すると，履修者の一覧が表示されたので，それを印刷した後，ログアウトした．

図 5.6 システム運用を考慮したシナリオ（第 **3** 版）

● 巻紙分析 ●

開発現場では，文章という形ではなく，フローチャート風のダイアグラム（UML におけるアクティビティ図に近い）を用いて現状分析をすることが多い．重要なのは文章かダイアグラムかではなく，ソフトウェア開発の最初の段階で現状分析を行うことである．現状分析の結果はプロジェクトメンバで共有することが大切である．現実世界の理解をメンバ間で共有しておくことは，プロジェクトを進める上で重要である．随分昔のことになるが，筆者が企業時代に関わったあるプロジェクトでは，業務分析の結果を模造紙に手書きし，プロジェクトルームの壁に貼り出していた．模造紙に書かれた分析結果を見ながら，メンバ同士で議論することが少なくなかった．企業における業務フローは複数の部門にまたがることが多く，分析結果は到底一枚の模造紙に収まることはなく，模造紙の横に別の模造紙を次々につけ足してゆくことが少なくなかった．その部署では，このような分析のことを巻紙分析と呼んでいた．その部署のローカル用語にすぎないが，実態を上手く表現している．源氏物語絵巻のように，業務フローの分析は横に長くなるのである．プロジェクトが終了すれば，巻物のように丸めて保管する．

学務情報システムの要求項目

履修申請を例に，要求抽出のためのシナリオを作成してきた．学務情報システムには，この他にも表 5.2 に示すような機能が必要である．ここでは，学生，学務係職員，教員が各々必要とする機能をピックアップした．機能単位にそれぞれのシナリオを作成する必要がある．

表では，各機能を「目的語＋動詞」の形で表現している．このようにすると，「〈学生〉が〈履修申請〉を〈行う〉」という風に読み上げることができる．ステークホルダー間（システムエンジニア，学務係，情報基盤室など）で要求の内容を確認する際に，お互いに理解しやすく，誤解が生じる可能性が少なくなる．「たかが書き方でないか」と思う人が中にはいるかもしれないが，ソフトウェア開発の現場では結構重要なことである．

ここまでの説明で，効果的に要求を抽出するには，ステークホルダーがお互いに協力し合って知恵を出し合うことが重要だということが理解できたと思う．腕の良いシステムエンジニアは，インタビューや問いかけを通じて，顧客から要求を抽出することができる．この辺りは，技術というよりは，心理学や人間行動学などの知見とスキルが必要となる．

表 5.2　学務情報システムの要求項目

No.	区分	要求項目
1.	学生が必要とする機能	履修申請を行う
		履修申請を取り消す
		成績を参照する
		進級条件を計算する
		卒業条件を計算する
2.	学務係職員が必要とする機能	科目情報を登録，削除，参照する
		履修申請一覧を参照する
		申請内容を確認する
		成績一覧を参照する
		成績を参照する
3.	教員が必要とする機能	科目情報を参照，編集する
		（科目別の）履修申請一覧を参照する
		成績を報告する
		成績を参照する

5.5　要求の仕様化

本書では，要求獲得，分析，設計の結果はUMLで表記する．シナリオ分析が終了すると，抽出した要求の機能をUMLを構成するダイアグラムの一つであるユースケース図を用いて記述する．このことを**機能モデリング**と呼ぶ．

5.5.1　ユースケース図の表記

ユースケース図は利用者から見たシステムの使い方の事例を表したものである．個々の事例を集めたものがシステムに求められる機能と言える．図5.7にユースケース図のUML表記法を示す[†]．

アクター

アクターとは，システムの利用者や外部システムで，人型のアイコンで表記される．UMLではアクターに別のアイコンを割り当てることも可能である．たとえば，外部システムに計算機のアイコンを割り当てることができる．

ユースケース

ユースケースとは，システムがアクターに提供する機能であり，アクターから見たシステムの使用例を示す．ユースケースは楕円で表記される．

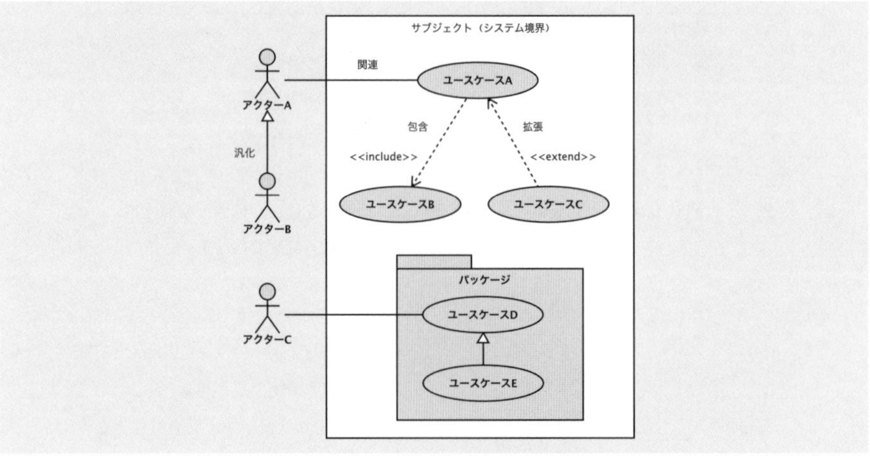

図5.7　ユースケース図の表記法

[†]本書のUMLダイアグラムは，チェンジビジョン社のastah*を用いて作成している．

関　係

関係とは，アクターとユースケース，アクター同士，ユースケース同士の結びつきを示す．関係として，関連，汎化，包含，拡張があり，図 5.7 に示すような線で表記する．関連はアクターとユースケースの間の関係で，アクターがユースケースの機能を使用することを示す．汎化はアクター間，ユースケース間の関係でオブジェクト指向における継承と同じである．2 つのユースケース間に汎化関係がある場合，上位のユースケースが提供する機能を下位のユースケースが引き継ぐ．包含はユースケース間の関係で，点線矢印の始点側ユースケースが終点側ユースケースを含むことを示す．拡張もユースケース間の関係であるが，この場合は，点線矢印の始点側ユースケースが終点側ユースケースに対して機能を追加することを示す．

サブジェクト（システム境界）

ユースケース図では，システム境界を明確化するためにユースケース群を枠線で囲み，ここにシステム名を記載する．この枠線のことをサブジェクトと呼ぶ．これにより，システムとして実現しなければならない要求（ユースケース）とシステム外の利用者（アクター）を明確に分けることができる．サブジェクトは単なる四角の枠ではないかと思われるかもしれないが，極めて重要な存在である．四角の内側についてはシステムベンダー側で開発すると言明しているからである．この境界がシステムベンダーと顧客との間の契約になる．

パッケージ

パッケージとは，関係するユースケース群をまとめるための表記である．ユースケースの数が増えた場合に有用である．

5.5.2　ユースケース図の作成

ユースケースの基本形

図 5.8 に学務情報システムのユースケース図を示す．学務情報システムの場合，教員，学生，学務係などの利用者，科目情報 DB（データベース）などの外部システムがアクターに当たる．アクターには，具体的な利用者名ではなく役割を記載する．ユースケースの名前は，前節で紹介した機能名称のつけ方を踏襲するとわかりやすい．アクターは○○するという風に個々のユースケースを読み上げることができ，ユースケースをレビューする際に役立つ．たとえば，「学生（アクター）は，履修申請を行う（ユースケース）」という風に読み上げることができる．

表 5.3 と表 5.4 は，それぞれ抽出されたユースケースとアクターである．本来で

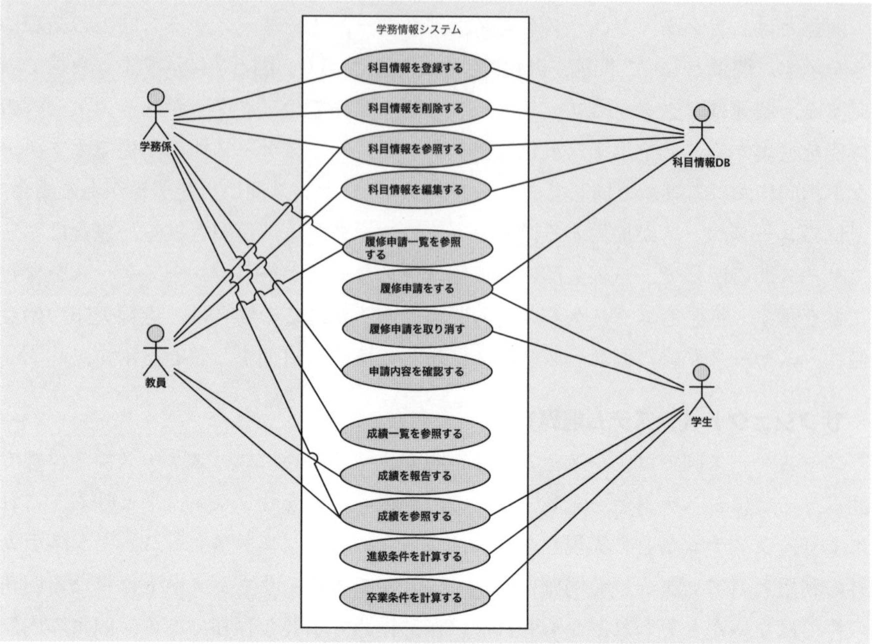

図 5.8 学務情報システムのユースケース図

表 5.3 学務情報システムのユースケース

識別子	ユースケース
UC-1-1	科目情報を登録する
UC-1-2	科目情報を削除する
UC-1-3	科目情報を参照する
UC-1-4	科目情報を編集する
UC-2-1	履修申請一覧を参照する
UC-2-2	履修申請をする
UC-2-3	履修申請を取り消す
UC-2-4	申請内容を確認する
UC-3-1	成績一覧を参照する
UC-3-2	成績を報告する
UC-3-3	成績を参照する
UC-3-4	進級条件を計算する
UC-3-5	卒業条件を計算する

表 5.4 学務情報システムのアクター

識別子	アクター
Actor-1	学生
Actor-2	学務係
Actor-3	教員
Sys-1	科目情報 DB

あれば，アクターとして教職員情報システム（教職員の人事情報などを管理するシステム）や学生情報システム（学生の氏名，入学年次，取得単位の成績などを管理するシステム）もこの中に含めるべきであるが，ここでは省略している．なお，ユースケースは，その後の開発で頻繁に参照されるので，識別子をつけておくとわかりやすい．

講義科目名，開講時間，講義室などの講義科目情報の登録編集は，基本的に学務係で行う．教員には，シラバスの部分の編集部分のみを許可する．

学生には学部生と大学院生があり，さらにそれぞれの学年がある．したがって，学部1年生，学部2年生という風にアクターを抽出したくなる人もいるかと思うが，これらは区別する必要がない．学務情報システムを利用する立場では，1年生も2年生も変わりないからである．役割を元にアクターを抽出することを思い出して欲しい．

ユースケースの階層化

図5.8に示したユースケース図はわかりやすいと言えるだろうか？ ユースケースが13個も並んでいる上に，アクターとユースケースの間の線が幾箇所にも交差している．お世辞にもこのモデルは美しいとは言えない．どうしたら，第4章で紹介した北斎の浮世絵やカッサンドルのポスターのような洗練された存在に少しでも近づくことができるであろうか？ 少なくとも抽象化と階層化を考慮したユースケース図を作成すべきであろう．

プログラム実装では，規模が大きくなると，全体を管理するのが難しくなるので，階層的なモジュール化を行う．要求仕様記述の場合もプログラム実装と同様に要求項目の数が多くなると管理が難しくなる．ユースケース図では，このような場合，パッケージや汎化，包含，拡張などの関係を使用する．

図5.9はパッケージを用いてユースケース図を階層化したものである．図5.8よりも見通しが良くなっていることがわかる．それでも，アクターとユースケースパッケージの間の線が1箇所交差している．美しいモデルを作成するのは容易なことではない．ただ，システムエンジニアは，自身の能力の限界を噛みしめつつも，モデルを可能な限り美しくすることに拘りを持つべきである．それが，第4章で述べた抽象化能力の向上につながる．モデリングは単なるお絵描きでは決してない．

次に，拡張関係と包含関係を用いてユースケース図をさらに改善してゆこう．UC-3-4「進級条件を計算する」，UC-3-5「卒業条件を計算する」，の2つのユースケースはどちらも成績条件を計算する機能である．条件の計算方法のみが異なる．この場合，成績条件を計算する，というユースケースを新たに作り，前記の2つのユースケー

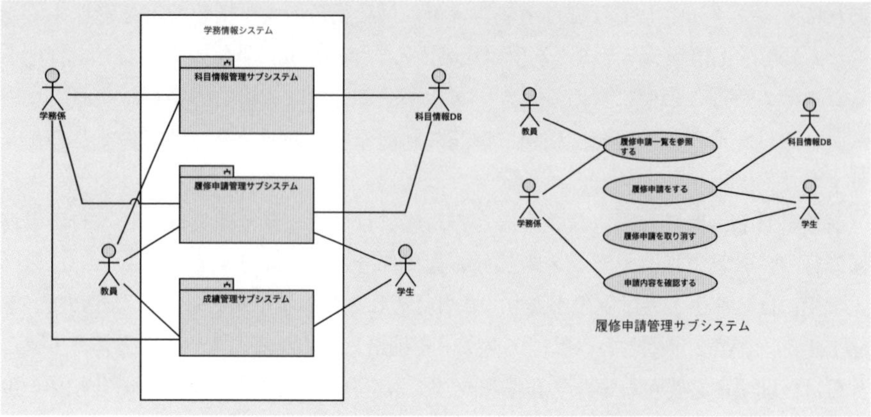

図 5.9 パッケージによるユースケースの階層化

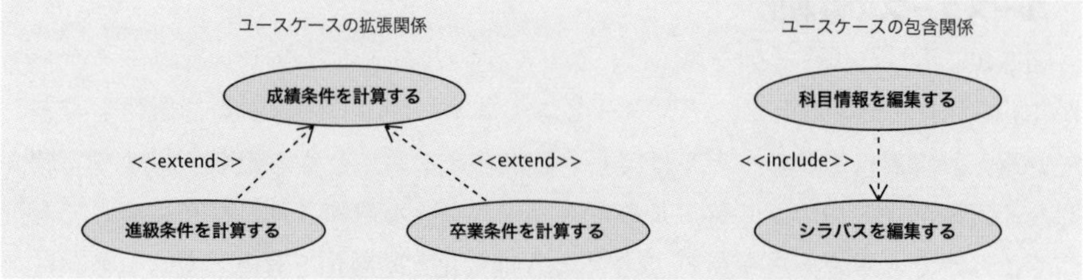

図 5.10 ユースケースにおける拡張関係と包含関係

スによりこのユースケースを拡張するように変更した方がわかりやすい．一方，包含関係は，あるユースケースを実現するのに，別のユースケースを利用する場合に用いる．たとえば，講義科目を編集するというユースケースは，その中でシラバスを編集する，というユースケースを用いる．図 5.10 に見直し後のユースケース図を示す．

● マジカルナンバー 7 ± 2 ●

The Magical Number Seven, Plus or Minus Two: Some Limits on Our Capacity for Processing Information. これは認知心理学者ミラー（G. A. Miller）が 1956 年に発表した論文である．マジカルナンバーとは人間が短期間に記憶できる数量を示し，それは 7 個前後であるというのが論文の主張である．心理学における重要な知見の一つであり，ソフトウェア開発においてもたびたび言及されることが多い．モジュールやユースケースの数が 7 個を超えた場合は階層化するなどの対応を取った方がよい．学務情報システムのユースケースは 13 個なので，ミラーの論文にしたがうと，階層化の対象となる．図 5.8 のユースケース図が見づらかったのには，このような学術的な裏づけが存在する．

5.5.3 ユースケース記述の作成

ユースケース図はシステムに求められる要求をまとめて図示しているので全体を把握するのに役立つ．しかし，その一方で，図だけを見ても個々のユースケースの具体的な内容まではわからない．たとえば，「履修申請をする」は，どのようなデータを入力し申請するのか，申請後の確認はどうするのかについては明確ではない．

ユースケース図を作成する場合，自然言語でその内容を補助する．これを**ユースケース記述**という．そこで使用されるのが，**シナリオ**と**イベントフロー**である．シナリオはシナリオ分析で作成したものを利用するが，これをユースケース単位に作成する．シナリオは具体的な業務の流れを具体的な登場人物と具体的なデータを用いて記述するためわかりやすい．一方，システムは様々な登場人物，データの下で業務を支援しなければならない．そこで，シナリオを一般化したイベントフローを作成する．

ユースケース UC-2-2「履修申請をする」(学生のみ) のイベントフローを図 5.11 に示す．イベントフローは，事前条件，基本フロー，例外フローから構成される．事前条件には，ユースケースを開始するための条件を記述する．事前条件が満たされない場合は，ユースケースの実行はエラーとなる．基本フローには，ユースケースのイベントの基本系列，すなわち，正しく処理が行われる場合のイベントの流れを記述する．基本系列から逸脱した場合のフローは，例外フローに記述される．上記では，E-1 と E-2 が例外になる．たとえば，ログイン認証に失敗した場合は，例外フローの E-1 が実行される．

1. 事前条件

学生は B 大学に所属していなければならない．

2. 基本フロー

学生は学務情報システムを起動する．すると，ログイン画面が表示され，学籍番号とパスワードの入力を要求されるので，学生は自分の学籍番号とパスワードを入力する．認証が完了すると [**E-1**]，当該学生が履修申請可能な科目のリストが表示される．学生は履修希望科目を複数選択できる．選択が終わると履修申請ボタンをクリックし申請を行う．受講条件を満足する場合は，申請承認の画面が表示される [**E-2**]．申請が終了すると，学生はログアウトする．

3. 例外フロー

E-1：学籍番号またはパスワードに誤りがある場合は，エラーメッセージ「学籍番号またはパスワードに誤りがあります」を表示し，再度，入力を促す

E-2：受講条件を満足しない場合は，エラーとその理由のメッセージ「○○の履修申請はできません．○○を履修するには△△が履修済みでなけれなりません」を表示する．複数の科目を選択した場合，受講条件を満足しない科目のみ申請が不許可になる．

図 5.11　履修申請ユースケースのイベントフロー

5.5.4 ミスユースケース

初学者は，要求を抽出する際，システムに求められる機能のみに注目しがちである．どのような機能があれば便利か，どの機能は必須か，など思いを巡らす．その一方で，ユーザが誤った操作をしたらどうなるか，誤ったデータが送られてきたらどうなるか，などは意外と見落としがちである．しかし，銀行オンラインシステム，航空管制システム，電力システムなどの社会インフラシステムが誤操作などの結果でシステムがダウンしてしまうとその影響は計り知れない．高度な信頼性が求められるシステムでは，プログラムの７割から８割は誤操作などの異常処理に対応するためのコードと言われている．この場合，要求段階から誤動作など負の側面の要求もきちんと抽出しておく必要がある．

このようなことを目的としたユースケース分析に，**ミスユースケース**（misuse case）がある．ミスユースケースでは，システムにとって害となるユースケースやアクターを抽出する．あるミスユースケースが通常のユースケースに脅威を与えることを *threaten* という関係で表現する．逆に，あるユースケースがその脅威を軽減する場合は *mitigate* という関係で表現する．信頼性の高いシステムを開発するには，脅威を列挙するだけではなく，それに対する対策も一緒に考えておく必要がある．ミスユースケースの考え方は，特殊なことではなく，我々がリスクを管理する際に通常考えることをユースケース分析に適用しただけとも言える．しかし，これを要求獲得段階で意識的に行うか，そうでないかにより，分析以降の開発に大きな影響をおよぼす．

5.5.5 要求の仕様化

要求獲得の結果は要求仕様書としてまとめられる．要求仕様書として記載すべき内容を整理すると図5.12のようになる．要求仕様書は，ユースケース図，イベントフロー，シナリオを用いて記述される．この他に，画面イメージ，画面遷移，用語集などがあると，ステークホルダー間での要求のズレが減少する．用語集とは，ユースケース，アクター，シナリオなどに出現する用語とその説明を記載したものである．顧客とエンジニアの間，エンジニア同士の間で，用語とその意味を共有することは実は容易なことではない．その際，用語集は非常に役に立つ．

要求仕様書の推奨規約として **IEEE Std.830** があり，要求仕様書を作成する際の標準テンプレートとして利用することが可能である．この標準では，要求仕様書に記述すべき項目を表5.5のように分類している．**機能要求**以外に考慮しなければならない要求が多いことに注意して欲しい．ユーザインタフェース（外部インタフェー

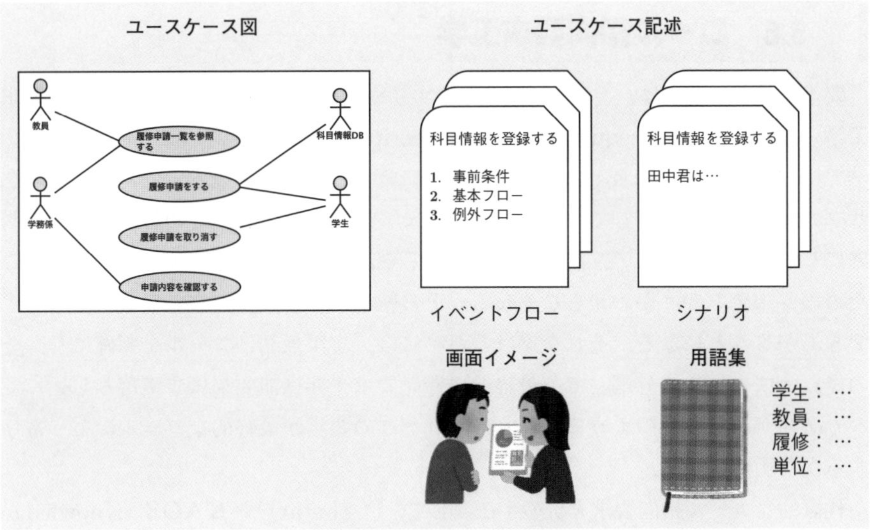

図 5.12　学務情報システムの要求仕様書

表 5.5　要求仕様書の記述項目（**IEEE Std.830**）

項目	記述内容
外部インタフェース仕様	ユーザ，ハードウェア，ソフトウェア，通信インタフェースなど
機能要求	入力の妥当性，処理手順，異常時の応答，入出力の関連など
性能要求	端末数，同時使用ユーザ数，処理すべき情報量など
設計制約	標準への対応，法令遵守など
ソフトウェアシステム属性	信頼性，可用性，セキュリティ，保守性，移植性など

ス仕様に含まれる），性能，法令や習慣など，機能要求以外の要求のことを**非機能要求**と呼ぶ．学務情報システムの要求仕様書にも表の項目を追加することが望ましい．

5.6 ゴール指向要求工学

要求工学の手法には，インタビューやシナリオ分析などの他にも，**ゴール指向要求工学**（goal-oriented requirements engineering）などがある．ゴール指向要求工学では，顧客のビジネス上の成功をゴールに設定し，それを達成するための要素をサブゴールとして展開していく．ソフトウェアを開発する際，その目標や目的を明確にしなければならない．これが曖昧であると，何のためのシステムなのか，誰のためのシステムか，がわからなくなる．その結果として，役に立たないシステムができあがることになる．それを避けるためには，まず最初にゴールを明確にし，その後，サブゴールに分解して，最終的に機能要求や非機能要求にまで落とし込んでゆく必要がある．そのようにすると，それぞれの要求が最終的なゴールにどう寄与するかが明確になる．

代表的なゴール指向要求分析の手法として，**i***（I star）や**KAOS**（Knowledge Acquisition in autOmated Specification）がある．図5.13は，KAOSを用いて学務情報システムのゴールを分析した結果の一部である．KAOSでは，ゴールは平行四辺形で表現する．一番上のゴールは学務情報システムが狙う最終ゴールである．*AND* 洗練は上位のゴールを達成するには直下のサブゴール全てを達成しなければならないことを示す．

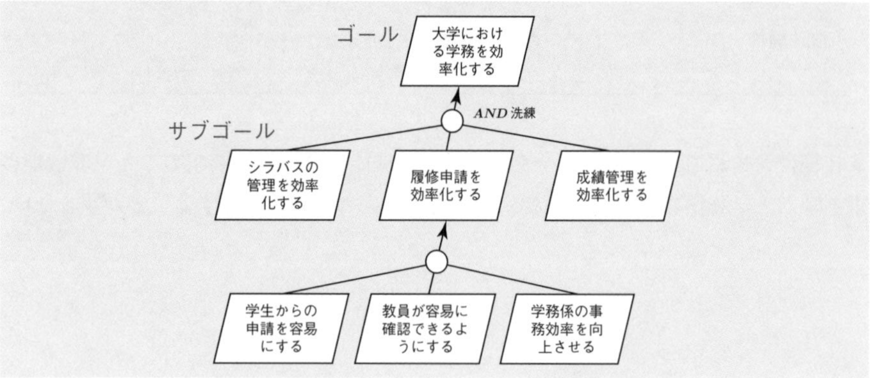

図5.13 学務情報システムのゴール指向要求分析

5.7 共創の時代の要求工学

5.7.1 変わるものと変わらないもの

ここまで，学務情報システムの開発という身近な例を通じて，要求獲得の過程を紹介してきた．紹介した内容は，ある意味で伝統的な要求獲得の方法である．従来型のシステム導入は，業務の効率化を目的としたものが多かった．学務情報システムの場合も同様で，既存の帳票ベースの履修申請処理を Web アプリケーションに置き換えるものであった．そのため，現状分析とあるべき姿の分析を行い，要求を抽出した．しかしながら，現在は，効率化よりも価値の創造につながる情報システムの提供が求められる時代に移行しつつある．また，アジャイル開発や DevOps が一般化し，毎日のように新たな機能やサービスをリリースしてゆかなければならない．このような状況において，伝統的な要求獲得方法がどの程度役立つのか疑問に持たれる方もおられると思う．

結論から言うと，時代は変わっても，図 5.1 に示した漫画が示唆することや問題フレームの枠組みには変化はない．顧客にとっての価値は潜在的なものを含め，要求として抽出しなければならない．抽出した価値に顧客が共感しなければ，図のオチと同じ状況に陥る．また，価値とは顧客が置かれている現実世界に対する要求であり，問題フレームの枠組みはそのまま成り立つ．もし，要求が顧客の現実世界に何の価値をおよぼさないのであれば，そのソフトウェアは意味のないものになってしまう．

価値創造における要求獲得で変わるものは，そのやり方である．通常問題になるのは，価値が何かがわからないことが多いことである．顧客も価値を知らない．どうやって，誰も認知していない価値を要求として抽出すればよいのか？ 難しい課題ではあるが，いくつかのアプローチが存在する．顧客はまだ見ぬ価値を言葉にすることができないが，価値の雛形を試験的に見せられると，その良し悪しを答えることができる．

5.7.2 A/B テストと SNS 解析

一つは，インターネットマーケティングでよく使用される **A/B テスト**である．A/B テストとは，A パターンと B パターンを用意し，それを Web システムなどに組み込み，ランダムにユーザへ提示する方法である．もし A パターンに共感するユーザが多ければ，それを新たな機能として正式に取り込む．A/B テストを用いることにより，日々，新たな要求を顧客から獲得することが可能となる．この場合，プログラムコードそのものが要求の記述になっている．

もう一つの方法として，ソーシャル・ネットワーキング・サービス（Social Networking Service, SNS) 上でのユーザのコメントから自然言語処理と機械学習を用いて，潜在的な要求を抽出する方法である．自然言語処理技術の飛躍的な発展により，これは現実味を持ったアプローチになりつつある．

5.7.3 デザイン思考と SDGs

上で紹介した方法は，いずれも運用中のシステムやサービスに対する改善要求の獲得を目的としたものである．それでは，ゼロから新たな価値を創造したい場合にはどのようにすればよいであろうか？ ゼロから価値を創造するためには，まずは顧客がその価値に共感しなければならない．また，顧客のタイプも1つとは限らない．むしろ，多様な顧客に対して価値創造を行うことの方が重要である．その場合，顧客も価値創造に加わることが大切となる．つまり，共創である．

デザイン思考(design thinking) は，観察と共感 (empathize)，問題定義 (define)，アイデア創出 (ideate)，プロトタイピング (prototype)，検証 (test) の各プロセスから構成される．共感し，アイデアを出し合い，即座にプロトタイプを作成する．デザイン思考におけるプロトタイプは価値を確かめ共有するためのものである．スタンフォード大学 (Stanford University) の d.school でのデザイン思考教育は有名である．

国連の **SDGs** (Sustainable Development Goals) が定める17の目標 (貧困をなくそう，ジェンダー平等を実現しよう，など) は，現在，要求を獲得する上で考慮すべき重要な価値要素となっている．ソフトウェアの開発は2つの観点でSDGsと関係する．一つは，ソフトウェアそのものの力により持続可能な開発目標を地球規模で実現することである．もう一つは，ビジネス活動においても，社会の一員としてSDGsに貢献してゆくことが重要視されており，企業におけるソフトウェア開発もSDGsに沿ったものでなければならないということである．実際には両者はお互いに関係し合う．

デザイン思考やSDGsを伝統的な要求獲得手法とどのように組み合わせ，共創の時代の要求獲得手法にするかは，現在の要求工学に課せられた研究課題と言えよう．

第5章の問題

□ **5.1** 学務情報システムの「シナリオ第3版」を洗練し，田中君がログインするとメニューが表示され，その中から履修申請を選択できるようにしてみよう．

□ **5.2** UC-2-2 以外のイベントフローを作成してみよう．

第6章

ソフトウェア分析

ソフトウェア分析では，抽出した要求に不整合や漏れがないかを現実世界と照らし合わせながら確認し，必要であれば要求の見直しを実施する．要求獲得とソフトウェア分析の間に明確な境界を引くことは難しい．そのため，両者を合わせて，要求分析という工程名称が使用される場合も多い．ソフトウェア分析の最終目標は，開発対象ソフトウェアの what を確定させ，how を決めるソフトウェア設計につないでいくことである．本章では，オブジェクト指向に基づいた分析の方法を学ぶ．

6.1　オブジェクト指向による分析

6.1.1　ユースケースからオブジェクト指向へ

第 5 章では，顧客から要求を抽出し，それをユースケースという形で文書化した．ユースケースは視覚的にわかりやすく，ステークホルダー間で合意形成を得るのに有効である．しかしながら，ユースケースは必ずしも厳密に定義されるとは限らない．そのため，ユースケース間で不整合が生じているかもしれないし，抽出漏れのユースケースが残っているかもしれない．最終的な要求仕様書として確定する前に，ユースケースが過不足なく抽出されているか否かを確認する必要がある．必要であれば，要求獲得工程で作成した要求仕様書を更新しなければならない．また，ユースケースをそのままの形でコンピュータシステムとして動かすことはできない．ユースケースからオブジェクト指向の世界に変換していく必要がある．

ソフトウェア分析では，1) ユースケースに過不足がないかを調べ要求仕様書として確定する，2) オブジェクト指向設計の入力となる成果物を作成する，の 2 つをモデリングを通じて行う．具体的には，機能，構造，振舞いの 3 つの側面から，顧客業務（現実世界）においてユースケースがどのように実現されるかをオブジェクト指向に基づいてモデリングする．モデル化の過程でユースケース記述の不整合や漏れを解消し，場合によってはユースケースそのものを見直す．作成した分析モデルは，次工程のソフトウェア設計への入力となる．分析で抽出したオブジェクトは設計でも活かされ．オブジェクト指向プログラミングに引き継がれていく．分析は，ユースケースの世界をオブジェクト指向の世界に変換するという意味でソフトウェア開発工程の中でも重要な役割を担う．

本章では，現実世界からのオブジェクトの切出し方法，分析におけるモデリング手順，モデルの洗練方法について紹介する．

● ユースケース駆動開発 ●

1980 年代の後半から 1990 年代の前半にかけて，様々なオブジェクト指向分析，設計手法が提案された（表 3.2（43 ページ）参照）．ただ，初期の方法論は，クラスや継承などオブジェクト指向プログラミングが提供する言語機構をそのまま分析や設計に適用するものが多かった．しかしながら，顧客からの要求や現実世界をいきなりクラス図で表現することは容易ではなく，オブジェクト指向による分析，設計は高いスキルが要求された．その敷居を大幅に下げたのが，ヤコブソン（I. Jacobson）が OOSE 法の中で提案したユースケースである．ユースケースそのものの考え方はオブジェクト指向に特化したものではないが，要求をユースケース図で表現し，それをシナリオやイベントフローと対応づけることにより，オブジェクトの抽出が非常に容易になった．さらに，テスト段階では，ユースケースそのものがテスト仕様の元になり得る．ユースケースは要求獲得だけでなく，分析，設計，実装，テストというソフトウェア開発工程全般にわたって利用される．このような開発形態のことを，ユースケース駆動開発と呼ぶ．ユースケースそのものの考え方は非常にシンプルであるが，ソフトウェア開発において，非常に重要な役割を担っている．現在のソフトウェア開発にとってはなくてはならない存在になっている．

6.1.2 オブジェクト指向による現実世界の見方

オブジェクト指向そのものについては，第 3 章でその概要を紹介した．簡単にまとめると，オブジェクト指向とは，オブジェクト（モノ）とオブジェクトの間のメッセージ通信でもって，現実世界を表現するパラダイムである．オブジェクト指向分析では，このオブジェクト指向の考え方に基づいて，顧客業務（現実世界）とソフトウェアとして実現したい要求（ユースケース）を表現したモデルを作成する．作成したモデルのことを，**要求分析モデル**あるいは単に**分析モデル**と呼ぶ．分析において鍵となるのが現実世界からのオブジェクトの抽出である．このオブジェクトは分析モデルだけでなく設計モデルにも引き継がれるので，抽出に当たっては細心の注意を払う必要がある．オブジェクトの抽出が良くないとそれが設計さらにはプログラムコードにも影響をおよぼしてしまう．

オブジェクトの抽出

学務情報システムを例にオブジェクトの抽出について考えてみよう．シナリオの第3版（68ページの図5.6）をもう一度見てみる．田中君は，ログイン後，システムの画面（以降，学生用画面と呼ぶ）から「ソフトウェア工学」「コンパイラ」「人工知能」「データベース」の4科目の履修申請をしている．このとき，オブジェクトに相当するものとして何があるであろうか？ 田中君はこのシナリオの登場人物なので，オブジェクトになりそうである．学生用画面も田中君から見ると履修申請のためのユーザインタフェースとなるのでオブジェクトになりそうである．また，シナリオの中には明示的に出てこないが，Webシステムのサーバ側には履修申請を処理するプログラムやデータベースが必要となりそうである．ここでは，便宜上，前者を申請管理，後者を履修申請DB（データベース）と呼ぶことにしよう．これらも，学務情報システムを構成するオブジェクトの候補になりそうである．履修申請票というオブジェクトもあった方がわかりやすい．

オブジェクトの抽出に悩む場合はシナリオ中に出現する名詞に着目するとよい．ただし，全ての名詞がオブジェクトになるわけではない．その名詞がシナリオの中でどのような役割を持つのかを考慮する必要がある．名詞の中にはオブジェクトの属性とすべきものもある．オブジェクトの抽出で一番難しいのは，シナリオ中に名詞として具体的に出現していない重要な概念が存在する場合，あるいは1つの概念が複数の名詞に分散してしまっている場合である．このような場合にも対応可能なエンジニアになるためには，第4章で述べたように，モデリングにおける抽象化能力の向上が重要となる．散らばった概念の片を1つの概念にまとめ上げるのは抽象化そのものである．前出の履修申請票はこのような場合のオブジェクト抽出に相当する．本来であれば，シナリオの中に履修申請票という名詞を含めるべきであったのかもしれない．しかし，要求獲得段階で完璧なシナリオを作成するのは現実的には難しい．だからこそ，分析という行為が必要となるのである．なお，ここでは，皆さんへの理解のしやすさを考慮して，あえてクラスとオブジェクトを厳密に区別せずに使用していることにご注意いただきたい．本来であれば，田中君の履修申請票など個々の具体的なものがオブジェクト，その雛形がクラスとなる．

オブジェクト間のメッセージ通信

田中君の履修申請では，これらのオブジェクトがどのようにメッセージをやり取りするのであろうか？ 学生用画面や履修申請票，申請管理，履修申請DBは人ではないのに，メッセージをやり取りするのは不自然に感じるかもしれない．しかし，

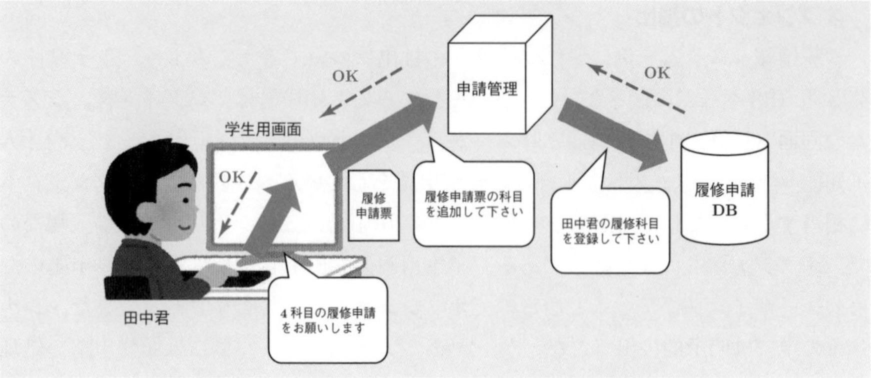

図 6.1 オブジェクト指向による現実世界の見方

オブジェクト指向の世界では，これを擬人化して考える．すなわち，田中君は「学生用画面」さんに「4科目の履修申請をお願いします」というメッセージを送る．メッセージを受け取った「学生用画面」さんは，申請フォーマットに間違いがないか確認し，実際の処理は「申請管理」さんに依頼する．その際，「学生用画面」さんは「申請管理」さんに「履修申請票」をつけて，「履修申請票の科目を追加して下さい」というメッセージを送る．「申請管理」さんは受講条件をチェックの上，問題なければ，履修科目情報をデータベースに追加するため「履修申請 DB」さんにお願いする．もし，成功すれば，「申請管理」さんは返事のメッセージを貰い，「学生用画面」さんを通じて田中君に連絡する．図 6.1 はこの様子を漫画風に表現したものである．

Java や C++などのオブジェクト指向プログラミング言語では，実際の申請管理はクラスを実体化したもの（オブジェクト）として表現される．メッセージ送信はクラスが持つメソッドの起動に対応する．たとえば，申請管理クラスの履修申請登録メソッドが起動される．しかし，いきなり，顧客の要求からこのようなプログラムを作成するのは難しいので，我々は分析という手順を踏むのである．

分析の入力となるのが，ユースケースである．ここで述べた内容は，「履修申請をする」ユースケースをオブジェクト群とそれらの間のメッセージ通信で表現したものである．このように，オブジェクト指向で分析するとは，ユースケースの機能をオブジェクト間のメッセージ通信でモデル化することに他ならない．

6.1.3 分析の手順

オブジェクト指向分析は，機能，構造，振舞いの3つの視点から行う．機能はシステムに求められる要求を利用者の視点から分析したものであり，第5章で導入し

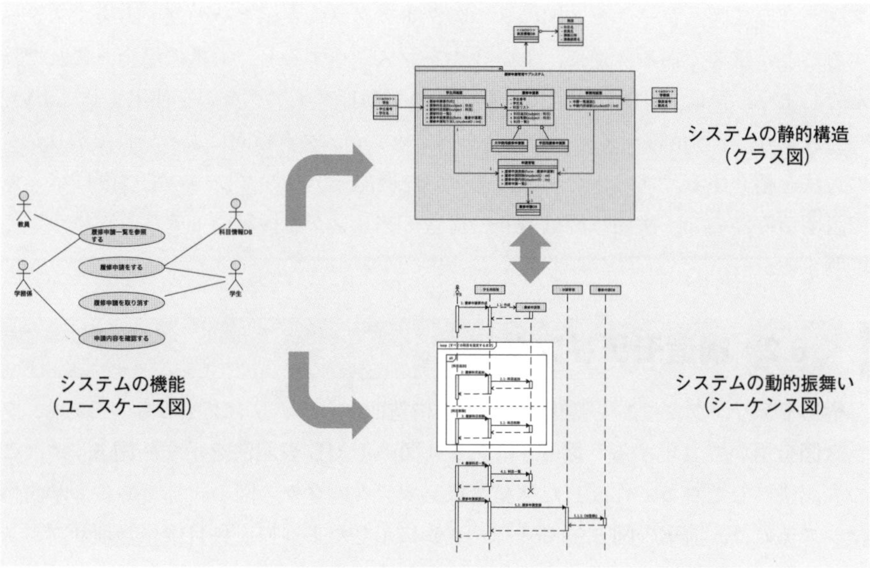

図 6.2　機能，構造，振舞いによる分析モデリング

たユースケースがこれに相当する．要求獲得の結果として記述したユースケースは分析によりさらに洗練される．分析を掘り下げることにより見つかったユースケースを新たに追加したり，シナリオを変更したりする．これらの変更のきっかけとなるのが，構造と振舞いの視点による分析である．構造とは，システムの静的な視点から分析するものである．オブジェクト同士の構造的な関係を UML のクラス図を用いて分析する．一方，振舞いとは，システムを動的な視点から分析するものである．その際，UML のシーケンス図などを使用する．シーケンス図とはオブジェクトとオブジェクトの間のメッセージ送信のやり取りをモデル化したものである．前述の「履修申請をする」ユースケースにおけるメッセージ通信を図的表現したものと思えばわかりやすい．この分析を行うことにより，オブジェクトの候補を見つけたり，漏れていたアクターを発見したりできる．

機能（ユースケース図），構造（クラス図），振舞い（シーケンス図）の 3 視点によるモデリングの関係を図 6.2 に示す．建築の設計では，その目的によりいくつかの種類の設計図を使用する．ソフトウェアの開発でも同様で，1 つの視点だけでは表現できず，目的に応じた複数の視点が必要となる．UML が様々なダイアグラム表現を提供しているのは，このような理由による．その中でも最も重要なのが，機能，構造，振舞いの 3 つである．オブジェクト指向分析の初学者は，まず，ユースケース図，クラス図，シーケンス図の 3 つのダイアグラム表記とその使い方をマスターすることが重要である．逆に，この 3 つをマスターすると，大抵の場合，これで済んでしまう．後は，目的に応じて，その他の UML ダイアグラムを使用すればよい．

これより，学務情報システムの開発を例にオブジェクト指向による分析モデリングの方法を紹介する．ユースケースに基づいた機能モデリングについては既に第 5 章で説明済みなので，次節以降は残りの構造モデリングと振舞いモデリングについて説明する．

6.2　構造モデリング

構造モデリングとは，現実世界を静的な構造面からモデリングするものであり，**クラス図**を用いて表現する．図 6.3 にクラス図の UML 表記法を示す．図 6.4 は，この表記法にしたがって作成した学務情報システムのクラス図の一部である．学務情報システムは，前章の図 5.9（74 ページ）に示したように，科目情報管理サブシステム，履修申請管理サブシステム，成績管理サブシステムから構成されるが，ここでは履修申請管理サブシステムのクラス図のみを示す．教員アクターは説明の都合上，このクラス図には含めていない．

6.2.1　ク　ラ　ス

クラスとは現実世界に出現するオブジェクトの雛形である．学務情報システムの例では，「学生」，「学務係」，「履修申請票」などがクラスとなる．たとえば，「学生」クラスは様々な学生（オブジェクト）が共通に持つ性質を定義したものである．

クラス名

UML ではクラスは，クラス名，属性，操作の 3 つ区画から構成される．**クラス名**にはクラスの名称を記載する．表記方法は以下の通りである．

パッケージ : クラス名

パッケージは省略可能である．パッケージとは，関連するクラス群を集めたものである．クラス名の上部にはクラスの種別を示すステレオタイプを記述することが可能である．ステレオタイプは UML の表現を拡張する仕組みである．「学生」クラスには《*actor*》のステレオタイプが指定されている．これはユースケース図に出現する「学生アクター」に対応する．アクターはクラスの一形態である．

クラス名のつけ方は難しい．良いクラス名がつけられたモデルを見ても，「あ，そ

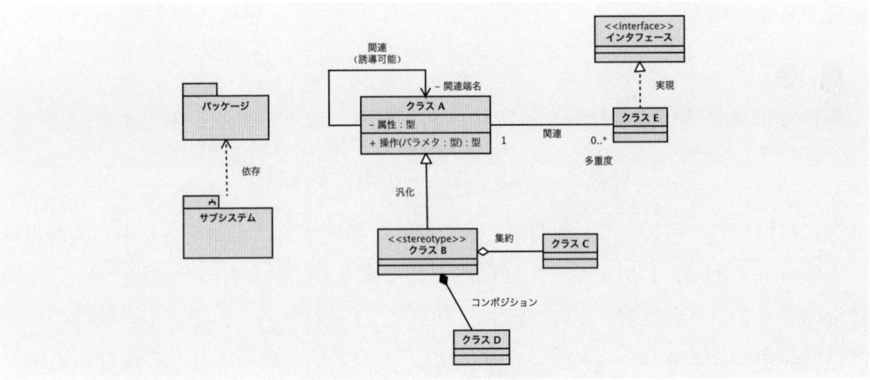

図 6.3　クラス図の表記法

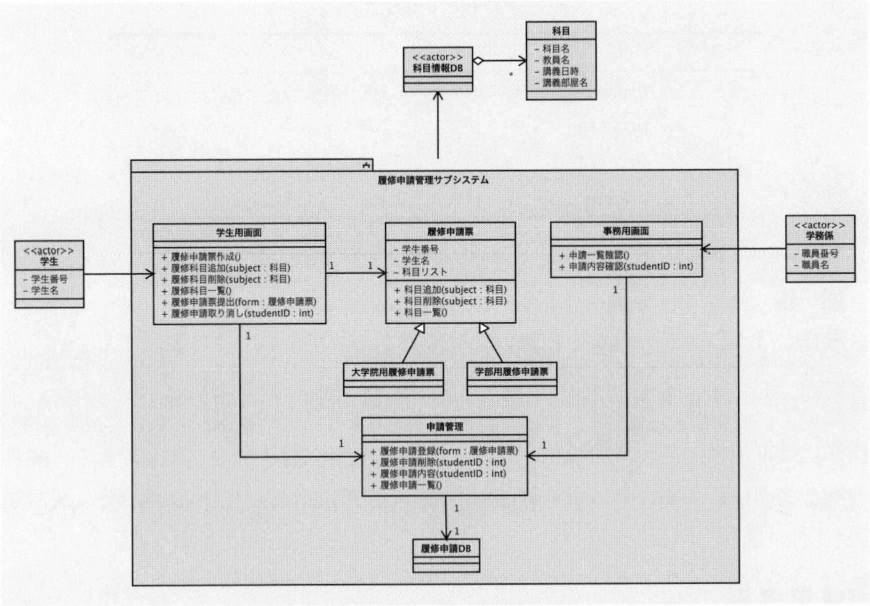

図 6.4　学務情報システムのクラス図

う」と思うだけであるが，実際にモデルを作成する立場になると悩むことが多い．また，他の人が作成したモデルが適切なクラス名を持たない場合，そのモデルの意図を理解することは困難を極める．その人にしかわからないモデルになっているのである．クラス名を考える場合，そのクラスが本来担わなければならない役割が何かを深く考察することが大切である．クラス名を考えるということは，クラスをどう定義するかに関わってくる．たかが名前だからといって，安易に考えてはならない．

属 性

属性とはクラスが持つ性質を示すデータであり，以下のように表記する．

可視性　名前 : 型 = 初期値 制約条件

属性には可視性，名前，型，初期値，制約条件を指定することができるが，名前以外は省略可能である．UML では，可視性として表 6.1 に示すものが指定できる．「履修申請票」クラスの場合，「学生番号」「学生名」「科目リスト」の 3 つの属性の可視性は共に private となっている．そのため，他のクラスからこれらの属性に直接アクセスすることは許されない．

表 6.1　可視性

可視性	内容	説明
+	public	全てのクラスから参照可能
-	private	自クラスからのみ参照可能
#	protected	自クラスおよびそのサブクラスからのみ参照可能
~	package	同一パッケージからのみ参照可能

操 作

操作とはクラスが提供する振舞いや機能であり，以下のように表記する．

可視性　名前 (引数の名前 : 引数の型) : 戻り値の型

操作には可視性，名前，引数とその型，戻り値の型を指定することができる．属性の場合と同様，名前以外は省略可能である．「履修申請票」クラスの場合，「科目追加」「科目削除」「科目一覧」の 3 つの操作の可視性は public となっている．

情 報 隠 蔽

オブジェクト指向では情報隠蔽が重視される．したがって，「履修申請票」クラスの場合のように，属性は他クラスから隠し（可視性が private），操作のみを公開する（可視性が public）のが良いとされる．

モデリングの際の留意点

図 6.4 に示したクラス図では，属性や戻り値の型，初期値などが記載されていないが，分析段階ではこのように省略する場合がある．この段階では現実世界を分析

することに主眼が置かれるため，厳密な型や初期値が必ずしも必要とされない．これらは設計段階で確定していく．もちろん，分析段階においても，現実世界をモデリングする上で必要な型や初期値については記載しなければならない．

分析段階では，現実世界に存在するオブジェクトに対応するクラスを抽出するとよい．この段階の主要な目的は，顧客から提示された要求と現実世界を掘り下げて分析し，情報システムとして何（what）を実現するのかを定めることだからである．情報システムとしてどのように実現するか（how）については次の設計段階で考える．すなわち，ミドルウェアやアプリケーションフレームワークに関連するクラスの抽出は設計段階で行う．ただし，どの外部システムと連携しなければならないかが要求仕様の段階で前提条件と決められている場合には，対応するクラスは分析段階のクラス図にも含めるべきである．学務情報システムの場合，科目情報 DB などが外部システムに相当する．図 6.4 において，科目情報 DB クラスのステレオタイプが《*actor*》になっていることに注意して欲しい．

6.2.2 関　係

オブジェクト指向ではオブジェクト群がメッセージ通信を行いながら，ユースケースで表現される機能を実現する．したがって，オブジェクトの雛形であるクラスはお互いに関係を持つ．UML では，表 6.2 に示す**関係**と表 6.3 に示す**多重度**を指定できる．この中でも，汎化，関連，集約はよく用いられる．**多重度**については，関

表 6.2　関係

関係	説明
汎化	継承関係（スーパクラス-サブクラス関係）を表す．
関連	クラス同士の結びつきを表す．メッセージの通信路となる．
集約	オブジェクト間の所有関係を表す．関連の一種．
コンポジション	オブジェクト間の所有関係を表すが，集約よりも結びつきが強い．
依存	あるクラスが他のクラスに依存することを表す．
実現	インタフェースとその実装の間の関係を表す．

表 6.3　多重度

表記	説明
1	1 個
0..* または *	0 個以上
1..*	1 個以上
m .. n	m 個から n 個まで

連，集約，コンポジションにおいて，クラス同士の数量的な対応を記述できる．多重度が1の場合は省略してもよい．

汎 化

汎化（generalization）とは，オブジェクト指向における**継承関係**を表す．**is-a関係**とも呼ばれる．学務情報システムでは，「履修申請票」クラスと「大学院用履修申請票」クラス，「学部用履修申請票」クラスが汎化関係になっている．この場合，「履修申請票」クラスのことを**スーパクラス**（あるいは親クラス），その他のクラスのことを**サブクラス**（あるいは子クラス）と呼ぶ．サブクラスはスーパクラスで定義された属性と操作を継承すると共に新たな属性と操作を追加することができる．

関 連

関連（association）とは，クラス同士の結びつきを表す．学務情報システムでは，複数の関連が定義されている．一例として，「学生用画面」クラスと「履修申請票」クラスの間の関連について見てみよう．ここでは，「学生用画面」クラスから「履修申請票」クラスへ矢印がついている．このように，関連には方向をつけることができる．また，関連はメッセージの通信路である．すなわち，「学生用画面」クラスのオブジェクトから「履修申請票」クラスのオブジェクトにメッセージを送ることができる．具体的には，「学生用画面」クラスの「履修科目追加」操作の機能を実現するのに「履修申請票」クラスの「科目追加」操作を呼び出す（「履修申請票」クラスのオブジェクトに「科目追加」メッセージを送る）ことになる．しかしながら，逆方向に「履修申請票」クラスのオブジェクトから「学生用画面」クラスのオブジェクトに向けてメッセージを送ることはできない．もし，両方向からメッセージを送りたいのであれば，「学生用画面」クラスと「履修申請票」クラスの間に両方向の矢印が必要となる．

「学生用画面」クラスと「履修申請票」クラスの間の関連の多重度は両端共に1である．1の場合は多重度を省略することが多い．「履修申請票」クラス端の多重度1の意味は，「学生用画面」クラスのあるオブジェクトから見て，対応する「履修申請票」クラスのオブジェクトはただ1つであることを意味する．同様に，「学生用画面」クラス端の多重度1は，「履修申請票」クラスのあるオブジェクトから見て，対応する「学生用画面」クラスのオブジェクトはただ1つであることを意味する．

集約とコンポジション

集約 (aggregation) と**コンポジション** (composition) は，あるクラスのオブジェクトが別のクラスのオブジェクト群を所有する関係を表す．**「全体-部分」関係**あるいは **has-a 関係**とも呼ばれる．所有する側のクラスが全体，所有される側のクラスが部分である．集約とコンポジションは共に所有関係を表すが，その結びつきはコンポジションの方が強い．集約では全体側のクラスがなくなっても部分側のクラスは存続するが，コンポジションでは部分側のクラスも同時になくなる．たとえば，「会社」クラス（全体側）と「人」クラス（部分側）が雇用関係を示す集約で結ばれているとしよう．この場合，仮に会社が倒産しても人は残る．一方，「家」クラス（全体側）と「部屋」クラス（部分側）の場合はどうであろうか？ 家が壊されれば部屋も同時になくなってしまう．この場合はコンポジションを用いる．なお，集約とコンポジションは関連の一種であり，多重度や方向を指定することも可能である．特に所有関係を明示したい場合に集約やコンポジションを用いる．

学務情報システムでは，「科目情報 DB」クラスと「科目」クラスの間が集約関係によって結ばれている．多重度が省略されている場合，全体側の多重度を 1，部分側の多重度を 0..* (あるいは*) と見なす．「科目情報 DB」は 0 個以上の「科目」を保有する．登録講義が全くない場合もあり得る (DB の初期状態時など)．前述のように，集約は関連の一種なので，「科目情報 DB」クラスと「科目」クラスの間を通常の関連で結んでも間違いではない．この場合は，1 つの「科目情報 DB」が複数の「科目」と対応づいていることを示しているのみである．所有関係を明示すべきか，それとも単なる対応づけで十分なのかは状況によって異なる．学務情報システムの場合は集約関係で表現した方がわかりやすい．

依　存

依存 (dependency) 関係は，あるクラスが他のクラスの状態などに依存することを明示したい場合に用いる．依存関係はパッケージ間でも用いることができる．

学務情報システムの場合，「履修申請管理サブシステム」パッケージ中の「学生用画面」クラスは，「科目情報管理サブシステム」パッケージ中の「科目情報 DB」クラスを利用する．すなわち，両パッケージ間に依存関係が存在する．ここで依存関係の方向に注意して欲しい．「履修管理サブシステム」パッケージから「科目情報管理サブシステム」パッケージへの依存は存在するが，その逆はない．このことは，システムを開発する上で重要である．履修管理サブシステムの運用には科目情報 DB が必要であり，仮に DB 側に機能変更が発生した場合は履修管理サブシステム側もそれに対応しなければならない．これは仕方がない．しかしながら，履修管理サブシステムの仕様が変わっても科目情報DBへの影響は避けなければならない．このDBは学務情報システム以外の学内システムからも利用されている可能性があり，そちらにも影響がおよぶからである．したがって，科目情報管理サブシステムから履修申請管理サブシステムへの依存関係はないのである．

実　現

実現（realization）関係は，インタフェース（Javaのインタフェースなど）とその実装の間を示す場合に使用される．分析段階ではなく主に設計段階のクラス図で必要に応じて用いられる．

6.3 振舞いモデリング

振舞いモデリングとは，現実世界におけるオブジェクト群の動的な振舞いをモデリングするものである．UMLでは，振舞いはシーケンス図やステートマシン図を用いて表現する．

6.3.1 シーケンス図

ここでは，まず，初学者に理解しやすいシーケンス図から説明する．図6.5にシーケンス図の表記法を示す．**シーケンス図**は，横方向にオブジェクト群を縦方向メッセージ送信の系列を並べたものである．縦方向は時間の流れを示す．すなわち，シーケンス図を参照すれば，各々のオブジェクトがどのような順番でメッセージをやり取りしているのかが一目瞭然に理解できる．シーケンス図は，元来通信ソフトウェアの設計で使用されていたメッセージシーケンス図がベースとなっている．オブジェクト指向の世界では，オブジェクトとオブジェクトが通信し合うので，このメッセージシーケンス図がUMLに取り入れられたのは自然なことである．

オブジェクト

オブジェクトは以下のように記載する．オブジェクト名を省略した場合は匿名オブジェクトとなる．オブジェクトにはステレオタイプをつけることができる．

オブジェクト名 : クラス名

ライフライン

オブジェクトが生成されてから停止するまでを点線で表し，これを**ライフライン**と呼ぶ．オブジェクトの停止は×で示す．ライフライン上の白抜きの四角は**実行仕様**（または制御フォーカス）と呼ばれる．これはライフライン上で処理が実行されていることを示す．

メッセージ

メッセージには，同期，非同期，応答などがあり，それぞれ矢印の表記が異なる．同期の場合は，相手オブジェクトからのリプライがくるまで待つことになる．オブジェクト生成，オブジェクト停止のメッセージには，《*create*》，《*destroy*》のステレオタイプをつけるとよい．メッセージは自分自身に対して送ることもできる．このようなメッセージのことを自己送信メッセージと呼ぶ．

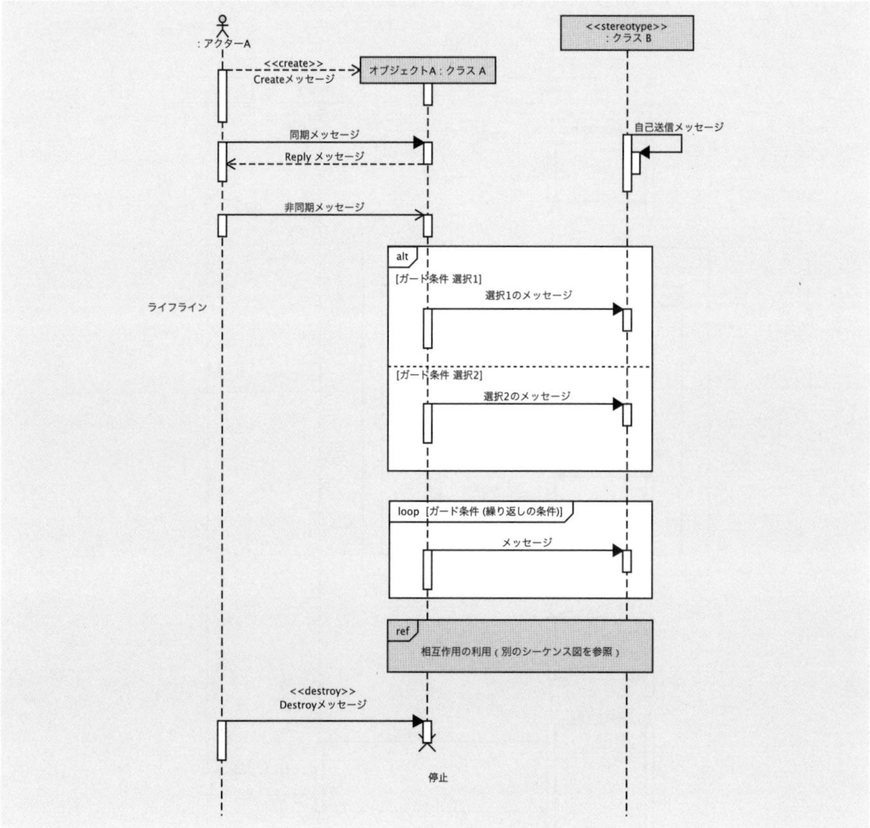

図 6.5　シーケンス図の表記法

複合フラグメント

シーケンス図では，選択（alt），反復（loop），参照（ref）の処理を記述するために複合フラグメントという表記が用意されている．具体的な書き方は，図 6.5 を見ていただきたい．

モデリングの際の留意点

UML ではシーケンス図の表記法を定めているが，その利用方法は定めていない．ただ，ユースケース単位にシーケンス図を作成するとわかりやすい．図 6.6 は「履修申請をする」ユースケースのシーケンス図である．

初期段階でのオブジェクトの抽出はあまり厳密でなくてよい．ユースケースの実行をシナリオにおける演技と考え，それに必要な登場人物をオブジェクトとして抽

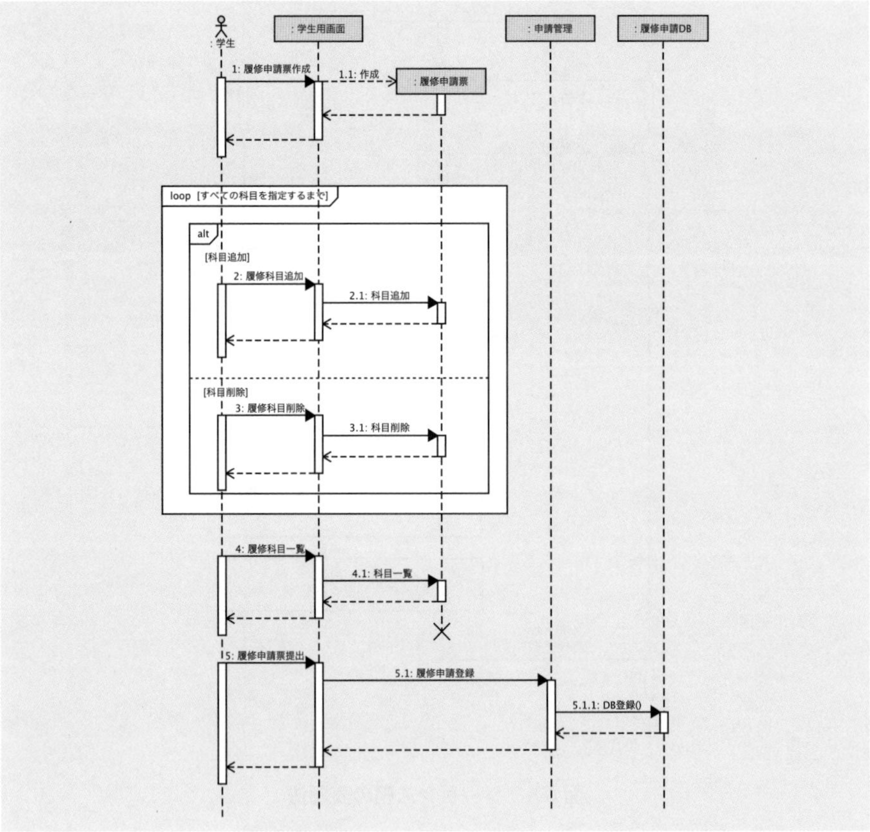

図 6.6 「履修申請をする」ユースケースのシーケンス図

出する感覚でよい．その際，登場人物の責務に着目するとオブジェクトの抽出が楽になる．オブジェクトの抽出は，構造モデリングとしてクラス図を作成する際にも行われる．そして，シーケンス図とクラス図をお互いに洗練しながら，最終的なオブジェクトの識別を行う．

システム全体の機能は，個々のユースケースを集めたものである．したがって，全体のシーケンス図も，個々のユースケースに対応するシーケンス図を合成したものになる．同じオブジェクトは複数のユースケースに出現する．たとえば，「申請管理」オブジェクトは，「履修申請をする」ユースケースだけでなく，「履修申請を取り消す」や「履修申請を確認する」にも出現する．合成したシーケンス図において，ある一つのオブジェクトに着目すると，そのオブジェクトのメッセージ送受信イベントの系列は，そのオブジェクト自身の振舞いを表す．そのための UML 表記が後述のステートマシン図である．

6.3.2 ロバストネス分析

ここまで，「履修申請をする」ユースケースを例に，クラス図を用いた構造モデリングとシーケンス図を用いた振舞いモデリングの説明をしてきた．しかしながら，ユースケースからこれらのモデルをいきなり作成するのは実際には容易なことではない．また，要求獲得段階で抽出したユースケースの内容に抜けや漏れがあるかもしれない．その場合，分析段階でクラスやオブジェクトを適切に抽出することはできない．このような問題に対処するための方法として，ユースケースの発案者でもあるヤコブソンにより提案された**ロバストネス分析**がある．ロバストネス分析とは，ユースケースを堅牢（robust）にするための方法である．

ロバストネス分析では，ユースケースと概念的なクラス図からロバストネス図を作成する．概念的なクラス図とは，現実世界の顧客業務における概念同士の関係を表現したクラス図である．図 6.4 に示したクラス図よりももっとラフなものである．ロバストネス図では，表 6.4 に示す，**バウンダリ**（boundary），**エンティティ**（entity），**コントロール**（control）の 3 種類のクラスを用いる．バウンダリはインタフェース，エンティティはデータや情報，コントロールは処理，と言う風に責務を分類する．これらの責務はステレオタイプを用いて表現できるが，特別に図 6.7 に示すようなアイコン表記も用意されている．ロバストネス図は UML には含まれていないが，よく利用されることが多いので知っておいた方がよい．なお，ロバストネス分析を用いたユースケース駆動開発手法として ICONIX が提案されている．

図 6.8 に「履修申請をする」ユースケースに対するロバストネス図を示す（例外フ

表 6.4　ロバストネス図の構成要素

要素	説明
バウンダリ	画面などアクターとのインタフェース（名詞で表現される）
エンティティ	データや情報（名詞で表現される）
コントロール	処理や機能（動詞で表現される）

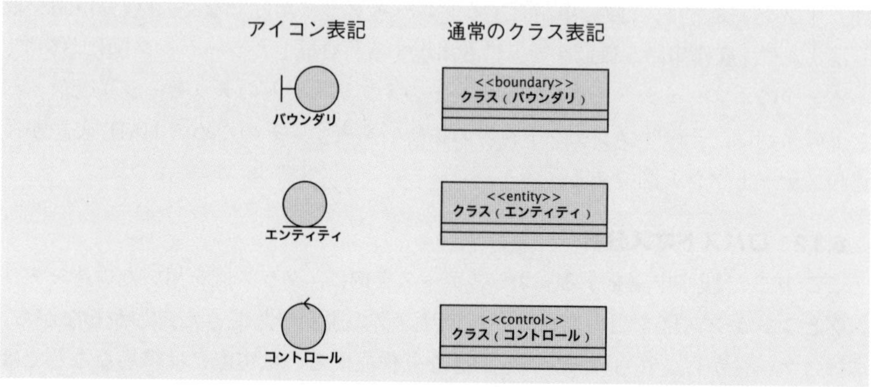

図 6.7　バウンダリ，エンティティ，コントロールのアイコン表記

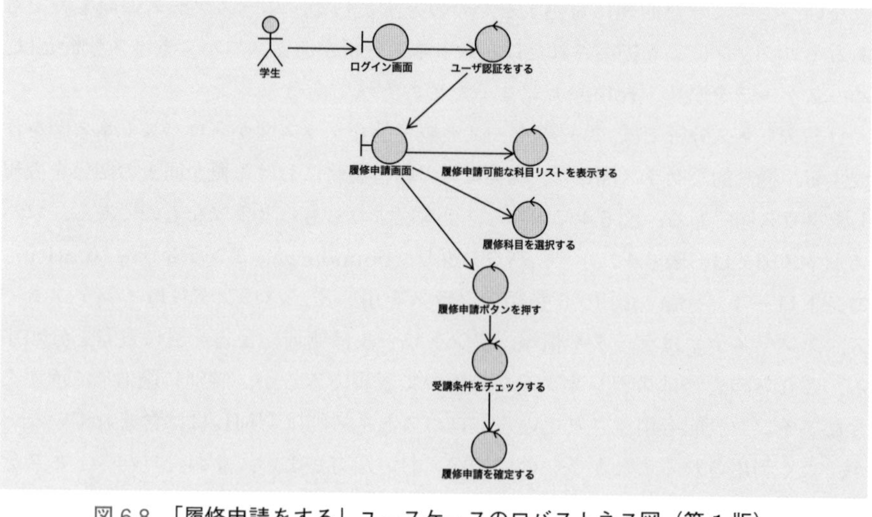

図 6.8　「履修申請をする」ユースケースのロバストネス図（第 1 版）

ローの部分は割愛している）．ロバストネス分析では，バウンダリ，エンティティ，コントロールとそれらの間の関連を矢印で示す．ただし，エンティティへの線は，そこで行き止まりになるため矢印とはならない．バウンダリとエンティティは名詞，コントロールは動詞で表現される．その際，動詞と動詞，動詞と名詞はつなぐことができるが，名詞と名詞はつなぐことができないことに注意して欲しい．これにより，ユースケース記述を「名詞–動詞–名詞」の形で表現できる．

図 6.8 のロバストネス図は元のユースケースに忠実であるが，気になる箇所がいくつかある．まず，履修科目を選択する際に「履修申請票」のようなオブジェクトが必要ないかが気になる．また，単に「履修科目を選択する」では表現が荒いように思える．「追加」や「削除」のように分離した方がよい．さらに「履修申請の取り消し」が行えなくてもよいのかについても気になる．このように，ロバストネス分析

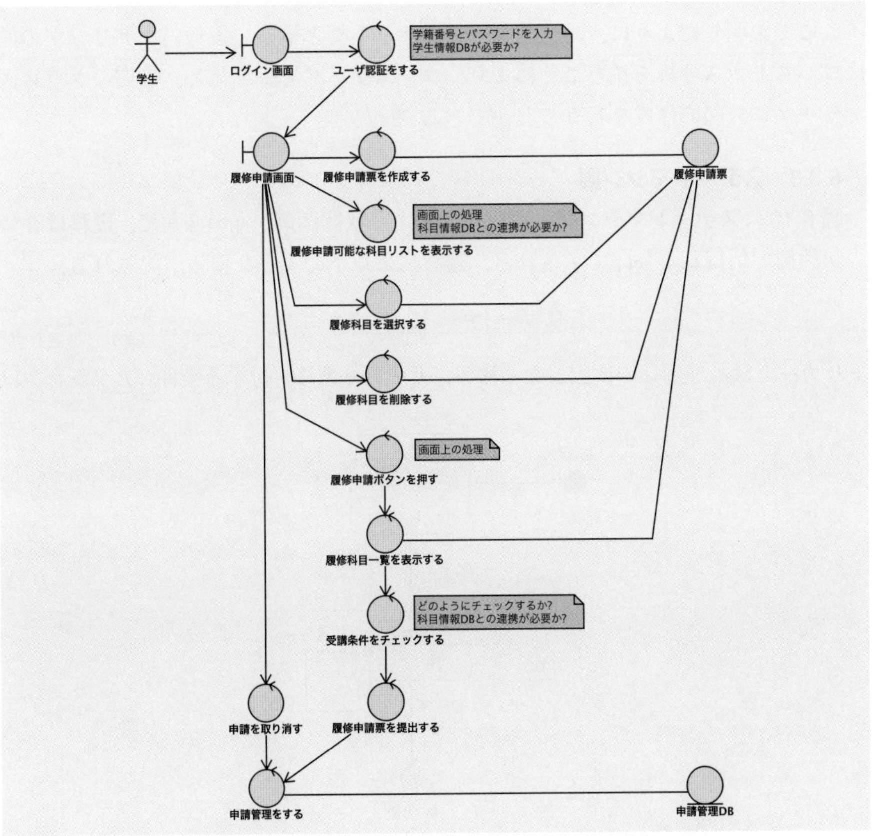

図 6.9　「履修申請をする」ユースケースのロバストネス図（第 **2** 版）

では，ユースケースの内容をより堅牢なものにしてゆく．

図6.9は見直し後のロバストネス図である．このロバストネス図を元に図6.6のシーケンス図を作成すると共に，概念的なクラス図を洗練し図6.4のようなクラス図にしてゆくとよい．図6.4のクラス図では，ログイン画面と履修申請画面を統合し，学生用画面クラスとしている．ロバストネス図におけるコントロールはクラスの操作に対応している．ただし，「履修申請ボタンを押す」など画面上のものについてはあえて操作として分離していない．「申請管理をする」コントロールについては，複数の学生からの履修申請に対応しなければならないため独立したクラスとしている．このように，実際のクラス図，シーケンス図を作成する際は，様々なことを考慮することになる．なお，ここでは，学生情報DBや科目情報DBなど外部システムとの連携が必要な部分については，簡便化のため，クラス図，シーケンス図から外している．本来は．含めるべきものである．

ここで説明したように，ユースケースモデリングと構造・振舞いモデリングの間にロバストネス分析を挟むことにより．ユースケースを堅牢化し，適切なクラス図とシーケンス図の作成を行うことができる．

6.3.3 ステートマシン図

図6.10にステートマシン図の表記法を示す．**状態**は角が丸い四角で，**遷移**は2つの状態間で結ばれる矢印で示される．遷移には以下のような情報が記される．

トリガー [ガード]/アクション

トリガーとは状態遷移の要因となる事象，**ガード**は遷移に対する条件，**アクション**は

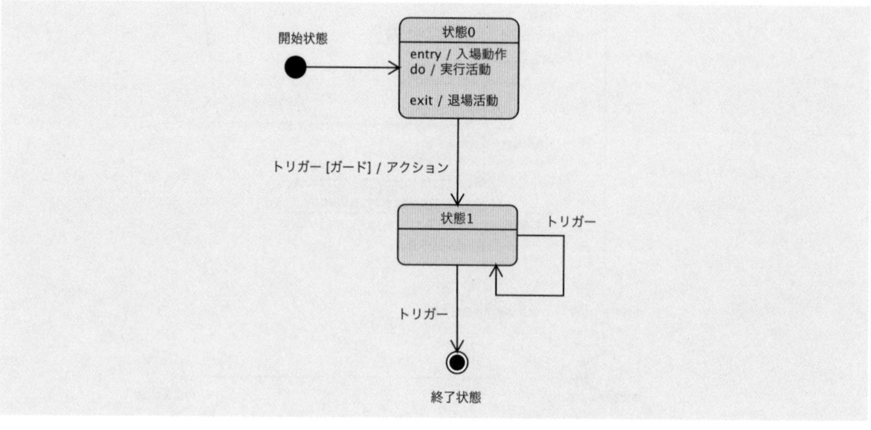

図6.10 ステートマシン図の表記法

遷移に伴って発生する処理を示す．**開始状態**はオブジェクトが生成されたときの状態，**終了状態**はオブジェクトが停止したときの状態である．通常の状態には，状態名，入場動作（その状態に入ったときに実行される動作），実行活動（その状態に止まっている間に実行される動作），退場活動（その状態から抜け出す際に実行される動作）が記述できる．なお，階層的にステートマシン図を作成することも可能である．この場合，ある状態を詳細なステートマシン図に展開することができる．

図 6.11 は，「申請管理」オブジェクトのステートマシン図である．

振舞いのモデルはシーケンス図でもステートマシン図でも表現できる．全体のシーケンス図は個々のシーケンス図を合成したものであり，全体のステートマシン図も個々のステートマシン図を合成したものである．最終的には両者が表現するものは一致する．ステートマシン図も他のダイアグラム同様，その表記法は定められているが，利用法は定められていない．システムの振舞いを 1 つのステートマシン図でモデリングすることもできるし，個々のオブジェクト単位にステートマシン図を作成し，それらを合成してシステム全体の振舞いとすることも可能である．本書では後者のアプローチをとることにする．これは，シーケンス図とステートマシン図の間の整合性チェックが容易だからである．

シーケンス図は複数オブジェクトの協調動作を表現するのに向いている．オブジェクト同士がメッセージをやり取りすることにより，あるユースケースを実現する．いま，ある 1 つのオブジェクトに着目する．オブジェクトはメッセージを受け取る

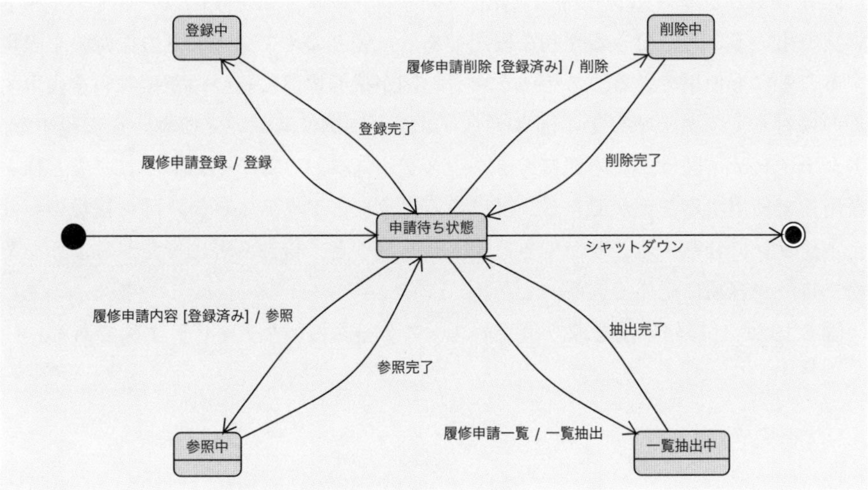

図 6.11 履修申請のステートマシン図

と自身の状態を遷移させ，自分あるいは他のオブジェクトにメッセージを送る．1つのオブジェクトにおける状態遷移を表現したものがステートマシン図である．この場合，シーケンス図におけるメッセージはステートマシン図におけるトリガーに対応する．

シーケンス図とステートマシン図は相補的な関係にあるが，ここで述べたような使い方をすれば，表現能力としては同じである．どちらか一方のみでよさそうであるが，両方作成した方が好ましい．理由は以下の通りである．シーケンス図はユースケースとの関係がわかりやすい．ユースケースの抽出およびその分析の後に，シーケンス図を作成するのは比較的容易である．一方，ステートマシン図は個々のオブジェクトの振舞いを表現したものであり，プログラムコードへの対応関係がわかりやすい．このように，シーケンス図，ステートマシン図それぞれ長所があり，ユースケースからプログラムコードにつなぐ際に重要な役割を果たす．両方を作成する場合，お互いに不整合がないかを常に確認する必要がある．たとえば，シーケンス図に現れるオブジェクトに対応するステートマシン図が存在するか，ステートマシン図のトリガーに対応するメッセージがシーケンス図に存在するかなどをエンジニア自身がチェックする必要がある．ただし，UMLの開発支援ツールを利用すれば，このような不整合チェックは自動で行ってくれる．また，シーケンス図とステートマシン図の間の相互変換も行ってくれる．

6.3.4 アクティビティ図

図6.12にアクティビティ図の表記法を示す．アクティビティ図はフローチャート感覚で用いることができる便利な表記である．個々のオブジェクトの振舞いを表現することにも使用できる．ステートマシン図が状態遷移に基づいて振舞いを表現するのに対し，アクティビティ図はアクションと制御に基づいて振舞いを表現する．アクティビティ図は，この他にも，ユースケースにおけるイベントフローなど様々な用途で使用することができる．図にあるように，アクティビティ図を複数のパーティションに分割することができる．これを使うと，複数部署にまたがるような業務フローが容易に記述できる．

図6.13は，「履修申請を取り消す」ユースケースのアクティビティ図である．

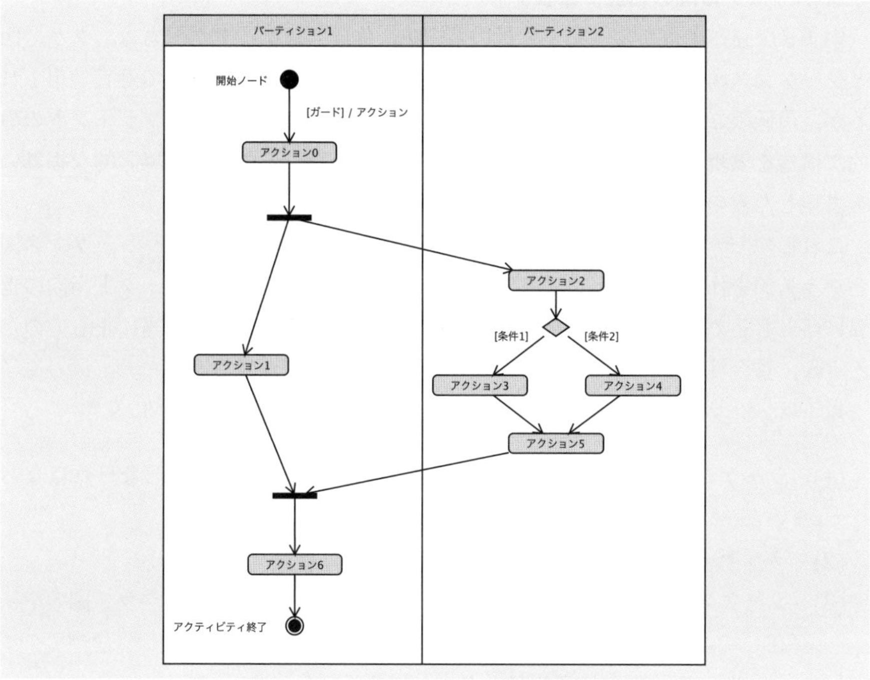

図 6.12　アクティビティ図の表記法

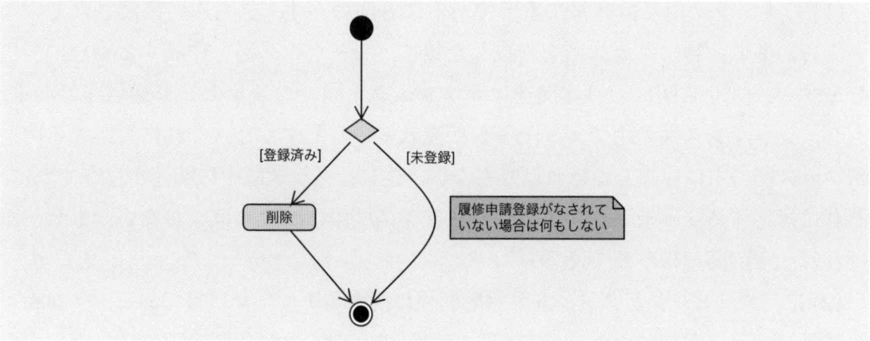

図 6.13　履修申請管理のアクティビティ図

6.4 モデルの洗練

6.4.1 モデル間の相互チェック

いままで述べてきたように，分析段階で主に作成するダイアグラムは，クラス図とシーケンス図の2つである．その他のダイアグラムも必要に応じて適宜使用されるが，最低限この2つのダイアグラムは必須である．クラス図はオブジェクトの静的な構造を表現したものであり，シーケンス図はオブジェクト群の協調的な振舞いを表現したものである．

これらのモデルの妥当性はどのように確認したらよいであろうか？ シーケンス図とクラス図を作成することにより，要求（ユースケース）をオブジェクト指向の世界に落とし込めた．しかし，作成したシーケンス図とクラス図は本当に正しいのだろうか，整合性はとれているのであろうか，という疑問が残る．

以下は，クラス図とシーケンス図の間でチェックすべき項目である．

(1) シーケンス図のメッセージの通信路はクラス図の中に存在しなければならない
(2) メッセージとメソッドは対応していなければならない
(3) シーケンス図に現れないオブジェクトに対応するクラスは，クラス図の中に存在してはならない
(4) シーケンス図の中に必ずアクターが現れていないといけない
(5) メソッドを持たないクラスは存在してはならない

(1) のチェック項目は非常に重要であるにも関わらず，きちんと確認されていない場合が多い．特にクラス図を作成した後に，シーケンス図を作成する場合に発生しやすい．クラス図における関連はオブジェクト間でのメッセージ通信路である．もし，シーケンス図の中でメッセージが流れているとすると，それに対応する関連がクラス図の中に存在しなければならない．逆に，クラス図中に関連が存在すれば，それに対応するメッセージの流れがシーケンス図中になければならない．もし，なければ，その関連は不要である．

(2) は，メッセージとメソッドの対応関係に関するチェック項目である．メッセージ通信はメソッド起動と対応する．したがって，シーケンス図の中にメッセージ送信があれば，受信側のオブジェクトに対応するクラスにはメッセージ名と一致するメソッドが定義されていなければならない．また，シーケンス図の中で呼び出されることがないメソッドは存在してはならない．よくある間違いは，メッセージとメ

ソッドの名前が対応していないケースである．

(3) と (4) は，シーケンス図の中に登場するオブジェクトとアクターに関するチェック項目である．あるオブジェクトがシーケンス図の中に登場しないということは，シーケンス図に対応するユースケースの実現にそのオブジェクトが何も貢献しないことを意味する．したがって，そのオブジェクトに対応するクラスはクラス図からも削除すべきである．ただし，あるクラスに属するオブジェクトは複数のシーケンス図に登場し得るので，クラス図から削除する場合は，どのシーケンス図にも登場していないことを確認しなければならない．一方，アクターはユースケース開始のトリガーとなるものであり，必ずシーケンス図の中に最低 1 つは存在しなければならない．

(5) については明らかであろう．メソッドがなければクラスにアクセスできず，クラスとしての存在意義がない．このようなクラスはクラス図の作成，洗練途上で出現することが多い．クラスの役割を再確認した上で，当該クラスにメソッドを追加するか，あるいはクラス中の属性を別のクラスに移動させる必要がある．

UML でモデリングを行う際に気をつけなければならないことは，モデルを作成した後に放置しないことである．ユースケース図，クラス図，シーケンス図それぞれ単体では問題なさそうに見えても，それらの間に不整合が全くない場合はまれである．不整合はモデリングにおける欠陥ではあるが，その一方で，モデルをより良く洗練する機会であると捉えることも可能である．実際，不整合を修正しようとすると，クラス図中のクラスがシーケンス図の中でどのような役割を担うべきかを考え直さざるを得なくなる．

6.4.2 反復的なモデルの見直し

モデルは何度も見直すことが大切である．最初から優れたモデルはそう簡単にできるものではない．ユースケース図からシーケンス図を作成し，オブジェクト抽出する段階のモデルは一般的に曖昧さが残る．並行してクラス図を作成し，シーケンス図との間で相互チェックすることにより，段々とオブジェクト抽出の精度が高くなり，より完成されたモデルとなる．

要求が確定すればすぐに設計を行えばよいのではないかと考える人もいるかもしれないが，要求の背後にある現実世界を理解しないことには，設計可能な要求を抽出することはできない．だから，分析という工程が必要なのである．

第6章の問題

□ **6.1** 2つのユースケース「履修申請を取り消す」と「申請内容を確認する」に対応するシーケンス図を作成してみよう．

□ **6.2** 学務情報システムのクラス図と問6.1で作成したシーケンス図の間に不整合が生じていないかチェックしてみよう．

第7章

ソフトウェア設計と実装

ソフトウェア設計では，分析段階で明確化した what をコンピュータシステムとしてどう実現するのか，すなわち how を具体化する．その際，ソフトウェアの基本構造を定めるソフトウェアアーキテクチャ，設計ノウハウとしてのアーキテクチャパターンやデザインパターンなどが重要となる．本章では，オブジェクト指向に基づいた設計の方法を学ぶ．

7.1 ソフトウェアアーキテクチャ

ソフトウェア設計では，ソフトウェアの基本構造を決める**ソフトウェアアーキテクチャ**の設計が重要となる．ここでは，ソフトウェアアーキテクチャとは何か，ソフトウェアアーキテクチャの具体的な設計方法，設計ノウハウとしてのアーキテクチャパターンについて説明する．

7.1.1 アーキテクチャとは

アーキテクチャとは，建築学や構造を意味するが，現在ではコンピュータや自動車などの分野でも用いられる．コンピュータハードウェアの分野ではコンピュータの構造や設計思想を示す．また，ソフトウェアアーキテクチャ，エンタープライズアーキテクチャ，システムアーキテクチャといった用語もある．本章に関係するのは，この中のソフトウェアアーキテクチャである．

バス（L. Bass）は，ソフトウェアアーキテクチャを以下のように定義している．

> プログラムや計算システムのソフトウェアアーキテクチャとは，プログラム構造あるいは計算システムを構成する構造群のことを指す．これらの構造は，ソフトウェア群，外部から見える個々のソフトウェアの性質，およびソフトウェア群同士の関連から構成される．

ちょっとわかりにくいかもしれないが，要はソフトウェアを構成する要素として何が必要か，それらの要素が担うべき機能や役割は何か，そして各要素をどのように連携させればよいかを決めることである．すなわち，ソフトウェアアーキテクチャとはソフトウェアの基本構造を決めたものである．ソフトウェア分析では，あくまでも要求の観点から現実世界をモデル化した．ソフトウェア設計ではそのモデルをコンピュータ上で動作するようにブレイクダウンする．その最初の取っ掛かりがソフトウェアアーキテクチャの設計である．ソフトウェアアーキテクチャはソフトウェアの保守性や性能に大きな影響を与えるため，非常に重要である．アーキテクチャが適切でないと，機能を追加したり，不具合を修正したりすることが容易でなくなる．また，要求を満たす性能が出ない．アーキテクチャは，その後の設計や実装に大きな影響を与えるため，十分にその良し悪しを吟味しなくてはならない．ソフトウェア開発の後半でアーキテクチャを変更することは困難な場合が多く，実質的に不可能な場合も少なくない．

7.1.2　アーキテクチャ中心設計

ソフトウェアアーキテクチャはソフトウェアの品質に大きな影響を与える．要求には機能要求と非機能要求の2種類があるが，性能や使い勝手などの非機能要求はソフトウェアアーキテクチャ設計の内容に依存することが多く，設計が完了しないと非機能要求が実現できたか否かを検証することは難しい．求められている非機能要求のレベルを吟味しつつ，どのようなソフトウェアアーキテクチャにするのか，どのアーキテクチャパターンを採用するのかを決めていくことが大切である．適切なソフトウェアアーキテクチャが設計できないと，十分な処理性能が出なかったり，将来の機能拡張が困難になったりする．その意味で，ソフトウェアアーキテクチャは設計において極めて重要な存在と言える．ソフトウェアアーキテクチャを設計の中核に置く開発方法のことを**アーキテクチャ中心設計手法**と呼ぶ．

アーキテクチャ中心設計手法として，ソフトウェアのアーキテクチャ設計を体系的に進めるための方法がいくつか提案されている．代表的なものとして，カーネギーメロン大学ソフトウェア工学研究所（Software Engineering Institute，SEI）から提供されている**ADD**（Attribute-Driven Design Method）と**ATAM**（The Architecture Tradeoff Analysis Method）がある．ADDでは，求められる品質を考慮しながら，パターンと分割戦略を選択しながらソフトウェアアーキテクチャを段階的に詳細化する．一方，ATAMはアーキテクチャの良し悪しを評価するための手法であり，ADDと共に使用される．

7.1.3　MVC によるアーキテクチャ設計

本書で取り上げている学務情報システムは Web アプリケーションとして実現される．Web アプリケーションのソフトウェアアーキテクチャの一つとして，MVC モデルがある．ここでは MVC モデルを学務情報システムの設計に適用し，ソフトウェアアーキテクチャが持つ意義について考えてみたい．

MVC モデル

MVC（Model-View-Controller）モデルとは．システムを構成する要素を，**モデル**（model），**ビュー**（view），**コントローラ**（controller）の 3 つに分けるモデルである．図 7.1 にこれら 3 つの関係を示す．矢印は依存関係の方向を示している．ビューとコントローラがモデルに依存するのに対して，モデルはビューやコントローラには依存しない．すなわち，ビューやコントローラに変更が生じても，モデルにはその影響が波及しないことを意味する．このことが，学務情報システムの設計にどのようなメリットを持つかについて，これから説明する．

クラス図への適用

分析段階のクラスを，モデル《*model*》，ビュー《*view*》，コントローラ《*controller*》，の 3 つのステレオタイプを用いて分類する．履修申請票クラスなどのドメインクラスはモデルに，画面などアクターとの境界となるクラスはビューに，その他，動作を司るクラスはコントローラに対応させる．分析段階のクラス図を MVC の観点から見直したものを図 7.2 に示す．

MVC モデルに基づいてシステムをモデル，ビュー，コントローラに分けた後は，内容に応じてクラス群をグループ化しシステムをサブパッケージに分割する．図 7.3 は，図 7.2 のクラス図をパッケージ分割したものである．あるパッケージに含まれるクラスが別のパッケージに含まれるクラスへの関係（関連など）が存在する場合にパッケージ間に依存関係が生じる．サブパッケージへの分割では，パッケージ間の依存関係ができるだけ疎になるように分割することが重要である．学務情報システムの場合は，クラス図自体が小さいのでパッケージ化の効果をあまり感じないかもしれないが，大規模なシステムの設計ではパッケージを用いて適切にモジュール化すると全体の見通しが良くなる．

適用の効果

図 7.3 において，ビューとコントローラがモデルに依存しているのに対し，モデルはビューやコントローラに依存していないことに注意して欲しい．

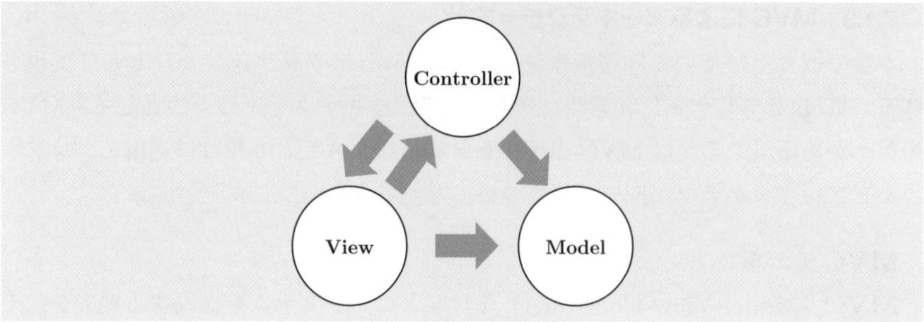

図 7.1　**MVC** モデル

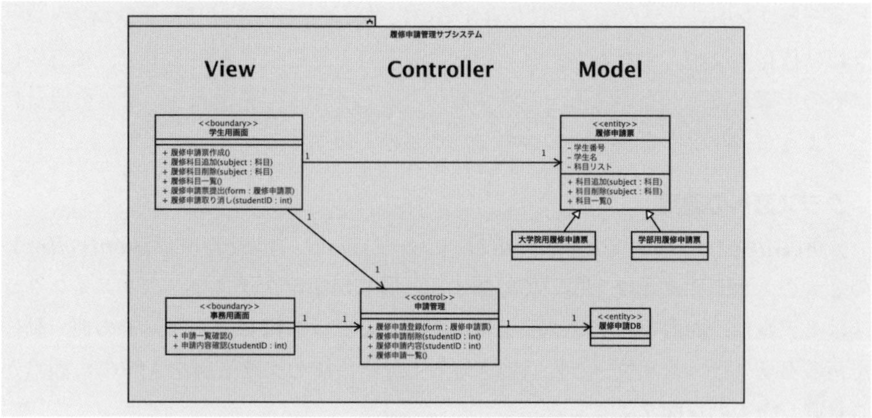

図 7.2　**MVC** モデルに基づいたクラス図

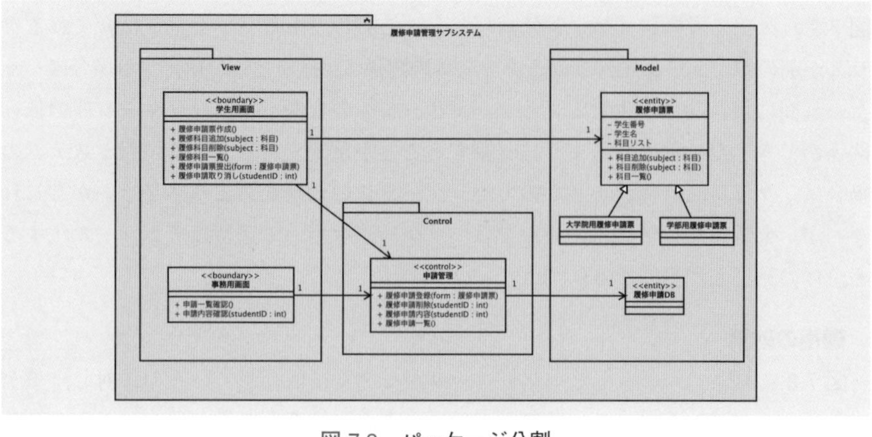

図 7.3　パッケージ分割

将来，学務情報システムのユーザインフェース（ビュー）がWeb画面からスマートフォン画面に変更になったとしても，履修申請に関するデータ（モデル）には影響がおよばない．ユーザインタフェースは開発完了後もシステム改善などで変更されることが比較的多いが，その影響が履修管理の本体におよばないのはシステム保守の観点からも望ましい．履修管理に関わるデータは学務情報システムの中核をなす存在であり，これが安定していることはシステムを構築する上で非常に重要なことである．MVCモデルを適用することにより，学務情報システムの設計が将来のユーザインフェースの変更に対して堅牢になっていることが理解されよう．

7.1.4 アーキテクチャパターン

MVCモデルはWebアプリケーションを開発する際に繰り返し利用可能なソフトウェアアーキテクチャである．しかしながら，MVCモデルだけで様々なソフトウェアのアーキテクチャを設計することはできない．そこで提案されたのが**アーキテクチャパターン**である．

アーキテクチャパターンとは，優れたソフトウェアアーキテクチャを設計する過程をパターン化したものである．代表的なアーキテクチャパターンを整理した書籍として有名なのが，ブッシュマン（F. Bushmann）らの *Pattern-Oriented Software Architecture : A System of Patterns* である．頭文字を取って，**POSA**と呼ばれている．POSAには，MVCの他にもレイヤ（layers）パターン，パイプ&フィルタ（pipes and filters）パターンなどが含まれている．レイヤはオペレーティングシステムやネットワークシステムなどで典型的に適用されている．レイヤ構造を導入することにより，サービスの抽象化とモジュール化が可能となる．また，ソフトウェアの保守，発展にも有効である．ある層の設計を変更したいとき，その直接上と下の層に対するインタフェースのみ守ればよい．パイプはUNIXでおなじみであり，部品の合成を容易にする．

表7.1にPOSAに掲載されているパターンの一覧を示す．適用可能な設計課題の欄を見ると設計時に考慮しなければならない事項がわかる．もし，設計上の課題がここに示したものに合致する場合は，対応するパターンを適用することを考慮すべきである．たとえば，MVCモデルが適用できる設計課題は「人間とコンピュータのインタフェースに柔軟性を持たせた対話型アプリケーションをつくる」とある．学務情報システムにおいて，ユーザインタフェースとシステム内部の処理を分離するのにこのMVCモデルのパターンが適用できることがわかる．

アーキテクチャパターンは，前提，課題，解決策，静的側面（クラス図），動的側面（シナリオ，シーケンス図），実装，バリエーション，適用例，結論から構成される．どのような設計課題に適用すべきか，どのように適用するのかが，UML のダイアグラムと共に提示されている．

表 7.1　**POSA アーキテクチャパターンの一覧**

カテゴリ	パターン	適用可能な設計課題
混沌から構造へ	レイヤ (layers)	システムの規模が大きく，分割および階層化が必要とされる．
	パイプ&フィルタ (pipes and filters)	データストリームを入力とするシステムを開発しなければならない．
	黒板 (blackboard)	確実に解答を得るための方法が確立していないドメインにおいてシステムを開発しなければならない．部分的な問題を解くプログラム群が黒板（共通のデータ構造）を通じて協調的に作業を行うことにより近似的な解答を得るようにしたい．
分散システム	ブローカ (broker)	独立したコンポーネント群から構成される分散システムを柔軟性と保守性を考慮しつつ構築したい．
対話型システム	MVC (Model-View-Controller)	人間とコンピュータの間の対話を柔軟性と保守性を考慮しつつシステム化したい．
	PAC (Presentation-Abstraction-Control)	お互いに協調し合うエージェントを用いて，人間とコンピュータの間の対話を円滑に行うシステムを構築したい．
適合型システム	マイクロカーネル (microkernel)	システムの中核機能を拡張機能や顧客依存部分から分離し，要求の変更に柔軟に対応できるようにしたい．
	リフレクション (reflection)	システムの構成や振舞いをシステム自身が動的に変更できるようにしたい．

7.2　設計モデルの洗練

ソフトウェアアーキテクチャが定まったら，次に実装につながるようにモデルを洗練していく．どのようなデータベースを用いるのか，通信方式はどうするのか，ミドルウェアは何を使用するのか，等を決めていく必要がある．また，アルゴリズム，使用するアプリケーションフレームワーク，クラスライブラリについても考慮する必要がある．これらは一般的に**プラットフォーム**と呼ばれる．設計とは，分析段階のモデルを拡張し，採用したプラットフォームに関わるクラスを追加していく工程と言える．

7.2.1　実装を意識した設計

図 7.4 に学務情報システムの設計レベルのクラス図を示す．設計段階では，プログラムコードへの変換を念頭にそれに必要な情報をクラス図に追加してゆく．抜けや漏れがあると，適切なプログラムコードに変換できず，再度，クラス図を変更することになる．

可視性や型の明確化

分析段階のモデルでは可視性や型については明確にしていない場合が多いので，設計段階でこれを明確にしておく必要がある．また，クラス，属性，操作の名前は，プログラムコードへの変換を念頭に英文名に変更する．

メッセージ送信を意識した関連の洗練

Java などのプログラミング言語では，メッセージ送信は相手先オブジェクトの操作（Java ではメソッド）呼出しに変換される．この場合，相手先オブジェクトを示すものがないと，クラス図からプログラムコードを生成することができない．

`UIforStudent` クラスと `CourseApplicationForm` クラスの間には前者から後者への関連がある．この関連はメッセージの通信路となる．矢印の向きはメッセージが流れる方向を示す．学務情報システムの場合，`UIforStudent` クラスのオブジェクトから `CourseApplicationForm` クラスのオブジェクトに向けてメッセージが送られる．図 7.4 では，関連の右側に `courseApplicationForm`（先頭の文字が小文字となっており，クラス名とは異なることに注意）という名前がついていることに注目して欲しい．これは**ロール名**と呼ばれ，`UIforStudent` から見て `CourseApplicationForm` がどのような役割を担っているかを示したものである．ロール名はコード生成の際にメソッド起動の相手先オブジェクト名として使用される．

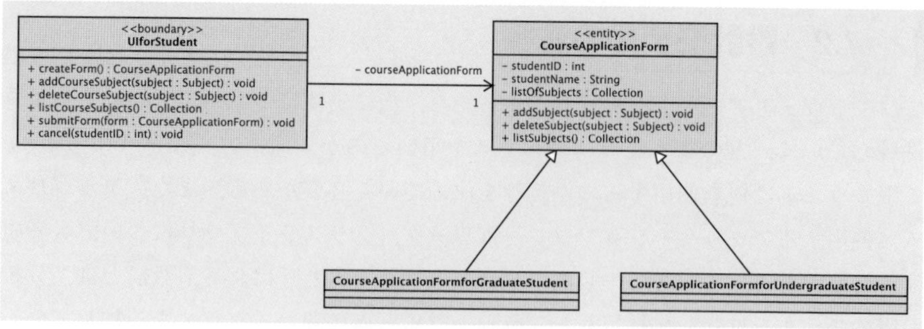

図 7.4　実装を意識した設計レベルのクラス図

ロール名の前についている記号は可視性を示す．この例の場合はマイナス記号なので，private となる．コード生成の際，`courseApplicationForm` は `UIforStudent` クラスの private 属性に変換される．

7.2.2　設計クラスの追加

設計においてプラットフォームの考慮は重要なタスクである．必要となる技術は，オペレーティングシステム，ネットワーク，データベース，アプリケーションフレームワーク，ミドルウェアなど多岐にわたる．学務情報システムの開発でも，これらについて考慮する必要があり，たとえば，データベースアクセスに必要なクラスを設計レベルのクラス図に追加していくことになる．このようなクラスのことを**設計クラス**と呼ぶ．

● ソフトウェア開発には総合力が必要 ●

ソフトウェア工学はソフトウェアを開発するための学問である．しかし，ソフトウェア工学を学んだだけでは現実のソフトウェアを開発することはできない．当然のことであるが，本文中で述べたように，ネットワークやデータベースなどの技術が必要となる．ソフトウェア開発には総合力が必要なのである．ソフトウェア工学と周辺の主要技術をバランスよく学ぶことが重要である．情報系の学部では，通常，オペレーティングシステム，ネットワーク，データベース，プログラミング言語，データ構造とアルゴリズムなどの科目が開講されている．これらの科目とソフトウェア工学を学んで初めてソフトウェアを開発する下地が準備できたことになる．課題解決型学習の一つである PBL は，これらの技術を総合的に活用して，チームでソフトウェアを構築する場として有効であり，現在，多くの大学で導入が進んでいる．

7.2.3 デザインパターン

ソフトウェアアーキテクチャを設計する際のカタログとしてアーキテクチャパターンがあったが，実装を意識しながらモデルをさらに洗練する際に利用可能なカタログとして **GoF**（Gang of Four，四人組）の**デザインパターン**がある．GoF とは，ガンマ（E. Gamma），ヘルム（R. Helm），ジョンソン（R. Johnson），ブリシディース（J. Vlissides）の 4 人を指す．デザインパターンとは，いままでに蓄積されてきた設計ノウハウの中でも特に優れたものをカタログ化したものである．

表 7.2，表 7.3，表 7.4 に GoF のデザインパターン（23 種類）の一覧を示す．GoF のデザインパターンは，オブジェクトの生成，クラスの構造，オブジェクトの振舞いの 3 つのカテゴリに大きく分かれる．これらは，アーキテクチャ設計後の UML モデルを保守性や拡張性に強いものに洗練するのに役立つ．また，GoF のデザインパターンは特定のプラットフォームに依存せずに活用することができる．

表 7.2 **GoF デザインパターンの一覧（生成に関するパターン）**

パターン	概要
Abstract Factory	互いに関連する一連のオブジェクト群を，その具象クラスに依存しないで生成するためのインタフェースを提供する．
Builder	複合化されたオブジェクトについて，その生成過程を隠蔽することにより，同じ過程で異なる内部形式のオブジェクトを生成できる．
Factory Method	実際に生成するオブジェクトに依存しない，オブジェクト生成のインタフェースを提供する．
Prototype	原型となるオブジェクトを元に複製する．
Singleton	あるオブジェクトが単一であること（複数オブジェクト生成されていないこと）を保証する．

表 7.3 **GoF デザインパターンの一覧（構造に関するパターン）**

パターン	概要
Adapter	互換性のないインタフェースを持つクラス同士の接続を可能にする．
Bridge	あるクラスにおける機能拡張と実装を分離し，それらを独立して管理する．
Composite	個々のオブジェクトと合成したオブジェクトを同一視することにより，再帰的な構造を表現する．
Decorator	ある核（コア）となるオブジェクトに，動的な機能追加を提供する．
Facade	複数のサブシステムの統一窓口となる高レベルなインタフェースを提供する．
Flyweight	多数のオブジェクトの中で同じものと見なせるオブジェクトを共有し，オブジェクトの構築のための負荷を減らす．
Proxy	あるオブジェクトへのアクセスを制御するため，共通のインタフェースを持つオブジェクトが代理をする．

表 7.4 **GoF デザインパターンの一覧（振舞いに関するパターン）**

パターン	概要
Chain of Responsibility	複数のオブジェクトを鎖状につなぎ，その中の任意のオブジェクトがある要求を処理するまで，順次その鎖に沿って要求を受け流していく．
Command	命令・操作をクラス（オブジェクト）で表現し，そのオブジェクトを切り替えることで操作の切替えを実現する．
Interpreter	文法規則をクラスで表現したものを用い構文解析し，その結果に基づき処理を実行していく機能を提供する．
Iterator	集約オブジェクトを内包するオブジェクトが内部表現を公開することなく，その要素に順にアクセスする方法を提供する．
Mediator	オブジェクト同士が互いに参照し合うことがないように，仲介役となるオブジェクトを介して制御を行う方法を提供する．
Memento	データ構造に対するその箇所箇所の操作内容・状態を記録しておき，以前の状態の復帰，操作の再実行を行えるようにする．
Observer	あるオブジェクトの変化を，それに依存するオブジェクトに自動的に知らせる仕組みを提供する．
State	状態を表すオブジェクトを用意し，内包するその状態オブジェクトを切り替えることにより，処理内容（振舞い）を変えられるようにする．
Strategy	一連のアルゴリズム（戦略）をカプセル化（部品化）し，動的なアルゴリズムの切替えを可能にする．
Template Method	スーパクラスで処理の流れを定義し，その処理の詳細はサブクラスで定義する．
Visitor	データ構造を表すクラスと，それに対する処理を行うクラスを分離する（データ構造を表すクラスを変更することなしに処理を追加できる）．

GoF の各パターンは図 7.5 に示す形式で記載される†．ここでは Observer パターンの記載例を示す．デザインパターンは，名前，目的，別名，動機，適用可能性，構造，構成要素，協調関係，結果，実装，サンプルコード，使用例，関連するパターンから構成される．アーキテクチャパターンとは若干構成が異なるが，デザインパターンにおいても，どのような設計課題に適用すべきか，どのように適用するのかが，UML のダイアグラムと共に提示されている．

学務情報システムの例で考えると，モデルとビューの間の依存関係の設計に Observer パターンが適用できる．学生は履修申請の結果を Web だけでなくスマートフォンから受け取りたいかもしれない．そのような要望にも容易に対応できるように，学生側のインタフェースを Observer として登録する形に設計するとよい．

† 表 7.2，表 7.3，表 7.4 および図 7.5 の日本語訳は GoF デザインパターンの翻訳書籍「オブジェクト指向における再利用のためのデザインパターン」（エリック ガンマ他著，本位田真一他監，ソフトバンククリエイティブ）に基づいている．

目的

あるオブジェクトが状態を変えたときに，それに依存する全てのオブジェクトに自動的にそのことを知らされ，また，それらが更新されるように，オブジェクト間に一対多の依存関係を定義する．

別名

Dependents, Publish-Subscribe

動機

1つのシステムを協調動作するクラスの集まりに分割する際の一般的な副作用は，関連するオブジェクト間で無矛盾性を保つ必要があるということである．しかし，無矛盾にするためにクラス間の結合性を高めるようなことはしたくない．なぜならば，それはクラスの再利用性を低めるからである．

適用可能性

次のような状況で Observer パターンを使用する．

（略）

構造

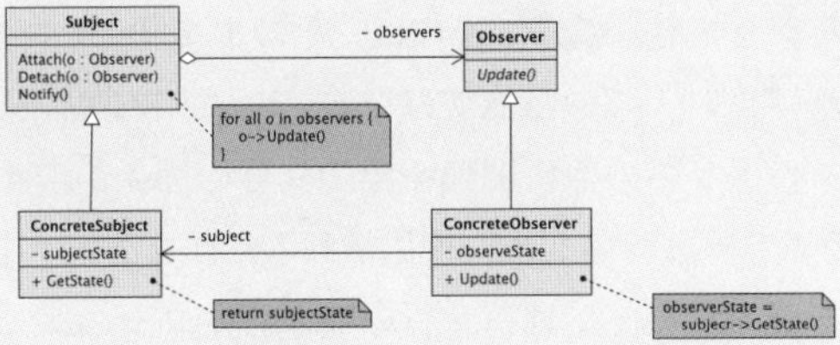

構成要素

Subject クラス，Observer クラス，ConcreteSubject クラス，ConcreteObserver クラス

協調関係

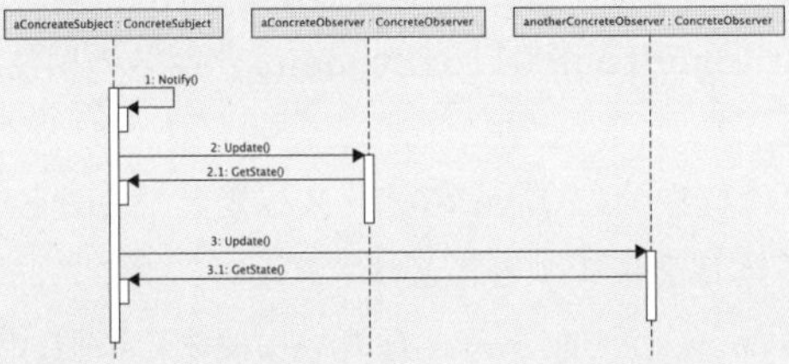

結果

Observer パターンを使うことで，Subject と Observer を独立に変更できるようになる．
Observer を再利用せずに subject を再利用することができるし，また，逆も可能である．
Observer パターンには，さらに次のような利点と欠点がある．

1. Subject クラスと Observer クラスの間の抽象的結合
2. ブロードキャスト通信のサポート
3. 不慮の更新

実装

（略）

サンプルコード

（略）

使用例

Observer パターンとして，最初の，そしておそらく最もよく知られた例は，Smalltalk 環境のユーザインタフェースフレームワークである Model/View/Controller（MVC）に現れる．

関連するパターン

Mediator パターン，Singleton パターン

引用元：オブジェクト指向における再利用のためのデザインパターン（ソフトバンククリエイティブ，1999）

図 7.5 **Observer パターン（UML ダイアグラムは筆者が作成）**

7.3 UMLモデルからのプログラム実装

UMLモデルからプログラムコードに変換する方法を紹介する．ここでは，代表的なオブジェクト指向プログラミング言語の一つであるJavaへの変換を例に取り上げる．他の言語への変換についても同様のやり方で実現できる．UMLには様々なダイアグラムがあるが，静的構造を表現するクラス図，動的な振舞いを表現するステートマシン図がプログラムコードへの変換において重要な役割を果たす．

7.3.1 クラス図からの変換

クラス図におけるクラス名，属性，操作は，そのままJavaのクラス名，属性，メソッドに置き換えればよい．この時点ではJavaメソッドの本体は空である．

クラス図には個々のクラスの他に関連や集約などの関係が定義されている．これらの情報もプログラムコードへの変換に使用される．オブジェクト指向ではオブジェクトとオブジェクトがメッセージ通信を行いながら，ユースケースの機能を実現する．クラス図において関連（集約も関連の一形態）はメッセージの通信路に相当する．したがって，プログラムコードへの変換に当たって重要なのは関連である．

図7.6は，図7.4に示したクラス図から生成したJavaプログラムである．ロール名`courseApplicationForm`が`UIforStudent`クラスの属性に変換されていることに注意して欲しい．

クラス図からはほぼ機械的にJavaのクラスへ変換することが可能である．ただし，Javaのメソッド本体を生成することはできない．クラス図の中には振舞いに関する情報が含まれていないからである．振舞いに関する情報はオブジェクトの状態遷移を表現したステートマシン図に含まれており，メソッドの本体コードはこれから生成することが可能である．振舞いモデルとしてシーケンス図しか作成していない場合は，シーケンス図からオブジェクトごとのステートマシン図を抽出しておくとよい．

7.3.2 ステートマシン図からの変換

ステートマシン図からプログラムコードへの変換は，クラス図からの変換ほどには単純ではない．ここでは，変換の方針を紹介する．

ステートマシン図における状態，イベント，状態遷移，アクションは，Javaの属性，メソッド呼出し，メソッド中での属性値の変更，メソッド本体コードに対応させるとよい．クラス図およびステートマシン図を作成する段階で，どの属性を状態変数にするか予め決めておくとソースプログラムへの変換が容易になる．一般にオ

UIforStudent.java

```java
import java.util.Collection;

public class UIforStudent{

  private CourseApplicationForm courseApplicationForm;

  public CourseApplicationForm createForm(){
        return null;
  }

  public void addCourseSubject(Subject subject){
  }

  public void deleteCourseSubject(Subject subject){
  }

  public Collection listCourseSubjects(){
        return null;
  }

  public void submitForm(CourseApplicationForm form){
  }

  public void cancel(int studentID){
  }
}
```

CourseApplicationForm.java

```java
import java.util.Collection;

public class CourseApplicationForm{

  private int studentID;
  private String studentName;
  private Collection listOfSubjects;

  public void addSubject(Subject subject){
  }

  public void deleteSubject(Subject subject){
  }

  public Collection listSubjects(){
        return null;
  }
}
```

CourseApplicationFormforGraduateStudent.java

```java
public class CourseApplicationFormforGraduateStudent
       extends CourseApplicationForm{
}
```

CourseApplicationFormforUndergraduateStudent.java

```java
public class CourseApplicationFormforUndergraduateStudent
       extends CourseApplicationForm{
}
```

図 7.6　クラス図からの **Java** への変換

ブジェクトの状態は属性群の値の組合せになるため，そのままではモデルにおける状態とプログラムコードの状態を対応づけるのは複雑になる．そのため，オブジェクトの状態を明示的に表す属性をモデル中に定義しておくと変換が楽である．また，プログラムコードの方も読みやすい．

オブジェクト指向開発を支援するツールの中には，状態遷移表（ステートマシン図と同じ情報量を持つ）からプログラムコードを生成できるものがある．この場合，適切なコードが生成できる程度に詳細な状態遷移表を作成する必要がある．

7.3.3 UML モデル詳細化に対する考え方

これまで説明してきたように，基本的に UML モデルからプログラムコードに変換すること自体は可能である．変換を自動化するツールも数多く存在する．その一方，プログラムコードに変換可能なレベルまで UML モデルを詳細化しなければならないという問題が存在する．

UML モデルをどこまで詳細化すべきかについては様々な意見がある．モデルはあくまでもソフトウェアの重要な構造までを記述すべきだという考えにしたがうなら，プログラムコードは開発者自身がUMLモデルを参照しながら作成することになる．この場合，重要な構造の決定とは，ソフトウェアアーキテクチャの決定とデザインパターンの適用ぐらいまでを指す．開発者によるソースコードの作成は半機械的であり，ここで紹介したUMLモデルからの変換方法が参考になる．

ファウラー（M. Fowler）は，UMLの使用方法を，ノート，スケッチ，設計図（blueprint），プログラミング言語の4つに分けている．ノートとしてのUMLでは，ソースコードの理解補助のためにUMLを作成するといった使い方であり，モデルの記載内容は大雑把で，UMLの表記法にも厳密にしたがっているとは限らない．スケッチとしてのUMLは，分析や設計の際にアイデアを書き留めたり，エンジニア同士でアイデアを交換したりするための使い方である．設計図としてのUMLは，重要なアーキテクチャ構造までのモデル化に止める使い方である．最後のプログラミング言語としてのUMLでは，UMLモデリングをプログラミングの一種だと考える．UMLモデルからプログラムコードへの変換はツールにより完全に自動化されるので，開発者はプログラムコードのことは一切考える必要はなく，UMLモデルのみを意識すればよいという考え方である．

UMLを，ノート，スケッチ，設計図，プログラミング言語，のいずれで使用するかはプロジェクトによりまちまちであり，どれが正解というものではない．適材適所でUMLを活用すべきであろう．なお，プログラミング言語としてのUMLの先には，次節で紹介するモデル駆動開発という考え方がある．

7.4　モデル駆動開発

7.4.1　モデルコンパイラ

前節では，UML モデルからプログラムコードへの変換方法について説明した．変換は機械的であるため，UML モデルからプログラムコードを完全に自動的に生成することも可能に思えてくる．この考え方を発展させたものとして**モデル駆動開発**（Model-Driven Development，MDD）がある．モデル駆動開発ではソフトウェア開発を上位モデルから下位モデルへの変換プロセスと考え，最終的にプログラムコードにまで変換する．モデルからプログラムコードへの変換器のことを**モデルコンパイラ**と呼ぶ．図 7.7 に，ソフトウェア開発におけるモデルコンパイラの位置づけを示す．モデルコンパイラを使用することにより，実装工程をなくすことができる．

モデル駆動開発の考え方を具現化したものとして，OMG が提唱する**モデル駆動アーキテクチャ**（Model-Driven Architecture，MDA）がある．モデル駆動アーキテクチャでは，モデルをコンピュテーション非依存モデル（Computation-Independent Model，CIM），プラットフォーム非依存モデル（Platform-Independent Model，PIM），プラットフォーム依存モデル（Platform-Specific Model，PSM）の 3 つに分け，それらをモデル変換の連鎖によりつなげる．特に重要なのは PIM から PSM への変換部分である．PIM はプラットフォーム非依存のモデルであり，ミドルウェアやアプリケーションフレームワークに関するクラスや振舞いを含まない．モデル駆動アーキテクチャでは，モデルコンパイラにより PIM をプラットフォームに関するクラスや振舞いを含む PSM に変換する．プラットフォームに関する情報およびモデル変換ルールは，PIM とは独立にモデルコンパイラに与える．モデル変換ルールを部品化することにより，様々なプラットフォームに対応可能なモデルコンパイラを提供することが可能である．

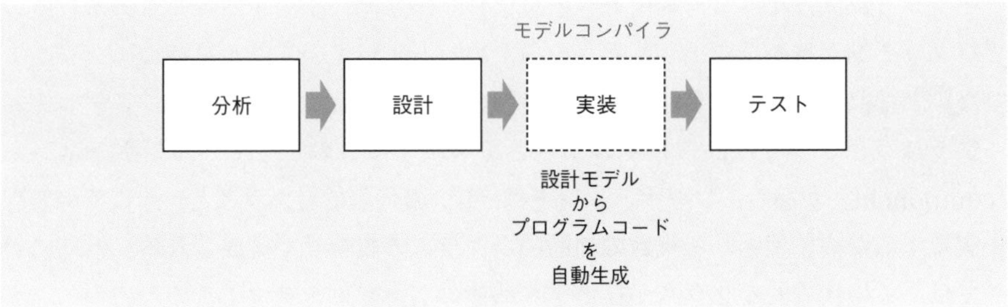

図 7.7　モデルコンパイラ

7.4.2　モデルコンパイラの構築方法

モデルコンパイラは，UMLモデル中の個々の要素に対して，ルールにしたがって変換操作を行うものである．これを行うのがモデル変換言語であり，代表的なものとして，MOF（Meta-Object Facility）/QVT（Queries/Views/Transformations）やATL（ATLAS Transformation Language）などがある．これらの言語を用いて，モデル間の変換ルール，モデルからプログラムコードへの変換ルールを定義することにより，モデルコンパイラを構築することができる．

7.5　ソフトウェア再利用

モデル駆動開発において，モデルからプログラムコードへの生成能力を高めるためには，利用できるプログラム部品を整備しておく必要がある．そうでないと，細いところまで全てをモデルとして記述しなければならなく現実的ではない．既存のプログラム部品を利用することを**ソフトウェア再利用**（software reuse）と呼ぶ．再利用と言うと不要になったものを貰ってきて使うというイメージがあるが，ソフトウェア工学では伝統的にこの用語が使用される．再利用の単位は，ソートや数学関数のような小さなものから製品レベルの大きなものまである．また，これまでに紹介したアーキテクチャパターンやデザインパターンもノウハウの再利用である．

7.5.1　クラスライブラリとコンポーネント

オブジェクト指向プログラミングにおいて**クラスライブラリ**はなくてはならない存在である．クラスライブラリが提供する部品を用いることにより，ネットワークやデータベースへのアクセスが必要なアプリケーションの開発が楽になる．

アプリケーションとクラスライブラリの関係を図7.8に示す．クラスライブラリは個々のアプリケーションから呼び出される形で利用される．ただ，一般のクラスライブラリ部品は粒度（再利用できる単位）が小さく，利用する際にもある程度のプログラミング技術を要求される．そのため，一定以上のスキルを持つエンジニアでないと部品の有効活用が難しいという問題がある．

クラスライブラリ部品の粒度の小ささを解決するものとして，**コンポーネント**（component）がある．コンポーネントは，1つの代表的なクラスと，そこでの処理を実現するために使われる複数の補助的なクラスの組合せで構成される．外部に対しては，この代表的なクラスが提供する機能の実行やカスタマイズのためのインタフェースだけが公開される．コンポーネントの粒度はクラスライブラリ部品よりも大きくなっており，より大きな単位での再利用が可能となる．

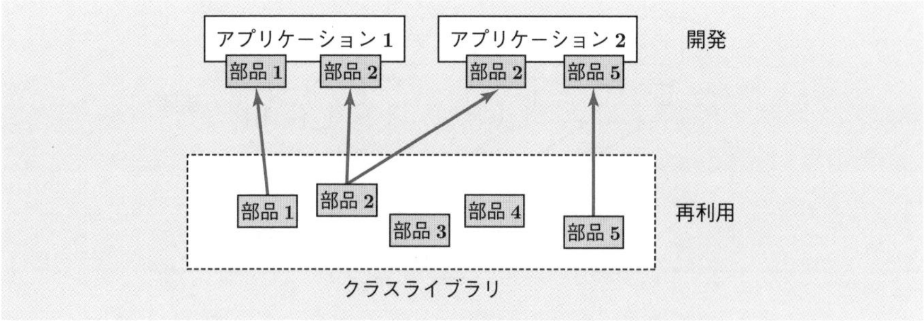

図 7.8　アプリケーションとクラスライブラリの関係

住宅の建築にたとえると，窓サッシや玄関ドアはクラスライブラリ部品に相当する．大工さんはこれらの部品を使いながら自身で住宅を建てなければならない．これに対して，コンポーネントはシステムキッチンなどに対応する．様々なキッチン部品が一揃いになっている．台所の内装作業が大幅に軽減される．

7.5.2　アプリケーションフレームワーク

アプリケーションフレームワークとは，再利用可能なアプリケーションの枠組みである．Web ではどのようなアプリケーションも同じようなプログラム構造となる．また，中核となる部分のプログラムコードはどれも似たようなものになる．そこで，アプリケーションの基本構造とその実装を再利用できるようにしたのがアプリケーションフレームワークである．Web アプリケーションの開発では，フレームワークを用いるのが一般的である．

住宅の建築にたとえると，フレームワークはプレハブ住宅に相当する．住宅の基本部分は既にあり，カスタマイズしたいところのみを変更すればよい．プレハブ住宅の建築が楽なように，フレームワークを用いたソフトウェア開発は効率的である．クラスライブラリやコンポーネントよりも再利用の単位が大きい．

アプリケーションとフレームワークの関係を図 7.9 に示す．アプリケーションの本体コードは既にフレームワーク側が提供しているので，拡張したい機能に対応するプログラムコードをフレームワークに差し込むだけでよい．フレームワークでは拡張可能な部分を公開している．これを**ホットスポット**（hot spot）と呼ぶ．それ以外の部分は**フローズンスポット**（frozen spot）と呼ばれる．

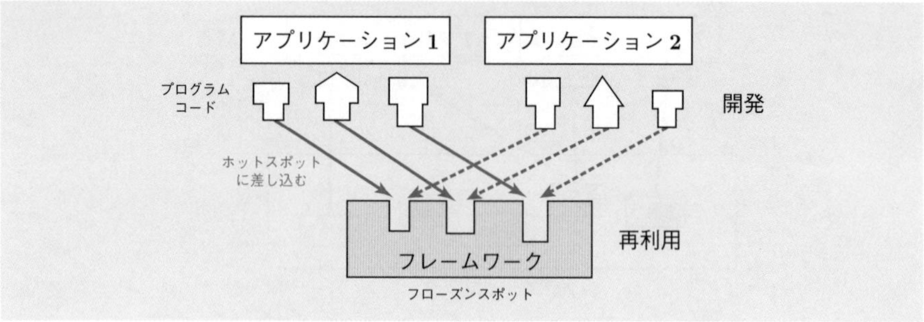

図 7.9　アプリケーションとフレームワークの関係

7.5.3　ソフトウェアプロダクトライン

メーカでは家電や自動車など製品をシリーズ展開して販売している．製品の見た目はあまり変わらないが，利用可能な機能に違いがある．上位機種には高級なオプションが多数ついているが，標準機種には通常必要となる機能しか提供されない．メーカでは，シリーズを形成する製品群のアーキテクチャを共通化し，オプションの着脱により多様な製品を出荷している．このような製品開発形態のことを製品系列（product line）と呼ぶ．英語表記のままプロダクトラインと呼ぶことも多い．この考えをソフトウェア開発に応用したものを**ソフトウェアプロダクトライン**（Software Product Line，SPL）と呼ぶ．

住宅の建築にたとえると，マンションの建設はソフトウェアプロダクトラインに相当する．マンションのブランドはシリーズ化されており，高価格帯か低価格帯かで，間取り，広さ，内装が異なる．しかし，基本的な仕様はシリーズで共通化されている．これによりマンションの設計や資材の調達にかかるコストを低減させることができる．

ソフトウェアプロダクトラインでは，製品群を構成する機能や特徴のことを**フィーチャ**（feature）と呼び，フィーチャを合成することにより個々の製品を作り出す．フィーチャは製品合成のための**ソフトウェア資産**（asset）である．

ソフトウェアプロダクトラインにおける開発プロセスは**ドメインエンジニアリング**と**アプリケーションエンジニアリング**の2つに分けられる．前者で製品ファミリのコアとなる資産群の開発を行い，後者でコア資産を合成して個々の製品の開発を行う．ドメインエンジニアリングでは，製品ファミリを構成するフィーチャとしてどのようなものが必要か，フィーチャ同士の関係はどうあるべきか，をモデル化しなければならない．モデル化したものを**フィーチャモデル**と呼ぶ．フィーチャモデルでは，図7.10に示すようにフィーチャ間の関係を木構造で表現する．フィーチャモ

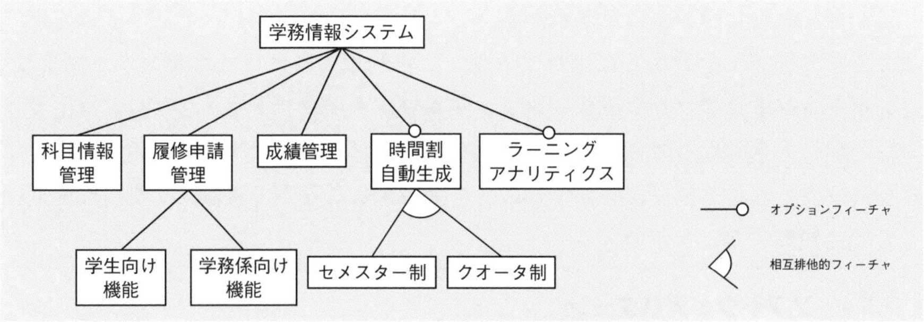

図 7.10　フィーチャモデル（学務情報システム）

デルの表記法にはいくつかの流儀があるが，ここでは **FODA**（Feature-Oriented Domain Analysis）の表記を用いている．フィーチャモデルのダイアグラムは UML の中には含まれていないが，ソフトウェアプロダクトラインでは必須のダイアグラムである．フィーチャモデリングでは，製品を構成する上で必須の共通フィーチャとオプションの可変フィーチャを適切に切り分けることが重要となる．これを**共通性・可変性分析**と呼ぶ．

学務情報システムをソフトウェアパッケージ化し，B 大学以外の大学へも販売したいとする．図 7.10 に示したのは，学務情報システムのフィーチャモデルである．科目情報管理，履修申請管理，成績管理の各フィーチャはどの大学でも必須である．一方，時間割自動生成やラーニングアナリティクス（learning analytics）は便利な機能ではあるがなくても済む．したがって，これらの機能はオプションフィーチャとすればよい．なお，時間割編成はセメスター制とクオータ制では異なる．どちらを採用するかは大学により異なるので，時間割自動生成ではどちらか一方のみをサポートする．図のフィーチャダイアグラムからは，以下の 6 種類の製品を合成することができる．

- 科目情報管理，履修申請管理，成績管理（これらを「標準機能」とする）
- 標準機能 + 時間割自動生成（セメスター制）
- 標準機能 + 時間割自動生成（クオータ制）
- 標準機能 + ラーニングアナリティクス
- 標準機能 + 時間割自動生成（セメスター制）+ ラーニングアナリティクス
- 標準機能 + 時間割自動生成（クオータ制）+ ラーニングアナリティクス

このように，ソフトウェアプロダクトラインでは，部品の粒度が大きくなっている．学務情報システムの場合，個々のサブシステム（履修申請管理サブシステムなど）が部品となっていることがわかる．

ここまで述べてきたように，ソフトウェア再利用の粒度は，クラスライブラリ，コンポーネント，アプリケーションフレームワーク，ソフトウェアプロダクトライン，と順に大きくなっている．より大きな単位でソフトウェアを再利用することにより，ソフトウェア開発に必要なコストを削減することができる．また，開発期間も大幅に短縮することができる．

7.5.4 ソフトウェアパターン

本章では，アーキテクチャパターンとデザインパターンを紹介したが，他にも分析パターン，プログラム実装時の指針を示すイディオム（コーディングスタイルなど），プロジェクトを管理するためのマネジメントパターンなどがある．また，「このようにしてはいけない」という負のノウハウを集めたアンチパターンというのもある．ソフトウェア開発関係のパターンをまとめて**ソフトウェアパターン**という．ソフトウェアパターンは部品ではないが，再利用可能なノウハウであり，これもソフトウェア再利用の範疇《はんちゅう》に含まれる．さらに，パターンを言語として共有する方法を**パターンランゲージ**（pattern language）という．パターンランゲージは元々は建築家のアレグザンダー（C. Alexander）が 1977 年に著書 *A Pattern Language* を通じて提唱したもので，それがソフトウェア開発にも導入されたという経緯がある．

住宅の建築にたとえると，建築様式がソフトウェアパターンに相当する．時代と共に，ロマネスク建築，ゴシック建築，バロック建築，ロココ建築など様々な建築様式が誕生し，その時代の建築を特徴づけている．ソフトウェアパターンの影響範囲も建築様式と同様に広い．

なぜ，ソフトウェア開発を対象として様々なパターンが提案されているのであろうか？ それは，ソフトウェア開発を成功に導くためには，過去の様々なノウハウを活用しなければならないからである．ノウハウはパターンという形でカタログ化した方が多くのエンジニアへ伝えやすい．一方，ある特定の企業や業界でのみ有用なパターンもある．これらはその企業の中で長年の開発経験を通じて蓄積されてきたものである．パターンという言葉は使わなくても，設計ノウハウ集，設計ノウハウデータベース，失敗事例集（その企業でのアンチパターン）という形で活用されている場合も少なくない．

GoF のデザインパターンが提案されたのは 1990 年代である．現在においても有用なパターンが少なくないが，一部は古くなっている．プログラミング言語やアプリケーションフレームワークの機能としてパターンに相当するものが提供されているからである（たとえば，Iterator パターンなど）．しかし，これでもって GoF のデザインパターンが不要になったわけではない．デザインパターンを知らないとプログラミング言語やアプリケーションフレームワークが提供する機能を有効に活用することはできないであろう．

ソフトウェアパターンは，ソフトウェア工学の発展の歴史の過程で蓄積されてきた貴重な開発ノウハウである．エンジニアの道具箱の中に入れる開発ノウハウは多くて困ることはない．ソフトウェアパターンはいまも発展している．たとえば，現在，機械学習ソフトウェアの開発が一般化しているが，伝統的なソフトウェア工学では網羅し切れない設計ノウハウが必要となっている．これらのノウハウは機械学習デザインパターンとして整備されている．ソフトウェア開発は日々発展しており，ソフトウェアパターンもそれに合わせて変化，発展していくべきものである．

● ル・コルビュジエの「近代建築の五原則」とパターン ●

ル・コルビュジエ（Le Corbusier）は，モダニズム建築の生みの親であり，20 世紀を代表する建築家の一人である．彼は，近代建築の五原則として，ピロティ，屋上テラス，自由な平面，水平横長の窓，自由なファサードを掲げている．日本にもル・コルビュジエが設計した作品が存在する．世界文化遺産となっている国立西洋美術館本館である．ル・コルビュジエの「近代建築の五原則」は私たちからするとパターンと呼べる存在である．事実，現代建築の多くは彼の影響を受けている．ところが，彼は著書「建築をめざして」の中で，「建築は『何々様式』とは何の関係もない」と主張している．彼の時代には，建築学においてパターンという概念はなかったが，もしも現在であれば，彼はどのように考えるであろうか？ 自らの建築スタイルがパターンと呼ばれることを承諾するであろうか？ おそらく承諾しないと筆者は思う．

パターンは本家の建築学では必ずしも主流の考え方にはならなかったが，ソフトウェア工学では重要な手法の一つとなった．建築デザインはアートの側面が強いため，パターンという独自性の低いものは建築家には受け入れられなかったのかもしれない．一方，ソフトウェアの場合，作品自体には建築と同様にアート的側面があるものの，設計や実装に関してはあまり独自性に拘らず役に立つものを積極的に導入するという文化がある．そのため，ソフトウェアエンジニアにはパターンが広く受け入れられたのだと思う．建築学もソフトウェア工学も人間を対象とする工学であるという点では同じであるが，趣向は必ずしも同じではないようである．

第7章の問題

□ **7.1** 図 7.4 から実行可能なプログラムコードを作成してみよう．プログラミング言語はオブジェクト指向言語であれば何でもよい．

□ **7.2** 自身がいままでに作成してきたプログラムをチェックし，デザインパターンが適用できる箇所がないかを調べてみよう．

第8章

ソフトウェアテスト

プログラム実装が終わりコンパイルに通るとソフトウェアがもう完成した気分になるかもしれないが，実はここからが大変である．ソフトウェアが正しく動作するか否かを確認しなければならない．この確認作業のことをテストと呼ぶ．テストは効果的に実施する必要がある．効果的とは，より少ない数のテストケースを用いて，より多くのバグを検出することである．本章では，効果的にテストを行うための手法について学ぶ．

8.1　効果的なテストとは

ソフトウェアが完成したら，それが正しく動作することを確かめなくてはならない．このことを**ソフトウェアテスト**あるいは単にテストと呼ぶ．テストを行うためには，プログラムへの入力ケースと正しい出力ケースを予め用意する必要がある．この入出力ケースのペアのことを**テストケース**あるいは**テスト項目**と呼ぶ．プログラムに予め用意した入力を与えて実行し，正しい出力が得られるとプログラムはそのテストケースに対して正しいという．もしもプログラムが思うような結果を出力しないとき，その原因を突き止め，プログラムを修正しなければならない．このような作業のことを**デバッグ**（debug）と呼ぶ．

テストはプログラムに適当に入力を与えて，出力結果が正しければよいというわけにはいかない．たとえば，整数の足し算を行うプログラムを考えてみよう．$1+1$ を入力したら 2 を出力したとする．このプログラムは正しい結果を出力したので，プログラムは正しいと考え，テストは無事終了したと判断するエンジニアを皆さんは信頼するであろうか？ 別のエンジニアが，もし，$-10+5$，$100+1000$，など負の整数や大きな整数値でプログラムの動きを確かめていたとすると，皆さんはおそらく後者のエンジニアが作成したプログラムの方が良いと思うであろう．しかし，どこまで入力のバリエーションを考えればよいのであろうか？ そもそも整数の個数は無限である．仮に計算機が扱える範囲，たとえば 64 ビットで表現可能な整数に限定したとしても，入力のバリエーションは膨大になり，全ての組合せをテストすることは不可能である．実際，コンピュータサイエンスの巨人であり構造化プログラミングの提唱者の一人でもあるダイクストラ（E. Dijkstra）は「テストは，バグが存在することを示すには非常に有効であるが，バグが存在しないことを示すことはできない」と述べている．

しかしながら，テストがプログラムの品質を向上させる最も有力な手段の一つであることには変わりはない．問題は，いかに効果的にテストを実施するかである．効果的とは，より少ない数のテストケースを用いて，より多くのバグを検出することである．

本章では，代表的なテスト手法，効果的なテストケースの作成方法について説明する．

● なぜプログラムの不具合のことをバグと呼ぶ？ ●

デバッグは日本語で言うと虫取りである．なぜ，プログラムの不具合のことをバグ（虫）と呼ぶのであろうか？ このバグという言葉に関連深い人物がホッパー（G. B. M. Hopper）である．彼女は米国海軍の軍人でプログラミング言語 COBOL の母（開発者）としても知られる．彼女がハーバード Mark I の後継機 Mark II のプログラマをしていた頃，Mark II が故障するという出来事があった．Mark II の電子回路の中に蛾（虫）が潜んでいたのが原因だった．彼女はその蛾を作業日誌に貼りつけるとともに「First actual case of bug being found」と日誌に記載し，このことを好んで語ったため，その後もプログラムの不具合のことをバグと呼ぶ慣習が生まれたとされる．

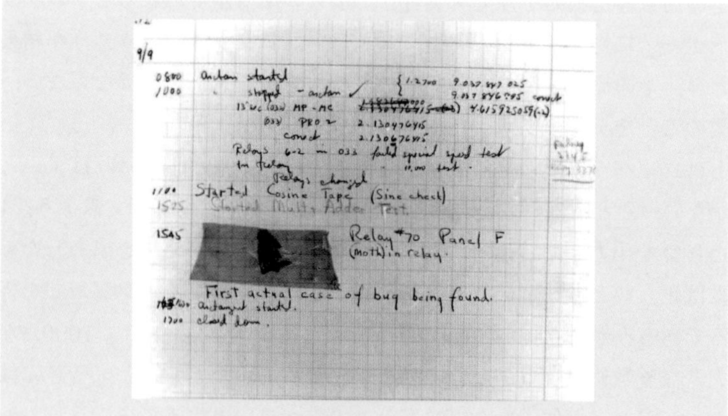

図 8.1　作業日誌に貼られた蛾

8.2　要求仕様テスト

8.2.1　機能要求と非機能要求のテスト

開発するソフトウェアでまず最初に確認しなければならないのは，そのソフトウェアが要求仕様を満たしているか否かである．これを確認するためのテストのことを**要求仕様テスト**と呼ぶ．第5章で，ソフトウェアの要求には機能要求と非機能要求があることを学んだが，要求仕様テストにおいてもこれに対応してソフトウェアの動作確認を行う必要がある．機能要求に対応するテストのことを**機能テスト**と呼ぶ．それでは非機能要求に対するテストのことをどのように呼ぶのであろうか？ 非機能テストと呼びたいところであるが，あまりこの用語は使用しない．非機能要求は，性能要求，ユーザビリティ要求など様々な要求の集合体である．そのため，**性能テスト**，ユーザビリティテストなど，個々の非機能要求に対応した形で呼ばれる．

8.2.2　要求仕様テストの種類

表8.1に主な要求仕様テストの種類を示す．

機能テストはどのようなソフトウェアを開発する場合でも必ず必要となる．一方，開発するソフトウェアの種類により，求められる非機能要求は異なる．たとえば，コンパイラを考えてみよう．コンパイル速度は重要なので性能要求についてはテストする必要があるが，ユーザインタフェースについてはコマンドラインがベースなのでユーザビリティテストはあまり重要ではない．しかし，コンパイラを含む統合開発環境という視点で考えると，コンパイラと言えどもユーザビリティテストは重要となる．このようにどのような非機能要求をテストすべきかは，要求仕様の内容に依存する．

表8.1　要求仕様テスト

名称	概要
機能テスト	ソフトウェアが提供すべき機能が全て実現されているかをテストする．
ユーザビリティテスト	ソフトウェアが使いやすいか否かをテストする．
性能テスト	ソフトウェアの処理速度や応答速度が十分か否かをテストする．
負荷テスト	ソフトウェアに負荷（ネットワークアクセス，データベースへのアクセスなど）をかけても耐えることができるか否かをテストする．性能テストの特別な場合．
脆弱性《ぜいじゃくせい》テスト	ソフトウェアにセキュリティや安全性に関わる脆弱性が存在しないか否かをテストする．

8.3 ブラックボックステストとホワイトボックステスト

機能テストは，開発したソフトウェアがきちんと満遍なく機能要求を満たしているか否かを確認するものであるが，一体どのようにすればこれを確かめることができるであろうか？ 機能とは，ある入力に対して要求仕様を満たす出力を行う関数と捉えることができる．この入力と出力の組がテストケースになる．機能テストは，ブラックボックステストとホワイトボックステストの2種類に大きく分けられる．

8.3.1 ブラックボックステスト

ソフトウェアの中身がどのようにプログラムとして実現されているかについて一切関知せずにテストケースが満たされるかどうかを確認する方法を**ブラックボックステスト**（black box test）と呼ぶ．すなわち，プログラムの中身をブラックボックスとして，テストケースで指定された入力をプログラムに与え，その出力結果が正しいかどうかを確認する方法である．

8.3.2 ホワイトボックステスト

ホワイトボックステスト（white box test）とは，プログラムの中身，すなわちプログラムの制御構造に沿ってテストを行う方法である．たとえば，ある条件式は真となるか，プログラムの制御フローは正しいか，を調べる．

ソフトウェアの正しさを調べるのにどうして，ブラックボックステスト以外にホワイトボックステストを行わなければならないのであろうか？ 要求仕様通りにプログラムが動作することを確かめるだけではなぜ不十分なのであろうか？ 実は「要求仕様通り」というのが実際のソフトウェア開発では難しいのである．要求仕様を網羅するテストケースを全て記述するのは現実には不可能である．本章の冒頭で整数の足し算の全てのケースを網羅することは難しいと述べた．より切実な場合として，利用者が滅多に行わない入力の組合せをした場合を本当にテストケースとして抽出できるかという問題もある．個々の条件のみをチェックするテストケースを作成し，実行確認を行えば通常の顧客業務には支障はないかもしれない．しかし，滅多にないとはいえ，条件が複雑に絡み合う状況が現実に発生し，それがテストケースをすり抜けていたとするとどうなるであろうか？ 最悪の場合，人命に損傷を与えたり，企業の経営に大きなダメージをおよぼす可能性がある．実際，メディアで報道されるような大きなシステムトラブルの多くはこのようなテストケースの抜けに起因することが大半である．ホワイトボックステストは，このようなブラックボックステストの不十分さを補完する．

8.3.3 テスト網羅率

ホワイトボックステストでは，プログラムの構造に基づいてテストケースを考える．プログラムには，条件判定文，繰返し文などが含まれ，ある条件が成立するか否かによりプログラムの実行経路が変化する．全ての実行経路を調べれば，プログラムが条件判定の複雑な組合せをすり抜けないか，例外が発生した際には適切な復帰処理を行っているか，などを確かめることができる．とは言え，全ての実行経路をテストすることは，現実的にはスケジュールやコストの面で難しい．そこで，生まれたアイデアが**テスト網羅率**（test coverage）である．カタカナ表記で**テストカバレージ**と呼ぶ場合も多い．網羅率とは，どれくらいの実行経路をテストが通過したかを表す指標である．

表 8.2 に代表的なテスト網羅率を示す．この中でも一般的によく使用されるのが**C1 網羅率**である．実際の開発現場では，たとえば，ブラックボックステストのテスト実施率（= 実施したテストケース数 ÷ 全テストケース数 × 100）が 100%，ホワイトボックステストの C1 網羅率が 70%などの指標を用いて，テスト実施計画を立てる．この数値は，開発ソフトウェアの種類（ビジネスアプリケーションやシステムソフトウェアなどの区分）や開発組織により異なる．

表 8.2 代表的なテスト網羅率

名称	概要
C0	命令網羅率（statement coverage）．テスト時に全ての命令ステートメントを実行した場合に網羅率が 100%となる．
C1	分岐網羅率（branch coverage）．テスト時に条件分岐の全ての組合せを実行した場合に網羅率が 100%となる．
C2	条件網羅率（condition coverage）．テスト時に条件分岐内の全て条件結果を通過した場合に網羅率が 100%となる．条件式内の論理積（AND）や論理和（OR）を考慮する点が C1 網羅率と異なる．
MC/DC	改良条件判定網羅率（modified condition / decision coverage）．3 つの条件，1) 全ての条件式が少なくとも 1 回は可能な結果を得ている，2) 条件式に含まれる各条件が少なくとも 1 回は全ての可能な結果を得ている，3) 条件式に含まれる各条件が単独でその条件式の結果を左右する，を満たす場合に網羅率が 100%となる．

8.3.4 Concolic テスト

テスト網羅率を向上させつつホワイトボックステストを自動化する手法として，セン（K. Sen）らが提案した **Concolic テスト**がある．Concolic テストでは，具体的なテスト入力値（concrete value）を用いた動的実行（通常のテスト）と**シンボリック実行**（symbolic execution）を組み合わせる．Concolic とは concrete と

symbolic の造語である．ここで，シンボリック実行とは，変数をシンボルとして扱うと共にそれに対する代入や参照を解析することにより，条件を満たす入力値を求めるプログラム解析技術である．

いま，ある関数のテストを行うとする．Concolic テストは以下のような手順で行う．

(1) 関数への入力パラメタをシンボルに置き換え，それに任意の具体的な初期値をアサインする．
(2) プログラムを動的に実行する．
(3) あるパスを通過してプログラムが終了した場合，その際のシンボル間の制約条件を求める．たとえば，if $(x_0 == y_0)$ が true となり，if 文のブロックを通過した場合の制約条件は $x_0 = y_0$ となる．
(4) 別のパスを通過するようなシンボルの値の組合せをシンボリック実行により求める．(3) の制約条件を否定した条件，すなわち，残されたパスを通過するための制約条件を求める．上記の例の場合は，$x_0 \neq y_0$ となる．次にこの制約条件を満たすシンボル値の組合せをシンボリック実行により求める．具体的には充足可能性（Satisfiability，SAT）問題を解くことにより，シンボル値の組合せを求める．
(5) (2) に戻り，プログラムを再度実行する．これを全パスを網羅するまで続ける．

● ソフトウェアテストの事件簿 ●

ソフトウェアテストの重要性と難しさを象徴的に語る事件が 2005 年に起きた．みずほ証券による巨額誤発注事件である．みずほ証券の担当者が「61 万円で 1 株」と注文すべきところを「1 円で 61 万株」と誤発注してしまったのである．担当者の操作ミスなのでソフトウェアを開発した側には責任はないように思えるが，事はそう単純ではなかった．実は東京証券取引所のシステム不具合が原因だった．全ての利用シナリオを網羅的にテストしなければならないと言うのは理解できるが，滅多に起きない事象，起きるかどうかさえ事前に把握できない事象，を考慮するのは現実的には難しい場合が多い．その一方で，世の中のシステム障害の多くが，このような事象に対するチェック漏れが原因で生じているというのも事実である．ソフトウェアの開発は本当に難しい．

8.4 開発プロセスから見たソフトウェアテスト

いままで，機能テスト，性能テスト，ユーザビリティテストなどの要求仕様テスト，機能テストを実施するためのブラックボックステストとホワイトボックステストについて述べてきた．ところで，これらのテストはどのような順番で実施すればよいのであろうか？ これらのテストはバラバラに存在するわけではなく，体系的に実施してゆく必要がある．ここでは，ソフトウェア開発プロセスの観点からテストについて説明する．開発プロセスから見た場合，テストには，単体テスト，結合テスト，システムテストなどがある．

8.4.1 単体テスト

単体テストとは，モジュール（関数，手続き，クラスなど）ごとに実施するテストである．単体テストでは，各モジュールが正しく動作するのかを確かめるために機能テストを実施する．前節で述べたように，機能テストとして，モジュールの入出力のみに着目したブラックボックステストと実行経路を考慮したホワイトボックステストを行う．しかしながら，一般的にモジュール単体では実行できない．該当するモジュールが正しく動作するかどうか確認するためには，図 8.2 に示すように，そのモジュールを呼び出すモジュール（**ドライバ**（driver）と呼ぶ）とそのモジュールが呼び出すモジュール（**スタブ**（stub）と呼ぶ）を用意して，そのモジュールを実行可能にする必要がある．ドライバやスタブを自動生成するツールは数多く存在する．

8.4.2 結合テスト

単体テストにより各モジュールが正しいと確かめられたら，次に全てのモジュールを結合したものが本当に正しく動作するかをテストする．これを**結合テスト**と呼ぶ．結合テストでも機能テストを行うが，基本的にブラックボックステストのみを行う．なお，この場合の機能は，モジュールを結合をした最終的なソフトウェアに

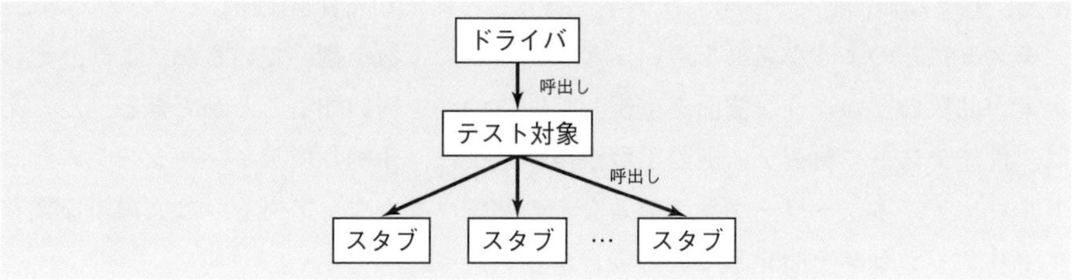

図 8.2 ドライバとスタブ

対する入出力である．

8.4.3 システムテスト

結合テストにより，ソフトウェアの機能が正しく動作することを確かめた後に，システムテストにより，実際の利用環境において，予定した性能が出るのか，使い勝手は利用者が満足するレベルになっているのかを確かめるために性能テスト，負荷テスト，ユーザビリティテストなどを実施する．

8.4.4 リグレッションテスト

全テストケースが1回のテストで全て合格になれば素晴らしいが，そのようなケースは極めてまれである．実際にはテストでバグが見つかることが多い．バグが見つかればプログラムを修正しなければならない．その際，バグの原因となったプログラムの箇所のみを適切に修正し，その他の箇所に悪い影響を与えないように注意しなければならない．ただ，いくら気をつけても，実際には1つのバグを直すと別のバグの混入を誘引する可能性がある．すなわち，いままで合格となっていたテストケースが，あるバグの修正により不合格になる可能性がある．このような状況を排除するためには，全テストケースを再テストする必要がある．このことを**リグレッションテスト**（regression test）または**回帰テスト**と呼ぶ．ソフトウェアの品質が後戻りしていないかどうかを確認するためのテストである．

8.4.5 テストの種類が多い理由

典型的な開発プロセスに沿ってテストの手順を述べたが，実際には企業や開発部署ごとにテストの名称が異なったりする．また，システムテストの後に，客先での受け入れテストが行われる場合もある．

ここまで様々なテストを紹介してきたが，皆さんの中には，その種類の多さに驚かれた方もいるかもしれない．どうしてテストにはこれほど色々なものがあるのであろうか？ それは，現実のソフトウェア開発では，品質の最後の砦となるのがテストだからである．様々な側面から念入りにテストを行うことにより品質を保証しているのである．

テストにどのような名称を用い，どれくらいの工数を割いているかにより，その企業が品質のどのような側面を重視しているのかを伺い知ることができる．たとえば，性能テストや負荷テストの工数が多い企業は，オペレーティングシステム，ミドルウェア，ネットワークシステムなどの基盤ソフトウェアあるいは大規模な業務アプリケーションを開発している場合が多い．

8.5　効果的なテスト仕様の作成

高品質なソフトウェアを開発するためには念入りなテストが必要であるが，だからと言って無制限にテストを続けることはできない．ソフトウェア開発には必ず納期があるし，コストも制限されている．機能テスト 1 つとっても，あらゆる場合を網羅しようとするとテストケース数は無限になってしまう（整数同士の足し算のテストのことを思い出して欲しい）．したがって，テストケースの総数を効率的に減らす一方で，品質に重要な影響を与える機能については逆にテストケース数を増やし念入りにテストを行う必要がある．両者のトレードオフをどうとるかがテストを効果的に実施する上で重要となる．

8.5.1　質の高いテスト仕様とは

テストケースは闇雲に挙げるものではない．整数の足し算を例に，表 8.3 と表 8.4 に示す 2 つのテスト仕様を考えてみよう．

テスト仕様 A とテスト仕様 B を見比べてみよう．どちらのテスト仕様の方が質が高いであろうか？ テストの質が良いとは，より多くのバグが検出できることを言う．まずテストケースの項目数に着目する．テスト仕様 A の項目数は 3 であり，一方のテスト仕様 B の項目数は 8 である．項目数だけを見るとテスト仕様 B の方が良さそ

表 8.3　テスト仕様 A

No.	入力	出力	テスト内容
A-1	$1+2$	3	1 桁の正の整数同士の足し算
A-2	$15+23$	38	2 桁の正の整数同士の足し算
A-3	$135+24$	159	3 桁の正の整数と 2 桁の正の整数の足し算

表 8.4　テスト仕様 B

No.	入力	出力	テスト内容
B-1	$1+2$	3	正の整数同士の足し算
B-2	$1+0$	1	正の整数と 0 の足し算
B-3	$(-1)+(-2)$	-3	負の整数同士の足し算
B-4	$(-1)+0$	-1	負の整数と 0 の足し算
B-5	$0+0$	0	0 と 0 の足し算
B-6	$5+(-2)$	3	正の整数と負の整数の足し算で結果が正の整数の場合
B-7	$2+(-5)$	-3	正の整数と負の整数の足し算で結果が負の整数の場合
B-8	$1+(-1)$	0	正の整数と負の整数の足し算で結果が 0 の場合

うである．テスト仕様Aと比較して2倍以上の項目数である．実際，企業の開発現場ではテストケースの項目数がテストの質を測る上での重要な指標の一つになっている．特に，プログラムコード行数当たりの項目数（例：項目数/1,000ステップ）はよく使用される．この背景には，テストケースの項目数が多ければ，より多くのバグが検出できる可能性が高くなるという考えがある．しかし，項目数が多ければ，本当にそれが良いテスト仕様であるとは限らない．もし，テスト仕様Aにおいて，順に桁数を4桁，5桁と増やしてゆき9桁までのテストケースを作成したとしよう．この場合の項目数は9となり，テスト仕様Bの項目数よりも多くなるが，本当にテスト仕様Aはテスト仕様Bよりも優れていると言えるであろうか？ 同じようなテストケースをいくら増やしてもテストの質は良くならない．桁数に重要な意味がなければと言う前提で考えれば，テスト仕様Aには実質的に1つしかテストケースがない．バグの検出能力と言う観点では，全てのテストケースは同じ能力しか持たない．代表として，テストケースA-1の1＋2が1つあれば十分である．その他のテストケースはなくてもよい．これに対して，テスト仕様Bは整数の足し算が兼ね備えるべき観点の多くを網羅している．それぞれのテストケースがそれぞれの観点を代表している．

ソフトウェアの持つ様々な側面を網羅するのが良いテスト仕様なのである．しかし，様々な側面をどうやって網羅してゆけばよいのであろうか？ 以降，代表的な手法を紹介する．

8.5.2 同値分割

ソフトウェアの動作が同じと見なせる入力集合のことを**同値クラス**（equivalence class），同値クラスに分けることを**同値分割**（equivalence partitioning）という．出力が正常な同値クラスを**有効同値クラス**，エラーとなる同値クラスを**無効同値クラス**という．たとえば，「正の整数同士の足し算」の出力は全て正の整数になるので，その入力集合は同値クラスとなる．表8.3のテスト仕様Aにはテストケースが3つあるが，どれも「正の整数同士の足し算」であり，一つの同値クラスに属する．同値クラスに属するテストケース群からはどれか1つを代表として選べば十分である．テスト仕様Aでは，たとえば，A-1を代表として選択すればよい．元々は3つのテストケースがあったが，代表の1つに削減できる．しかもテスト仕様Aのバグ検出能力は削減前と変わらない．

テスト仕様Bの方は表8.4を見てわかるように，テスト仕様Aと比較してより多くの同値クラスに分割されている．整数は，正の整数，0，負の整数，の3つに分けることができる．したがって，2つの整数の足し算の同値クラスは，(正の整数,正の整数)，(正の整数, 0)，(負の整数, 負の整数)，(負の整数, 0)，(0, 0)，(正の整数, 負の整数) となる．ただし，(正の整数, 負の整数) の場合は足し算の出力が正の整数，負の整数および 0 のときがあるので 3 つに分ける必要がある．このように整数の足し算のテストケースは合計 8 つの同値クラスに分割できる．各同値クラスには代表が 1 つのみであり，無駄のないことがわかる．同値クラスを強く意識することにより，無駄がなくかつ網羅的なテスト仕様を作成することが可能となる．

テスト仕様を作成する際，同値クラスはどのように決めたらよいであろうか？ これは難しい問題であるが，一つの方法として，ユースケースごとに作成することが考えられる．もう一度，表 8.4 を眺めて欲しい．整数同士の足し算に関するユースケースになっていることがわかるであろう．この表における具体的な入力と計算結果である出力がこのユースケースに当たる．しかしながら，要求獲得段階でこのような具体的なユースケースに落とすことができればよいが，現実的には，この段階で全てを見通すことは難しい．また，抽象化の観点からすると，要求獲得段階であまりに細々としたユースケースを抽出するのは好ましくない．逆に，テストの観点では，細々としたユースケースが必要となる．理想と現実の間にはギャップがあり，プログラムを実際に作成して見つかるユースケースも存在する．適切な同値分割を行う方法の一つとして，まずは要求獲得段階で抽出したユースケースごとに同値クラスを作成し，その後，分析，設計，実装時に気づいたユースケースを追加していくことが考えられる．

同値分割を行う際に気をつけなければならないのは，境界値のテストケースも忘れずに抽出しなければならない点である．このことを**境界値分析**（boundary value analysis）という．境界値のテストケースは同値類の縁に存在する．いま，配列 $a[0], a[1], \ldots, a[n]$ に対する演算を考えてみよう．この場合の境界は配列の添字が 0 のときと n のときである．すなわち，$a[0]$, $a[n]$ を含むテストケースを考えなければならない．通常，$a[n-1]$ や $a[n+1]$ など境界の周辺もテストケースに含める．繰返し終了などの条件判定に誤りがあると，これらのテストケースでテストが失敗する．境界あたりではバグが発生する可能性が高いのが経験的に知られており，境界値分析はエンジニアが意識して行う必要がある．配列に関するバグを修正する際に，$n-1$, n, $n+1$ のうちどれが正しいかで悩んだ経験のあるエンジニアは多いであろう．なお，境界値分析を行う際は，有効同値クラスだけでなく，$n+1$ の場合のようにエラーとなる無効同値クラスについても考慮する必要がある．テスト仕様 B における 0 を含む足し算も，正の整数，負の整数に対する境界値と見なすことができる．

● できるプログラマはテスト仕様の質が良い ●

できるプログラマと言うと皆さんはどのような人を思い浮かべるであろうか？ バリバリとひたすらにプログラムコードを書いている姿が似合う人を想像するかもしれない．しかし，ソフトウェア開発はプログラミングだけで成り立っているわけではない．質の良いテストを行えないプログラマはエンジニアとして失格である．筆者が企業にいた頃の経験では，できるプログラマほどテスト仕様の質が高い．テスト仕様の質の高さは，設計の良さ（適切なソフトウェアアーキテクチャとモジュール構造）やプログラムコードの見やすさとも相関が高い．これは，できるプログラマには物事を構造的かつ網羅的に考えることができる能力が備わっているからだと考えられる．ある人ができるプログラマかどうか調べたいなら（経営者や管理者にとっては切実なこと），その人が書いたテスト仕様をチェックするのが一番良い．

8.5.3 例外テスト

同値分割ではユースケースごとに同値クラスを抽出するとよいと述べた．ここで，ユースケースには基本フローと例外フローがあることを思い出して欲しい．例外フローが適切に処理されることを確かめるテストのことを**例外テスト**と呼ぶ．厳しい品質基準が求められるシステムソフトウェアや組込みソフトウェアの開発では，全テストケース中の70%から80%は例外テストで占められる．いかに例外フローを抽出するかはエンジニアの腕の見せどころである．また，例外フローの多くは実装段階で見つかることも多い．実装という行為により例外条件が具体化されるからである．

どのような例外フローがあり得るのかを考える際に有効な方法として，FTA，FMEA，HAZOPなどがある．FTAとFMEAは元々ハードウェアの故障を分析するための方法，HAZOPは化学プラントにおけるリスク評価手法であるが，考え方はソフトウェアへも応用可能である．本来であればソフトウェア分析，ソフトウェア設計の章で取り上げる内容であるが，テストケースを考える上で特に重要なのでここで取り上げることにする．

FTA

FTA（Fault Tree Analysis）とは故障木解析であり，発生が好ましくない故障を取り上げ，それを木のルートに据え，その発生経路，発生原因および発生確率を木を展開しながら解析するトップダウン的手法である．たとえば，開発中のソフトウェアを実行している途中でスタックオーバーフローになってしまったとする．これをルートに木構造に沿って原因を解析してゆくと，あるモジュールのパラメタの指定範囲に誤りがあったとしよう．この場合は，パラメタ指定が正しいかどうかを確認するテストケースを追加する必要がある．ただ，設計時や初期のテスト仕様作成時にどのようなケースでスタックオーバーフローになるのかを考慮することは容易ではない．過去に同種のトラブルに見舞われた場合は予めテストケースとして挙げることは可能であるが，それ以外の場合は現実的には難しい．

例外テストを充実させるためには，バグが出たときにFTAにしたがって原因を突き止め，それをテストケースに追加すると共に今後の開発のノウハウとして活かしてゆくことが大切である．バグを修正したらバグが直ったかどうかをテストするだけでなく，修正箇所以外に悪影響がおよんでいないかをリグレッションテストにより確認しなければならない．その際，リグレッションテストのテストケースにもFTA分析の結果を反映させるべきである．そうすれば，それ以降，バグの原因となった箇所を常にテストすることが可能となる．また，ソフトウェアのバージョンアップで再テストしなければならなくなった場合にも，このテストケースは有用である．

一度，失敗したことを分析し次の開発に役立てることを**失敗学**という．FTAはこの失敗学に役立つ．ある企業が高品質なソフトウェアを開発し続けるためには，失敗事例を効果的に収集し，会社の資産として有効活用してゆく必要がある．テストケースは品質確保のための貴重な資産である．

FMEA

FMEA（Failure Mode and Effect Analysis）は，設計の潜在的な欠点をボトムアップ的に発見するための分析手法である．システムの構成要素がどのような故障を起こす可能性があるか（故障モードという）を調べ，もし実際に故障した際にそれが上位の設計にどう影響するかを分析する．たとえば，ネットワークシステムを開発しているとしよう．断線という故障モードが発生した場合，これはソフトウェア側の制御にも影響をおよぼす．データ送信中であれば，それをアプリケーションプログラムに伝えると共に，適切な後始末をしなければならない．システムソフトウェアや組込みシステムを開発する場合，ハードウェアの故障はソフトウェアの設計やテストにも大きな影響を与えるのである．FMEAは設計時やテスト仕様作成時に活用可能であり，ソフトウェアの動作に影響する可能性がある事象をテストケースとして抽出するのに有用である．

HAZOP

HAZOP（HAZard and OPerability study）は，潜在的なハザード（危険要因）の特定に抜けや漏れがないように**ガイドワード**（guide word）を用いてリスクを分析する．ガイドワードとして，no，reverse，other than，more，less，as well as，part of，early，late，before，after がある．たとえば，ある入力量が想定よりも大きく（more）なったらどうなるか，という風に分析を行う．ガイドワードは非常にわかりやすく，例外フローを抽出する際のヒントを与えてくれる．

なお，ガイドワードは，レブソン（N. G. Leveson）が提唱する安全性解析手法 **STAMP/STPA**（Systems-Theoretic Accident Model and Processes/System-Theoretic Process Analysis）でも用いられる．FTA や FMEA がハードウェア機器などコンポーネントレベルの故障に着目するのに対し，STAMP/STPA はシステム理論に基づき，コンポーネント間の相互作用というシステムレベルのハザードに着目する．

● ソフトウェアテストとハードウェア ●

一般的なアプリケーションを開発している場合はハードウェアのことをあまり意識しなくてもよい．ネットワークにデータを送出したい場合は，通信用の API（Application Programming Interface）を呼び出せば大抵の場合は事足りる．オペレーティングシステムやデバイスドライバがハードウェア制御の難しい部分を隠してくれるからである．しかし，オペレーティングシステムやデバイスドライバもソフトウェアであり，これらの開発を担当するエンジニアは当然のことながらテストを行わなければならない．筆者は，電機メーカに勤めていた頃，ネットワーク機器のデバイスドライバを開発したことがあり，例外テストでは随分苦労した．たとえば，ネットワークのプロトコルを意識した上で，プログラムを実行している途中で意図的にネットワークケーブルを外し，プログラムがちゃんと例外処理を行うかを調べたりした．このような例外テストを網羅的に行うのは結構難しい．通常のアプリケーション開発では得られない良い経験をしたと思っている．

8.5.4 ミューテーションテスト

これまで，テストケースをどのように抽出したらよいかについて説明してきた．同値クラスを意識してソフトウェア機能を満遍なくテストケースとして抽出し，その上で境界値や例外条件をも考慮すべきだと述べた．しかし，いくらエンジニアが一所懸命テストケースを抽出したとしても，あらゆるケースを全て網羅することはエンジニアの能力の限界を超えることであるだけでなく，そもそもコストの面でも無理がある．バグ検出能力に優れるテストケースのみを抽出し，それでテストしたい．

バグ検出能力とは何かについて簡単な例で考えてみよう．いま，以下のようなプログラムがあったとしよう．

```
if ( x > y - 1 ) return x;
else             return y;
```

表 8.5 はこのプログラムの正しさを確認するためのテスト仕様である．ここではテスト仕様 C と呼ぶことにする．テストケース C-1，C-2 は，それぞれ if 文の条件式が true，false になる場合を確認する．テスト仕様 C は C1 網羅率が 100%となり，これまで紹介したテスト仕様としては優れたものと見なすことが可能である．

エンジニアは要求仕様に基づいて正しいコードを書くべきであるが，実際にはコーディングミスを犯すことは多々ある．たとえば，上記のプログラムの作成中に，$y-1$ の箇所を誤って以下のように $y+1$ と入力した場合を考えて欲しい．

```
if ( x > y + 1 ) return x;
else             return y;
```

この場合，テストケース C-1 も C-2 も通過してしまう．テスト仕様 C では残念ながらこのバグを検出することができない．

ここで表 8.6 に示すテスト仕様 C' を考えてみよう．これはテスト仕様 C に対してテストケース C-3 を追加したものである．C-3 は $y-1$ のときはテストを通過するが，$y+1$ と書き誤った場合にはテストが失敗する．すなわち，テスト仕様 C' は上記のコーディングミスを見逃さない．したがって，テスト仕様 C' の方がテスト仕様 C よりもバグ検出能力が高い．

ここで述べたことを手法化したものが**ミューテーションテスト**（mutation test）である．ミューテーションとは，テスト対象プログラムの一部を機械的に書き換え

表 8.5　**テスト仕様 C**

No.	入力	出力	テスト内容
C-1	x:3 y:1	3	if 文の条件式が true になる場合
C-2	x:3 y:5	5	if 文の条件式が false になる場合

表 8.6　**テスト仕様 C'（テスト仕様 C ＋ テストケース C-3）**

No.	入力	出力	テスト内容
C-3	x:3 y:3	3	if 文の条件式が true になる場合

(**ミューテーション操作**と呼ぶ)，人工的にバグを含むプログラム（**ミュータント**と呼ぶ）を生成する方法である．あるテスト仕様がミュータントのバグが検知できた場合，「そのテスト仕様はミュータントを kill する」と言う．上記の例では，テスト仕様 C はミュータント $y+1$ を kill できなかったが，テスト仕様 C' は kill できた．ミューテーション操作には，上記の例のように，$-$ 演算子を $+$ 演算子に変更するなど様々なものがある．ミューテーション操作は機械的に実行できるので，ミュータントを自動生成するツールを開発することは比較的容易である．バグ検出能力を測る指標としては，以下の**ミューテーションスコア**がある．

$$\text{ミューテーションスコア} = \frac{\text{kill できたミュータント数}}{\text{生成されたミュータント数}}$$

8.5.5 ペアワイズテスト

世の中で活用されているソフトウェアの多くは様々な機能を持っている．それぞれの機能が単独で使用されるのであれば機能の数だけテストをすれば済むが，通常はそうはいかない．機能の中には組合せて使用されることも多く，単純に考えると可能な組合せを全て網羅するテストケースを用意しなければならない．しかし，そうするとテストケースの項目数が爆発的に増えてしまい，コストや納期の面で現実的ではないことが多い．現実的な項目数に削減しつつ，効果的なテスト仕様にすることを考えなければならない．そのための手法の一つが**ペアワイズテスト**（pairwise test）である．

いま，あるソフトウェアに，X，Y，Z の機能があるとしよう．さらに，X は X1 と X2，Y は Y1 と Y2，Z は Z1 と Z2 のサブ機能を持つとしよう．この場合の組合せは 8（$= 2 \times 2 \times 2$）通りあり，全てを網羅するのであれば，テストケースを 8 個用意しなければならない．8 個であれば大した数ではないが，仮に個々の機能が 10 のサブ機能を持つとすると 1,000 個のテストケースを用意しなければならなく，現実的とは言い難くなる．ペアワイズテストでは，組合せのペアのみを網羅するようにテストケースの項目数を絞る．上記の例では，X=(X1, X2) と Y=(Y1,Y2)，X=(X1, X2) と Z=(Z1,Z2)，Y=(Y1,Y2) と Z=(Z1,Z2) のペアのみを考えれば済む．**表** 8.7 に示すように 4 個のテストケースで済む．まず 1 カラム目と 2 カラム目に注目して欲しい．X=(X1, X2) と Y=(Y1,Y2) の組合せを網羅していることがわかる．同様に，1 カラム目と 3 カラム目に注目すると X=(X1, X2) と Z=(Z1,Z2) の組合せを，2 カラム目と 3 カラム目に注目すると Y=(Y1,Y2) と Z=(Z1,Z2) の組合せをそれぞれ網羅していることがわかる．

表 8.7 ペアワイズテストによる組合せ

No.	X	Y	Z
P-1	X1	Y1	Z1
P-2	X1	Y2	Z2
P-3	X2	Y1	Z2
P-4	X2	Y2	Z1

ペアワイズによりペアの網羅率は100%にすることができるが，全ての組合せを網羅しているわけではないので，テストケース漏れによりバグの発見ができなくなる可能性は残る．しかしながら，ペアの網羅率を基準にすると，妥当なコストで現実的なバグ検出能力を持つテストを実施できることが経験的に知られており，多くの開発現場で活用されている．なお，ペアワイズを一般化した **N-wise** があるが，現実に活用されているのは $N = 2$ のときが多い．

● 良いテスト仕様の作り方——現場の知恵 ●

テスト仕様の質を向上させることはソフトウェア品質を高める上で非常に重要である．ここでは，ある開発現場での工夫を紹介する．まず要求獲得段階において，抽出したユースケースを基にテスト仕様書を作成する．この段階のテスト仕様は利用者から見てソフトウェアがどのように機能するのかを確認するレベルである．プログラム実装が終わると，C1 網羅率が 70%になるように新たなテストケースを先ほどのテスト仕様に追加する．このテスト仕様には，プログラム構造から導き出された条件式の境界値チェックや例外処理のチェックなどが新たにテストケースとして追加される．このテスト仕様に基づいて単体テストを実施する．このようにしてテスト仕様を作成することにより，ブラックボックス的な機能テスト，網羅率に基づいたホワイトボックステストを統合することができる．

8.6 テスト駆動開発とテストの自動化

8.6.1 テスト駆動開発

開発現場でよく言われる言葉に「テストができないようなプログラムコードを作成するな」というのがある．一見，当たり前のことのようであるが，実は奥が深い．プログラムコードを作成した後にテスト仕様書を作成するような場合，後になってから，テストができないコードを書いてしまったことに気づくことがある．当然，もう一度プログラムコードを書き換えなければならない．下手をすると設計からやり直さなければならなくなる場合もある．第2章で紹介したV字モデルを思い出して欲しい．V字モデルでは，要求獲得・分析に受け入れテストが，システム設計にシステムテストが，プログラム設計に結合テストが，プログラム実装に単体テストが対応している．すなわち，分析や設計段階でテスト仕様書も作成するのである．このようにすることにより，テストができないプログラムコードを作成してしまうことを避けることができる．ただし，完全に避けることはできない．

テスト仕様をドキュメントではなく，プログラムコードで与えたらどうであろうか？ すなわち，先にテストを行うためのコード（テストコードという）を書き，その後にテストが通過するようにプログラム本体を開発するのである．このようにすれば，テストができないプログラムコードを作ってしまうことはなくなる．このような開発スタイルのことを**テスト駆動開発**（Test-Driven Development，**TDD**）と呼ぶ．テスト駆動開発は，第2章で紹介したアジャイル開発手法XPのプラクティスにもなっている．

テスト駆動開発では，プログラムコードを作成，変更するたびにテスト行うことになるので，テストを効率的に行うことが重要となる．そのため，テスト駆動開発では**単体テストフレームワーク**を使うことが多い．たとえば，Javaでテスト駆動開発を行う際はJUnitなどが使用される．単体テストフレームワークを用いると，テストの合否が一目で判定できる．

8.6.2 テストの自動化

テスト駆動開発においては，単体テストフレームワークによるテストの自動化が重要な役割を持つ．しかし，テストの自動化はテスト駆動開発以外でも重要である．テストはソフトウェアの品質を語る上で最も重要なものの一つであるが，その一方で多大なコストがかかるからである．テストを効率化することが今も昔もソフトウェア開発の現場では切実な課題となっている．可能な限りテストを自動化する試みが現場で盛んなのはこのような理由があるからである．実際にリグレッションテスト，性能テスト，負荷テストなどを自動化する開発支援ツールが数多く提供されている．

8.7　テストオラクルとテスト不能プログラム

前節で，「テストができないようなプログラムコードを作成するな」という言葉はソフトウェア開発において重要だと述べた．テストはプログラムが正しいかどうかを判定できなければならない．この言葉の裏には，「プログラムが正しいかどうかはテストにより必ず判定できる」という前提が隠れている．しかしながら，実は本質的にテストができないようなプログラムが存在する．

8.7.1　テストオラクル

テストを実施するには，その成否を判定するもの，すなわち，テスト対象のプログラムの出力結果と比較することができる正解の求め方が必要となる．これを**テストオラクル**（test oracle）と呼ぶ．オラクルとは神託と言う意味である．テスト仕様にはテストの合否判定方法が記載されるし，テスト駆動開発においてはテストコード中に合否判定のアサーションが記述される．

8.7.2　テスト不能プログラム

テストオラクルはテストを実施する上で重要であるが，常にこのオラクルは存在するのかという疑問が生じる．実は必ずしも存在しないのである．何らかの予測をするプログラムや何らかの新たな知見を発見するプログラムには，確定的なオラクルは存在しない．このようなプログラムのことを**テスト不能プログラム**（untestable program）と呼ぶ．機械学習ソフトウェアなどはこのテスト不能プログラムの範疇《はんちゅう》に入る．

しかしながら，確定的なテストオラクルが存在しないからと言って，現実的にはテストをしないで済むわけにはいかない．テスト不能プログラムをテストするというのは相矛盾することであるが，何らかの方法でプログラムが妥当であること（正解とは言っていないことに注意）を確かめなくてはならない．確定的なオラクルが存在しないのであれば，それに似たようなオラクルで代替するしかない．このようなオラクルのことを**擬似オラクル**（pseudo oracle）と呼ぶ．

擬似オラクルの例として，***N* バージョンプログラミング**（*N*-version programming）や**メタモルフィック関係**（metamorphic relations）がある．

N バージョンプログラミングでは，同一の機能を持つプログラムを複数開発し，

どのプログラムも許容範囲内で同じ結果が出ていれば正しいと判定する．1 つのプログラムだけでは正しいかどうかわからないが，どのプログラムも同じ結果を出力するのであれば，おそらくそれらのプログラムは正しいだろうと判定する．

メタモルフィックテスティング（metamorphic testing）はメタモルフィック関係に基づいてテストを行う手法である．メタモルフィック関係とは，入力が変化した場合に出力がどのように変化するかが予測できる，すなわち入力の変化と出力の変化の間に関連性が存在する，などの性質を指す．たとえば，$sin(x) = sin(\pi - x)$ という関係に基づき，入力として 30 と $\pi - 30$ を与えた場合，関数 sin の出力は同じになるはずである．メタモルフィックテスティングでは，このようなメタモルフィック関係を用いて，既存のテストケースから新しいテストケースを生成する．いま，$30/sin(30)$（入力と出力の組）というテストケースがあった場合，$sin(x) = sin(\pi - x)$ という関係から新たに $\pi - 30/sin(\pi - 30)$ というテストケースを生成することができる．また，2 つのテストケースの結果が同じであれば，sin を実装したプログラムは正しいであろうと判定ができる．メタモルフィックテスティング自体は 1990 年代に提案されたものであるが，機械学習ソフトウェアの普及に伴って再注目されている．

8.8　機械学習ソフトウェアのテスト

本章では伝統的なソフトウェアテスト手法を中心に紹介してきた．伝統的とは，人がプログラムコードを作成し，それをテストするという意味である．最近では機械学習ソフトウェアが増加しており，当然のことながらテストしなければならないのだが，これが実に難しい．機械学習ソフトウェアは，人がコーディングをするのではなく，データを学習することにより生成されるからである．その中身は人からするとブラックボックスである．本章で紹介したテスト網羅率もそのままでは適用できない．

現在，機械学習ソフトウェアのテスト手法として，前出のメタモルフィックテスティングの他にニューロンカバレッジ，サーチベースドテスティングなどがある．**ニューロンカバレッジ**（neuron coverage）とは，ニューラルネットワークにおいてニューロンの活性化の範囲を拡げるための方法である．**サーチベースドテスティング**（search-based testing）は，目的（評価関数を指定）にあった最適なテストを見つける方法である．これにはヒューリスティック探索アルゴリズムが使用される．

機械学習ソフトウェアのテストでは公平性（不適切なデータの取得などによる差別や偏見）なども対象となり，従来よりもその扱いが一層難しくなる．

第 8 章の問題

□ **8.1** 学務情報システムをテストする場合，どのようなテストケースが必要となるか考えてみよう．

□ **8.2** いままでどのようにプログラムをデバッグ，テストしてきたかを振り返ってみよう．過去に作成したプログラムをチェックし，C0 網羅率，C1 網羅率，C2 網羅率の観点からテストケースを再度洗い出してみよう．

第9章

形式手法

これまで，要求獲得，分析，設計，実装，テストについて一通り学んできた．大抵のソフトウェアは，ここまでに紹介してきた手法や技術を用いることにより十分に開発することができる．しかしながら，ソフトウェアの中には，鉄道運行システムや宇宙航空システムなど極めて高い信頼性を求められるものがある．本章では，このようなソフトウェアを開発するための方法として，数学をベースとする形式手法について学ぶ．

9.1 形式手法とは

9.1.1 硬いソフトウェア

ソフトウェアの中には極めて高い信頼性を求められるものがある．一例として，鉄道運行システムや宇宙航空システムなどがある．前者はソフトウェアのバグが人命に影響をおよぼす場合があり，後者は莫大な開発費をかけたロケットや探査機が1つの不具合により無に帰す可能性がある．ソフトウェアの最大の特性は容易に変更できる点にあるが，社会基盤を支えるソフトウェアでは，その一部を気軽に差し替えたりすることはできない．もし差し替えたプログラムコードの一部にバグが含まれていた場合，その影響は計り知れない．このように，極めて高い信頼性を要求されるソフトウェアは「硬い」のである．場合によってはハードウェアよりも硬い．このような**硬いソフトウェア**を開発するにはどのようにすればよいであろうか？

前章までに学んできた手法や技術により硬いソフトウェアを開発することはある程度可能であるが，残念ながらバグが本当にないのかを保証することまではできない．第8章でも述べたが，テストはバグがあることを示すことはできるが，バグが存在しないことを示すには無力なのである．一方，硬いソフトウェアではバグの存在が許されない．硬いソフトウェアを開発するための方法の一つとして，IBMのミルズ（H. D. Mills）が1987年に提案した**クリーンルーム**（cleanroom）がある．

クリーンルームでは，開発段階において厳密な**インスペクション**（inspection）を徹底的に行いバグの混入を防ぐ．

また，硬いソフトウェアを開発するためのアプローチとして，数学をベースとする**形式手法**（formal methods）がある．形式手法は，数学を用いて厳密に仕様を記述するための形式的仕様記述とソフトウェアの正しさを数学的に示す形式検証がある．形式手法は，実際に，アメリカ航空宇宙局（National Aeronautics and Space Administration，NASA）などでも実プロジェクトへの適用が進んでいる．宇宙に探査機を飛ばすには，本章で学ぶ数学をベースとするソフトウェア開発手法が必要なのである．形式手法においては，数学的に正しいと証明されたソフトウェアにはバグがない．すなわち，テストに頼らずにバグがないことが保証される．

本章では代表的な形式手法を紹介する．形式手法の英語訳が複数形になっているように，単一の手法が存在してそれ1つで全てのソフトウェアを開発できるわけではない．開発するソフトウェアの性質や検証の目的に応じて，適切な手法を適用しなければならない．

9.1.2　形式的仕様記述

形式的仕様記述には，大きく分けて，モデル規範型の仕様記述と性質規範型の仕様記述がある．

モデル規範型

モデル規範型の仕様記述では，集合，関数，論理などの数学概念を用いてソフトウェアの仕様をモデルとして記述する．代表的な手法として，IBMウィーン研究所で開発された**VDM**（Vienna Development Method），オックスフォード大学を中心に開発が進められた**Z言語**，アブリエル（J. R. Abrial）らが開発した**Bメソッド**（B-Method）や**イベントB**（Event-B）などがある．VDMはモバイルFeliCa ICチップの開発に適用されている．日本国内における形式手法の代表的な適用事例であるとともに，世界的に見てもこのような大規模な開発での適用事例は少ない．また，Z言語，Bメソッドの代表的な適用事例として，それぞれ，IBM CICS（Customer Information Control System），パリ地下鉄14号線などがある．モデル規範型の仕様記述では，数学的に記述した正しい仕様からスタートし，段階的に詳細化し，最終的に実行可能なプログラムに変換してゆくことを狙っている．詳細化の際に**リファインメント**（refinement）関係が正しいことを証明する．このような開発のことを，第2章で紹介したように，**構築からの正しさ**（Correct by Construction，**CbC**）と呼ぶ．正しい仕様を得ることが鍵となる．

性質規範型

性質規範型の仕様記述では，開発対象のソフトウェアが持つ性質に基づいて仕様を記述する．代表的な手法として，ゴーギャン（J. Goguen）とメセガー（J. Meseguer）が開発したOBJ，二木らがOBJを発展させたCafeOBJなどがある．CafeOBJでは，代数的にソフトウェアの仕様を記述し，その上の性質を証明することができる．

プロセス代数

上記で紹介したのは汎用的な形式的記述を目的としたものであるが，通信という特定の領域を対象としたものもある．**プロセス代数**と呼ばれ，互いに通信し合う並行プロセスを数学的に記述する．範囲が限定されているとは言え，通信はソフトウェアの仕様において重要な位置を占める．代表的なプロセス代数として，ホーア（C. A. R. Hoare）が提案した**CSP**（Communicating Sequential Processes），ミルナー（R. Milner）が提案した**CCS**（Calculus of Communicating Systems）や**π計算**（π-calculus）などがある．LOTOS（Language Of Temporal Ordering Specification）はプロセス代数に基づいた通信プロトコル向けの形式的仕様言語である．

9.1.3 形 式 検 証

形式検証はソフトウェアの正しさを数学的に示す方法である．プログラム単体の正しさを検証するものをプログラム検証，システムレベルの設計の正しさを検証するものをシステム検証と呼ぶ．ただし，その境界は必ずしも明確ではない．また，形式的仕様記述を支援するツールの多くは，何らかの形で自動検証をサポートしていることが少なくない．

プログラム検証

プログラム検証の代表的手法として，フロイド（R. W. Floyd）が提案したフローチャートプログラムの検証がある．これは，プログラマがフローチャートの正しさを確かめる際の思考過程を数学的に定式化したものである．ホーアはこれをさらに洗練させ，数学的な公理系としてフロイド–ホーア論理を与えた．ホーアはCSPの提案者と同一人物である．フロイドもホーアも計算機科学のノーベル賞と言われるチューリング賞を受賞している．プログラム検証の技術は，計算機科学において極めて重要な業績の一つである．フロイド–ホーア論理については，この後，詳しく説明する．

システム検証

システム検証の代表的手法として，システム全体の振舞いを網羅的に検査する**モデル検査**（model checking）がある．モデル検査とは，ある性質を与えたとき，対象となる構造（システム）がその性質を満たすかどうかを形式的に調べる手法である．クリプキ構造 M が，ある状態 s において論理式 φ を満たすとき，M のことを φ のモデルと呼び，$M, s \models \varphi$ と表記する．クリプキ構造（Kripke structure）とは，ノード，エッジ，ラベル関数から構成される遷移系である．ノードは到達可能な状態，エッジは状態遷移，ラベル関数はノードからその状態で成立する性質の集合へのマッピングである．φ は**時相論理式**（temporal logic formula）で記述される．モデル検査をツール実装したものを**モデル検査器**という．モデル検査器は，与えられた時相論理式を満たさない実行パスが発見された場合に**反例**（counterexample）を出力する．これにより，エンジニアは M のどこに問題があるのかの手がかりを得ることができる．

モデル検査は，元来，回路設計や通信プロトコルなど有限状態並行システムの正当性を自動的に検査するための技術として発展したが，ソフトウェアの検証にも広く適用されている．特に，複数の並行プロセスにまたがるような大域的な性質を検査するのに効果がある．たとえば，「デッドロックが発生する可能性があるかどうか」を機械的かつ自動的に判定することができる．

代表的な時相論理として，**CTL**（Computation Tree Logic），**LTL**（Linear Temporal Logic），両者のスーパセットである **CTL***などがある．LTL では，$\neg$（否定），$\wedge$（論理積），$\vee$（論理和），$\rightarrow$（含意）などの他に，$\bigcirc$（next），$\Box$（globally），$\Diamond$（in the future），$\mathcal{U}$（until），$\mathcal{R}$（release）の論理演算子が使える．たとえば，運転している自動車がどのような状態にあったとしても，ブレーキをかければ，いつかはその自動車が停止することを LTL で表すと以下のようになる．

$$\Box(break \rightarrow \Diamond stop)$$

モデル検査器として有名なものに，**SPIN**（Simple Promela INterpreter），**NuSMV**，**Uppaal** などがある．SPIN では，対象となるシステムを形式的なプログラミング言語 PROMELA（Process Meta Language）で記述し，LTL に基づいたモデル検査を行う．SPIN は長い歴史を持ち非常に活用実績の多いモデル検査器である．また，確率的な振舞いを検証するものとして確率的モデル検査器 PRISM などがある．

これに対し，CBMC（Bounded Model Checker for C and C++）や Java

PathFinder などのモデル検査器では C 言語や Java などのプログラムそのものをモデルとして取り扱う方式をとっている．そのため，プログラマは検査のために特別なモデルを作成する必要はない．この場合のモデル検査はプログラム検証の側面を持つ．プログラム検証を目的としたモデル検査器の多くは手続き型プログラミング言語を対象としているが，関数型言語を対象としたものも存在する．高階モデル検査器 MoCHi は，関数型言語 OCaml のプログラムを検証することができる．

9.1.4 抽象化と軽量形式手法

本書では，分析や設計のモデリングにおいて抽象化が重要であると述べた．しかし，適切な抽象度を持った正しいモデルを獲得することは容易ではない．

モデル洗練による抽象化

ジャクソン（D. Jackson）は，問題領域の本質的な側面を抽象化し，それを小さなモデルで表現し，形式手法の力を借りてそのモデルが正しいかどうかを検証することが重要だという考え方を示した．また，そのための具体的な手段として **Alloy** を提案した．Alloy は**関係論理**（relational logic）に基づいたモデリング言語であり，その記述内容は Alloy Analyzer というツールを用いて検証することができる．Alloy でモデル化した分析や設計の本質的側面に不整合や誤りがあると，Alloy Analyzer は反例を提示してくれる．反例の中には，モデルに記載した内容の抽象度が適切ではなく，本来反例ではないものが反例として出力される場合がある．この場合，エンジニアは反例が出力されないようにモデルの抽象度を変更することになる．反例が出力されなくなるまでこれを繰り返すと，適切な抽象度のモデルが最終的に得られる．これはモデル検査における **CEGAR**（Counterexample-Guided Abstraction Refinement）に近い考え方である．Alloy の教科書のタイトルが *Software Abstractions* なのはこのことを如実に語っている．

Alloy では，自動検証を可能にするため探索空間を有限にする方式を採用している．また，Alloy で記述されたモデルを論理積標準形（Conjunctive Normal Form, CNF）の命題論理式に変換し，その論理式を真にする真理値割当てが存在するかを判定する問題に帰着させている．Alloy では解析の範囲が有限であるため，残念ながら分析や設計上の誤りを全て検出できるとは限らない．解析が現実的な時間で終わる方を重視しているからである．これは，多くの分析や設計上の誤りが小さなモデルで発見できるという認識に基づいている．実際，我々がプログラムをデバッグする際，プログラムの内容を簡潔にしてバグの原因を探索することが多い．UML などの非形式的なダイアグラムではミスを完全に取り除くことは容易ではないが，

Alloy のような検証可能な形式的仕様記述言語を用いると設計段階で不用意な欠陥が混入するのを未然に防ぐことができる．

軽量形式手法

VDM，Z 言語などの伝統的な形式手法ではモデルは数学的に証明可能で，作成したモデルは正しくなければならないという立場をとる．これに対して，形式手法の分野では，現在，**軽量形式手法**（lightweight formal methods）が注目されており，Alloy もこの一つである．軽量形式手法とは，本質的な側面を厳密に表現するための道具として形式手法を利用しようという考え方であり，厳格な証明などは必ずしも求められない．さらに，Alloy のように自動化を強調している．軽量形式手法では，伝統的な形式手法と違って，健全性（soundness）も完全性（completeness）も保証されないが，比較的低コストで仕様の正しさを確認することができる．軽量形式手法を設計をデバッグするための道具と割り切ってしまえば，多くの人々に受け入れられるものと思われる．現場のエンジニアにとって，正しいことの証明よりはバグを見つけてくれる道具の方がありがたい．ただし，これは伝統的な形式手法が不要であることを意味しない．伝統的な形式手法を適用すべきか，それとも軽量形式手法を適用すべきかは，プロジェクトの品質目標により異なる．

● **父子鷹** ●

Alloy はソフトウェア工学研究において極めて重要な成果の一つに数えられる．開発したのはダニエルジャクソンである．彼の父は第 5 章で紹介したマイケルジャクソンであり，親子してソフトウェア工学の巨人である．

9.2 フロイド–ホーア論理によるプログラム検証

ここでは，形式手法の源流とも言える**フロイド–ホーア論理**（Floyd-Hoare logic）を取り上げ，プログラムの正しさを証明する方法を紹介する．

9.2.1 フロイド–ホーア論理

プログラムの正当性に関する先駆的な研究として，フロイドの方法がある．フロイドはフローチャートプログラムを対象にその正当性を証明する方法を与えた．これをさらに洗練したのがホーアであり，フロイド–ホーア論理と呼ばれる．フロイド–ホーア論理はプログラムの正当性が論理的に証明できるように一階述語論理を拡張したものである．単にホーア論理と呼ばれることも多い．

あるプログラムが正しいか否かを判断するには，その判定条件である仕様が必要となる．プログラムの仕様はwhatについて記載したものであり，プログラムがどう実装されるかについては言及しない．そうすると，プログラムの仕様は**事前条件**（precondition）と**事後条件**（postcondition）により記述できる．事前条件はプログラムへの入力データやプログラム実行前の状態が満たすべき条件であり，事後条件はプログラムの出力データやプログラム実行後の状態が満たすべき条件である．すなわち，プログラムの中身をブラックボックスとし，事前条件と事後条件のみでプログラムの仕様を与えることができる．

部分的正当性と完全正当性

プログラムの正当性には，**部分的正当性**（partial correctness）と**完全正当性**（total correctness）がある．

部分的正当性の表明は以下の論理式で与える．この表記のことを**ホーアの三つ組**（Hoare triple）と呼ぶ．

$$\{P\}S\{Q\}$$

ここで，Pは事前条件，Sはプログラム，Qは事後条件である．部分的正当性とは，「プログラムSを事前条件Pが成立するときに実行したときに，停止するならば，事後条件Qが成立する」ことをいう．この表明が真の場合，「プログラムSは事前条件Pと事後条件Qに関して部分的に正当である」という．なお，プログラムSの実行が終了しない場合，フロイド–ホーア論理ではtrueと見なす．

一方，完全正当性の表明は以下で与える．

$$[P]S[Q]$$

完全正当性は，「プログラム S を事前条件 P が成立するときに実行したときに，停止し，事後条件 Q が成立する」ことをいう．この表明が真の場合，「プログラム S は事前条件 P と事後条件 Q に関して完全に正当である」という．部分的正当性に加えて停止性が言えれば，プログラムは完全に正しいと言える．プログラムの停止性については，この後にフロイドの方法を紹介する．

以降の説明では，プログラムとして記述できる構文は，代入文，複合文，if 文，while 文など基本的な構文に限定する．配列やポインタなどを用いたプログラムは書けないが，フロイド–ホーア論理によるプログラム検証がどのようなものかを理解するのには十分である．なお，配列など実用的なプログラミング言語の機能が扱えるようにフロイド–ホーア論理を拡張する試みは多くなされている．

証明体系

フロイド–ホーア論理では，部分的正当性の表明 $\{P\}S\{Q\}$ が真か否かを判定するための証明体系を与えている．この証明体系は，図 9.1 に示すように，2 つの公理と 4 つの推論規則からなる．推論規則において，横線の上が前提，下が帰結である．公理から開始し，いくつかの推論規則を適用することにより $\{P\}S\{Q\}$ が導けた場合，プログラム S の部分的正当性が証明される．推論規則は逆順に適用することも可能である．この場合，帰結が成立することを証明するには全ての前提が成立することを証明しなければならない．証明したい $\{P\}S\{Q\}$ から開始し，推論規則を逆

(A1) 空文の公理

$$\frac{}{\{P\}\ \mathrm{skip}\ \{P\}}$$

(A2) 代入文の公理

$$\frac{}{\{P[E/x]\}\ x{:=}E\ \{P\}}$$

(R1) 複合文の規則

$$\frac{\{P\}\,S\,\{Q\}\qquad\{Q\}\,T\,\{R\}}{\{P\}\,S\,;T\,\{R\}}$$

(R2) if 文の規則

$$\frac{\{P\wedge B\}\,S\,\{Q\}\qquad\{P\wedge\neg B\}\,T\,\{Q\}}{\{P\}\ \mathrm{if}\ B\ \mathrm{then}\ S\ \mathrm{else}\ T\ \mathrm{end}\ \{Q\}}$$

$$\frac{\{P\wedge B\}\,S\,\{Q\}\qquad P\wedge\neg B\Rightarrow Q}{\{P\}\ \mathrm{if}\ B\ \mathrm{then}\ S\ \mathrm{end}\ \{Q\}}$$

(R3) while 文の規則

$$\frac{\{P\wedge B\}\,S\,\{P\}}{\{P\}\ \mathrm{while}\ B\ \mathrm{do}\ S\ \mathrm{end}\ \{P\wedge\neg B\}}$$

(R4) 帰結の規則

$$\frac{P\Rightarrow P_1\quad\{P_1\}\,S\,\{Q_1\}\quad Q_1\Rightarrow Q}{\{P\}\,S\,\{Q\}}$$

図 9.1　部分的正当性の証明体系

方向に適用して証明を進めていく．

それでは，公理と推論規則の概要を説明する．

(A1) 空文の公理

skip 文（何も行わない文）では何も変化しない．

(A2) 代入文の公理

ホーアの三つ組 $\{P[E/x]\}x := E\{P\}$ を公理とする．$P[E/x]$ は，論理式 P の中に出現する x を E に置き換えた論理式である．置換と呼ばれる．変数 x に式 E を代入した後に P が成立するなら，代入の前に $P[E/x]$ が成立する．

(R1) 複合文の規則

S の事後条件と T の事前条件が同じ場合，S と T をつなぐことができる．逆に，複合文 $S;T$ が正しいことを証明するためには，S の事後条件と T の事前条件が一致するような条件を見つけ，S，T それぞれが正しいことを証明する必要がある．

(R2) if 文の規則

if 文の規則は，else 節がある場合とない場合の 2 つに分かれる．上側の規則は else 節がある場合である．「事前条件 $P \wedge B$ の下で S を実行すると事後条件 Q が成立する」「事前条件 $P \wedge \neg B$ の下で T を実行すると事後条件 Q が成立する」の 2 つが true となる場合，if B then S else T end は事前条件 P と事後条件 Q の下で正しい．逆に，if B then S else T end が正しいことを証明するためには，前の 2 つのことが正しいことを証明すればよい．ここで注意して欲しいのは，前提に if-then-else の構文が含まれない点である．推論規則を逆方向に適用して証明する場合，if 文の規則を適用することにより証明対象のプログラムから if-then-else がなくなり，証明対象はより簡単なプログラムに置き換わる．else 節がない場合の規則については，前提の一方（右側）が $P \wedge \neg B \Rightarrow Q$ になっており，ホーアの三つ組ではないことに注意して欲しい．すなわち，実行すべき文がないことを言っている．

(R3) while 文の規則

while 文の規則の前提は $\{P \wedge B\}S\{P\}$ となっている．事前条件において，P が S を実行する前に成り立っている条件で，B が S を実行すべきか否かの判定条件である．事後条件が P になっていることに注意して欲しい．すなわち，S の実行後に再度 P が成立し，S の事前条件の一部となる．これにより，判定条件 B が成立している限り，S が実行されることを示している．P のことを**ループ不変条件**（loop invariant）と呼ぶ．このように適切なループ不変条件を見つけることにより，繰返し処理を簡潔な論理式 $\{P \wedge B\}S\{P\}$ で表現できる．while 文の規則では，この前提が成り立つ場合，帰結の $\{P\}$ while B do S end $\{P \wedge \neg B\}$ が正しいとする．逆に while 文の正しさを証明するためには，前提が成り立つことを証明すればよい．if 文の規則の場合と同様，while 文の規則を逆方向に適用すると，証明対象のプログラムから while-do-end がなくなり，証明対象はより簡単なプログラムに置き換わる．

ループ不変条件を機械的に求めることができれば，while 文の規則を適用するのは容易である．しかし，残念ながらループ不変条件を確実に求めるアルゴリズムは存在しない．適切なループ不変条件を人手で発見する必要がある．フロイド–ホーア論理によるプログラム検証で最も難しいのは，ループ不変条件の発見である．なお，プログラムを動的解析することにより，ループ不変条件を推定する研究は存在するが，あくまでも推定に止まる．

（R4）帰結の規則

帰結の規則は，事前条件を強めたり，事後条件を弱めたりする．ホーアの三つ組がそのままでは証明できない場合，帰結の規則を適用する．

証　明　例

ここでは，以下の総和プログラム summary を例にフロイド–ホーア論理による部分的正当性の証明がどのように行われるかを示す．

```
/* 入力: n, 出力: sum */
int summary (int n)
begin
   i := 1;
   sum := 0;
   while i ≦ n do
      sum := sum + i;
      i := i + 1;
   end
   return sum;
end
```

総和を求めるプログラムの事前条件は $n \geq 1$，事後条件は $sum = \sum_{k=1}^{n} k$ となる．図 9.2 に証明を示す．一番下に配置されているのが，総和プログラムのホーアの三つ組である．ここを起点に推論規則を逆順に適用していくと，最終的に公理または何らかの**証明課題**に到達する．この証明課題のことを**検証条件**と呼ぶ．この検証条件は一般的な論理式であり，フロイド–ホーア論理の範囲外である．検証条件は人力で証明してもよいし，**Coq** などの**定理証明器**を用いて証明してもよい．この論理式が true であることが証明されれば，総和プログラムの部分的正当性が証明される．推論規則の適用はほぼ機械的であるため，証明自体は基本的に容易であるが，while 文の規則を適用する際はループ不変条件を設定しなければならない．

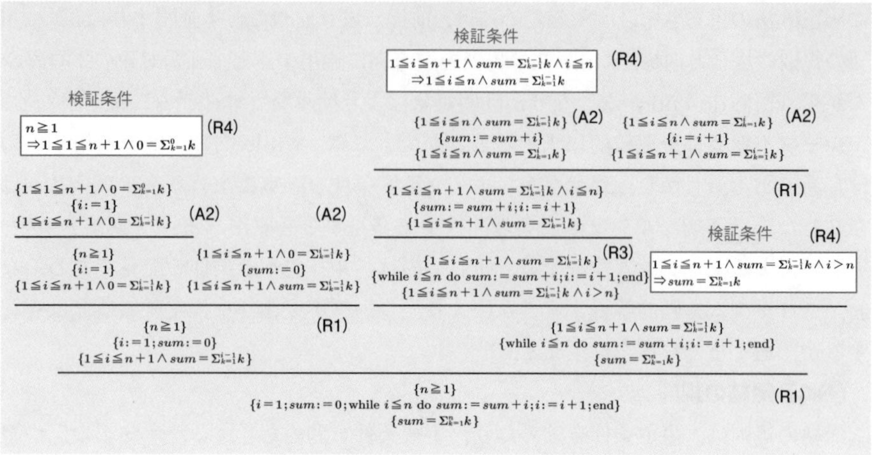

図 9.2 総和プログラムの証明

フロイド–ホーア論理が素晴らしいところは，動的な振舞いをするプログラムの正しさを静的な論理式の証明に帰着させている点である．図 9.2 の証明を深く味わっていただきたい．

9.2.2 プログラムの停止性

プログラムの完全正当性を証明するためには，部分的正当性の他に停止性も証明しなければならない．チューリング（A. M. Turing）により停止性問題を解くアルゴリズムが存在しないことが証明されているが，あるプログラムが停止するか否かが判定できないわけではない．

プログラムが停止するとは，そのプログラムが無限ループに陥らないと言い換えることができる．すなわち，プログラムがループを含む場合，いつかは必ずそのループから抜け出すことが言えればよい．プログラムには複数のループが含まれるため，全てのループについてこのことが言える必要がある．フロイドはプログラムの停止性を証明する方法を与えている．フロイドの方法では，以下のステップによりプログラムがループから抜け出すか否かを判定する．

(1) 適切な**整礎集合**（well-founded set）を見つける．整礎集合とは，無限の減少列を持たない半順序集合である．

(2) 整礎集合を値域とする関数でループを回るごとに減少するものを見つける．この関数のことを**ランキング関数**（ranking function）と呼ぶ．ループを回るごとにランキングが減少し，値域が整礎集合であるため，いつかはある値で止まる．

適切な整礎集合とランキング関数を見つけることができれば，ループから抜け出すこと，すなわち，プログラムが停止することが言えることがわかるであろう．しかし，整礎集合とランキング関数を見つけることができなかった場合は，どうなるのであろうか？ その場合は，プログラムが停止するかどうかはわからない．しかし，整礎集合とランキング関数が見つかれば，必ずプログラムが停止する．フロイドの方法はプログラムの停止性という動的な振舞いを数学の集合と関数の問題に対応させている点で興味深い．整礎集合とランキング関数を求めるアルゴリズムは存在しないが，プログラムの実行ログから推測する方法などが提案されている．

総和プログラムの場合，整礎集合を自然数，ランキング関数を $r(i) = n - i + 1$ とすればよい．ここで i はループのインデックスである．実際，$k+1$ 回目と k 回目を比較すると以下のようになる．

$$r(k+1) = r(k) - 1 < r(k)$$

9.3 契約による設計と自動検証

9.3.1 契約による設計

プログラム検証における事前条件，事後条件，不変条件の考え方はソフトウェア設計の方法にも影響を与えている．その一つとして，メイヤー（B. Meyer）により提案された**契約による設計**（Design by Contract，**DbC**）がある．メイヤーはオブジェクト指向プログラミング言語 Eiffel の開発者でもあり，DbC の仕組みを Eiffel に取り入れている．DbC では，モジュール（クラスやメソッドなど）の利用者（client）と供給者（supplier）の間の契約（contract）を供給者のプログラムコード中に，事前条件，事後条件，不変条件として記述する．利用者はモジュールを呼び出す側（caller），供給者は呼び出される側（callee）である．

事前条件は「供給者モジュールの実行開始時に，利用者モジュールが保証しなければならない条件」，事後条件は「供給者モジュールの実行終了時に利用者モジュールに対して保証しなければならない条件」である．利用者は供給者に対して事前条件を保証すれば，事後条件で示された結果を供給者から受け取ることが保証される．一方，供給者はその実行開始時に事前条件の成立が保証されるので，後は事後条件が正しく成立することさえ保証すればよい．

DbC を用いると，図 9.3 に示すように，プログラムの部分的正当性をモジュラーに検証することができる．図では，1 つのソフトウェアがメインモジュールとモジュール A，B，C の 3 つのサブモジュールから構成されている．メインモジュールから

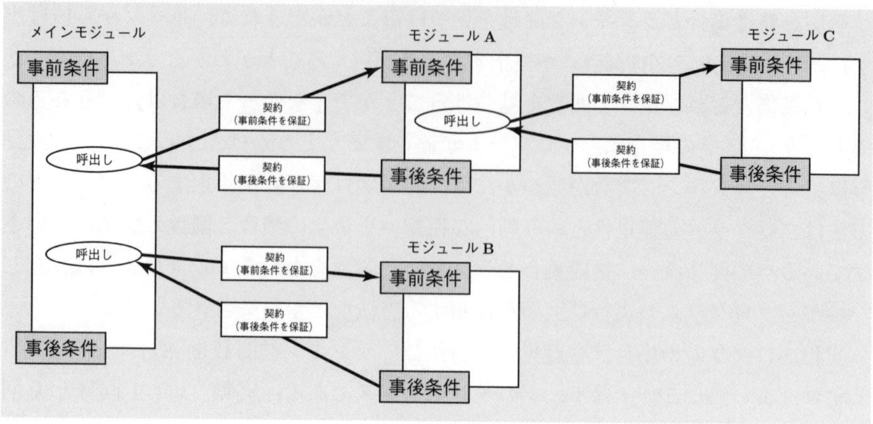

図 9.3　契約による設計

モジュールAとBを呼び出しているが，これについては，モジュールAとBに対する事前条件を保証すれば，各々のモジュールの実行結果に対する事後条件は必ず成り立つことを前提にメインモジュール単独で検証を行うことができる．すなわち，メインモジュールの検証の際に，モジュールAやBの中身まで追っていく必要はない．これが可能となるのは，メインモジュールとモジュールA，Bの間に契約が結ばれているからである．モジュールAとモジュールCの間についても同様である．このように契約による設計を導入することにより，プログラム検証の範囲を個々のモジュール単体から開発対象のソフトウェア全体に広げることが可能となる．

DbCはプログラム検証だけでなく，プログラムの設計やテストなどに幅広く適用されている．たとえば，事前条件や事後条件をプログラムコード中にアサーションとして記述すれば，契約が成立しているかをテスト実行により確かめることができる．

9.3.2　JMLによるプログラム仕様記述と検証

DbCに基づいた形式的仕様記述言語の一つに**JML**（Java Modeling Language）がある．JMLでは，Javaプログラムに**アノテーション**（annotation）という形でプログラムの仕様を記述することができる．またJMLをサポートするツールとして，OpenJMLなどが公開されている．Javaプログラムに対して，事前条件，事後条件，ループ不変条件をアノテーションとして与えると，OpenJMLは部分的正当性が成立するか否かを自動的に検証してくれる．フロイド–ホーア論理による証明のほとんどはループ不変条件を除き機械的であるため，ループ不変条件さえプログラマが補ってあげればよい．このようなツールが開発できるのも，フロイドやホーア

```
public class BinarySearchGood {

  //@ requires sortedArray != null && 0 < sortedArray.length < Integer.MAX_VALUE;
  //@ requires \forall int i; 0 <=i < sortedArray.length; \forall int j: i < j < sortedArray.length: sortedArray[i] <= sortedArray[i]:
  //@ old boolean containsValue = (\exists int i; 0 <=i < sortedArray.length; sortedArray[i] == value);
  //@ enaures containsValue <==> 0 <= \result < sortedArray.length;
  //@ ensures !containsValue <==> \result == -1;
  //@ pure

  public static int search(int[] sortedArray, int value) {

    //@ ghost boolean containsValue = (\exists int i; 0 <= i < sortedArray.length; sortedArray[i] == value);
    if (value < sortedArray[0]) return -1;
    if (value > sortedArray[sortedArray.length-1]) return -1;
    int lo = 0;
    int hi = sortedArray.length-1;

    //@  loop_invariant 0 <= lo < sortedArray.length && 0 <= hi < sortedArray.length;
    //@  loop_invariant containsValue ==> sortedArray[lo] <= value <= sortedArray[hi];
    //@  loop_invariant \forall int i; 0 <=i < lo; sortedArray[i] < value;
    //@  loop_invariant \forall int i; hi < i < sortedArray.length; value < sortedArra[i];
    //@  loop_decreases hi - lo;

    while (lo <= hi){
      int mid = lo + (hi-lo)/2;
      if (sortedArray[mid] == value){
          return mid;
      } else if (sortedArray[mid] < value){
          lo = mid+1;
      } else {
          hi = mid-1;
      }
    }
    return -1;
  }
}
```

事前条件
事後条件

ループ不変条件
ランキング関数

（OpenJML の例題より）

図 9.4　二分探索の JML 記述

の理論がその背景にあるからである．

JML による仕様記述の例を図 9.4 に示す．この例は二分探索を行う Java プログラムとそれに対する仕様である．二分探索はソート済み配列に対する探索アルゴリズムで，指定した値が見つかる場合と見つからない場合とがある．JML では，記号@で始まるコメント行がアノーテーションで，ここにプログラムの仕様を記述する．事前条件は `requires` で，事後条件は `ensures`，ループ不変条件は `loop_invariant`，ランキング関数は `loop_decreases` で示す．これらの条件は，`search` メソッドの引数やコード中の変数，返却値（`\result`）を用いて記述することができる．また，`\forall` は全称限量子（universal quantifier），`\exists` は存在限量子（existential quantifier）である．

その他にも，仕様記述のための構文が色々と用意されている．`old` は `search` メソッド実行前の変数の値を使用することを示す．この例では，二分探索の対象となる配列 `sortedArray` の中に，指定した値 `value` と一致するものが存在するかを `search` メソッドの引数を用いて記述し，それをブール型変数 `containsValue` に設定している．`ghost` はこの `containsValue` が仕様記述のみに使用される変数であることを述べている．`pure` は `search` の実行に副作用がないことを示す．

9.3.3 プログラム検証理論の意義と自動化

図 9.2に示した部分的正当性の証明を見て，どのように感じたであろうか？ 中には数学的な美しさに心打たれた方もいるであろうが，おそらく，「大変だ」「現実の開発で使えるのか」と感じた人も多いと思われる．総和という簡単なプログラムを証明するのに，どうしてこのような大変なことをしなければならないのかと誰しも思うであろう．

一方，理論の力は大きい．いくらテストしてもプログラムが正しいことは現実的な計算時間内で示すことはできないが，フロイド–ホーア論理を用いればプログラムの正しさを数学的に証明できる．証明できたものは，正しいことが保証される．証明は人間がやると大変であるが，OpenJML のように証明をソフトウェアツールに任せることができれば不便ではなくなる．

ツールの存在を前提とすれば，プログラム検証はもはや面倒な作業ではなく，むしろプログラマにとってはなくてはならない存在になる．これはコンパイラにおける構文解析アルゴリズムとパーサジェネレータ（parser generator）の関係に似ている．コンパイラ構築（compiler construction）において広く利用されている構文解析アルゴリズムの一つに LR（Left-to-right, Rightmost derivation in reverse）構文解析があるが，これに基づいて人手で構文解析器（parser）を実装するのは非常に困難である．ところが，Yacc（Yet Another Compiler Compiler）などのパーサジェネレータを用いると，構文規則を記述したものを入力として与えるだけでそれに対応した構文解析器を自動で生成することができる．その裏には LR 系の LALR（Look-Ahead LR）構文解析アルゴリズムという確固とした理論が存在する．現在では構文解析器の作成はパーサジェネレータに任せるのが一般的である．プログラム検証とそれを支援するソフトウェアツールの関係も，ここで述べた関係に近いと言えよう．

9.4　形式手法の導入

9.4.1　形式手法にまつわる神話

形式手法は数学に基づくため曖昧性がない．また，数学が得意な人にとっては，自然言語や UML などによる記述よりも理解が容易であろう．その一方で，通常のエンジニアにとっては，適用するためのハードルが高いという印象が持たれがちである．そのため，形式手法にまつわる様々な神話すなわち都市伝説が存在する．形式手法を実際の開発現場に導入するには，これらを払拭する必要がある．ホール（J. A. Hall）は，1990 年に *Seven Myths of Formal Methods* という記事を書いている．図 9.5 にその 7 つの神話を示す．

これらの神話が事実でないことは，モバイル FeliCa IC チップ開発への VDM の適用事例を見ても明らかであろう．この適用プロジェクトには数学屋の開発メンバはいないし，開発規模は非常に大きい．また，開発されたモバイル FeliCa IC チップは世の中のユーザに広く受け入れられている．実はこの 7 つの神話には続編がある．ボーエン（J. P. Bowen）とヒンチェイ（M. G. Hinchey）は，1995 年に *Seven More Myths of Formal Methods* という記事を書いている．

9.4.2　形式手法の導入レベル

形式手法にまつわる神話を見てわかるように，形式手法の導入は一般的に難しいと思われている．導入の敷居を下げるため，「形式手法の適用にはいくつかのレベル

神話 1　Formal methods can guarantee that software is perfect.
（形式手法はソフトウェアが完全であることを保証することができる）

神話 2　They are all about program proving.
（形式手法とはプログラムの証明が全てである）

神話 3　They are useful only for safety-critical systems.
（形式手法は安全性が求められるシステムにしか使えない）

神話 4　They require highly trained mathematicians.
（形式手法は高度に訓練された数学屋を必要とする）

神話 5　They increase the cost of development.
（形式手法は開発コストの増大を招く）

神話 6　They are unacceptable to clients.
（形式手法は顧客に受け入れられない）

神話 7　They are not used on real, large scale software.
（実際の大規模ソフトウェアでは使われない）

図 9.5　形式手法の関する 7 つの神話

があり，段階的にレベルを向上させることが重要」という考えが生まれた．ボーエンとヒンチェイは，論文 *Ten Commandments of Formal Methods* (Computer, May 1995) の中で．形式手法の適用レベル分けを以下の3段階に分けている

- **レベル 0（形式的仕様記述）**：形式的仕様記述言語を用いて，数学的に厳密な仕様を作成する．検証や証明を行わなくても，仕様を厳密に記述するだけでも，曖昧な箇所を明確化したり，誤解の発生を防止することができる．
- **レベル 1（形式的開発および検証）**：抽象的な形式的仕様を段階的に洗練してゆくことにより，最終的に実行可能なプログラムコードに変換する．ある程度の厳密さでプログラムの性質の証明を行う．
- **レベル 2（機械による証明）**：定理証明器などを用いてプログラムの性質を自動的に証明する．

証明や自動検証まで行わなくても，仕様を形式的に記述するだけでも意味があると述べている．確かに，仕様を集合，関数，論理などの数学的表現で記述しようとすると，様々な側面を厳密に考えざるを得なくなる．形式的仕様記述に沿ってソフトウェア開発の対象について熟慮することは，物事の本質を捉える訓練になるし，モデリングにおける抽象化能力を高めることに通じる．

形式手法の導入は適材適所であるべきである．全てのソフトウェア開発に適用しなければならないものではない．しかし，硬いソフトウェアを開発しなければならなくなった場合は適用を検討した方が望ましい．その場合でも，初期の要求獲得フェーズなど発想を広げなくてはならない段階においては，自然言語や UML など自由度が高い表現方法を用いた方がよい．形式手法の導入を成功させたプロジェクトにおいても，開発の全ての段階，全ての開発成果物に対して形式手法を適用しているわけではないことに注意して欲しい．日本国内における代表的な形式手法の導入事例とされるモバイル FeliCa IC チップの開発においても，実際に VDM を適用したのは外部仕様書など開発成果物の一部である．それ以外の部分は自然言語や UML を併用している．このように本当に必要な箇所に絞って形式手法を導入することが重要である．

9.4.3 検証コンパイラへの道

形式手法への誤った神話信仰は，残念ながら，現在においても根強く残っている．当時と比較し，現在は自動検証の技術がかなり進んでいる．将来的には，検証技術がコンパイラの中に埋め込まれ，エンジニアが意識しなくても欠陥が検出できるようになるであろう．実際，プログラミング言語における型検査は最も軽量的な形式

検証と言えるが，コンパイラの中に組み込まれている．さらに，OpenJMLのような機能（プログラムコード中に，事前条件，事後条件，ループ不変条件をアノテーションとして埋め込むとプログラムの正しさを自動で検証する機能）をコンパイラに組み込むと，エンジニアは自然と形式手法の恩恵を受けることになる．これは形式手法導入のレベル 2 に相当する．ただし，図 9.4 の JML による仕様記述を見てわかるように，事前条件，事後条件，ループ不変条件をいかに正確に書けるかはエンジニアのスキルに依然として依存する．コンパイラを使いこなすためにも形式手法導入のレベル 0 には取り組まなければならない．

実は，ここで述べたことは，ホーアが 2003 年に発表した論文 *The Verifying Compiler: A Grand Challenge for Computing Research* の中で提唱した**検証コンパイラ**の考えに通じるものである．形式手法のうち形式検証については，今後，神話は払拭されていくであろう．

第 9 章の問題

□ **9.1** いままで作成したプログラムの一部をフロイド–ホーア論理により証明してみよう．

□ **9.2** いままで作成したプログラムの仕様を JML で記述してみよう．

第10章

ソフトウェア保守

プログラムのバグを修正したり，将来のことを考慮してプログラムの構造を見直したりすることをソフトウェア保守という．利用価値の高いソフトウェアは寿命が長いため，保守はソフトウェア開発において重要な役割を持つ．ソフトウェアのファーストリリースは開発の終わりではなく，むしろ，開発したソフトウェアを育てていくためのスタートと表現した方がよい．そのような意味を込めて，保守ではなく，ソフトウェア発展と呼ぶ場合も多い．本章では，ソフトウェア保守，発展に利用される手法と技術について学ぶ．

10.1　ソフトウェアの寿命と保守

10.1.1　ソフトウェアの寿命

ソフトウェアは一度開発すれば終わりではない．リリース後に発生したバグは修正しなければならないし，新たな機能追加の要望にも対応しなければならない．ソフトウェアが最初にリリースされてからその使命を終えるまでの期間を人の一生にたとえると，その期間は非常に長い．UNIX が AT&T のベル研究所で誕生したのは 1969 年である．本書執筆の時点で既に 50 歳を超えている．データ分析や機械学習で利用される機会が多い Python は新しいプログラミング言語のイメージがあるかもしれないが，誕生したのは 1991 年であり，決して若いとは言えない．このように身近なソフトウェアを例にとっても，ソフトウェアの寿命が長いことがわかる．数十年にもわたって利用されてきたソフトウェアは，皆，時代の要請に適切に対応することにより生き残ってきた．

ソフトウェアのバグを修正したり，将来のことを考慮してプログラムの構造を見直したりすることを**ソフトウェア保守**（software maintenance）という．保守と言うと地味な印象を受けるが，利用価値の高いソフトウェアは寿命が長いため，保守はソフトウェア開発において重要な役割を持つ．ソフトウェアのファーストリリースは開発の終わりではなく，むしろ，開発したソフトウェアを育てていくためのスタートと表現した方がよい．そのような意味を込めて，保守ではなく，**ソフトウェア発展**または**ソフトウェア進化**（software evolution）と呼ぶ場合も多い．

10.1.2　寿命の長いソフトウェアのタイプ

寿命の長いソフトウェアはどのようなカテゴリに分類され，どのような性質を持つのであろうか？ レーマン（M. M. Lehman）は，ソフトウェアを，S 型，P 型，E 型，の 3 つに分類している．

- **S 型**：問題と仕様を形式的に定義できるソフトウェア．たとえばソートプログラムなどアルゴリズムを明示的に与えることが可能なものが分類される．
- **P 型**：問題は明確に定義できるが，近似解としての仕様しか定義できないソフトウェア．気象や株価など多くの予測システムは完全なアルゴリズムを定義できず，何らかの近似的なアルゴリズムで実現される．機械学習を用いたものなどが分類される．
- **E 型**：人間活動システムに組み込まれ，その一部として機能するソフトウェア．オペレーティングシステム，ミドルウェア，ビジネスシステムの多くはこの E 型に分類される．これらは，人間系を含むシステムの一部となり，人間行動の変化によってソフトウェアに求められる要求が時間の経過と共に変化してしまう．

社会において利活用されているソフトウェアの多くは E 型に分類される．すなわち，E 型のソフトウェアは寿命が長い．

10.1.3　保守の役割

E 型のソフトウェアにおいては，保守や発展が重要な役目を果たす．本書で例題として取り上げた学務情報システムも，この E 型に分類される．ソフトウェアが完成し運用に入っても，ソフトウェアの開発がそこで終わるわけではない．運用後も，学生や教職員から出される使い勝手や機能に関する改善要望に対応していく必要がある．開発当初には気づかなかったが，実際に学生や教職員に使用されてから顕在化する機能もある．

S 型または P 型に分類されるソフトウェアも，実際には，E 型のソフトウェアにその一部分として取り込まれることが多い．たとえば，自動運転システムにおいて道路状況の把握は重要であるが，その一部として機械学習を用いた画像認識ソフトウェアが用いられる．また，把握すべき道路状況も対象とする地域や法制度により変化する．すなわち，P 型と言えども，扱う問題は変化する．

このように考えると，大学におけるプログラミング演習などの問題（典型的な S 型）以外は，何らかの形でソフトウェア保守，発展を意識せざるを得ないことがわかる．

10.2　ソフトウェア保守の分類

ソフトウェア保守に関する標準として，ISO/IEC 14764（software engineering–software life cycle processes–maintenance）がある．そこでは，ソフトウェア保守を以下のように分類している．

- 是正保守（corrective maintenance）
- 適応保守（adaptive maintenance）
- 完全化保守（perfective maintenance）
- 予防保守（preventive maintenance）

是正保守とは，ソフトウェアリリース後に発見されたバグを修正する行為である．発見されたバグは早急に是正し，ソフトウェア利用に支障を与えないようにしなければならない．

適応保守とは，リリースしたソフトウェアをその後の環境変化に対応させて修正する行為である．ハードウェア，オペレーティングシステム，ミドルウェアなどのプラットフォームが変化しても，ソフトウェアを支障なく利用できるように保ち続けることは重要である．先に述べたように，ソフトウェアの寿命はハードウェアの寿命よりも遥かに長い．

完全化保守とは，ソフトウェアリリース後に性能や保守性の改善を目的として実施する行為である．最初のリリースでは最低限の機能提供を優先するがために性能や使い勝手が十分でないことが少なくない．完全なソフトウェアを目指して，リリース後も継続して性能等を改善してゆく必要がある．

予防保守とは，ソフトウェア欠陥が顕在化する前に修正する行為である．一旦，欠陥が顕在化してしまうとそれを修正するためのコストは非常に高くなる．また，ソフトウェア利用者への影響も大きい．バグとして顕在化しそうな箇所は事前に修正しておくことが重要である．

ソフトウェア保守と言うとバグ修正をイメージするかもしれないが，それに対応するのは是正保守のみである．それ以外の保守にも留意しなければならない．適応保守と E 型ソフトウェアの関係にも着目して欲しい．

10.3　保守を支援する手法と技術

10.3.1　保守の難しさ

ソフトウェアの保守を適切に行うことは容易ではない．ソフトウェアをゼロから開発するわけでもないのに何がそんなに難しいのかと思うかもしれないが，実際には保守はとても大変な仕事である．

バグの修正１つをとっても，まずバグの原因が潜んでいる箇所を特定しなければならない．大規模なソフトウェアの場合，そこがどこかを発見することは大変な作業である．次にバグの原因箇所がわかったとして，今度はバグを修正しなければならない．その際，プログラムの他の箇所に悪影響を与えないようにしなければならない．バグを直したら，新たなバグが生じるというのはよくあることである．最後に，リグレッションテストを行い，バグが本当に除かれ，他のテストケースも問題なく通過することを確かめなくてはならない．これらの作業は大変ではあるが，バグを埋め込んだ当事者が修正する場合はまだよい．

開発現場では，ソフトウェアを実際に開発したエンジニアではない別の人が保守を担当する場合が少なくない．その場合，他人が作成した膨大なプログラムコードの中からバグの原因を突き止めるのは至難の業である．そのためには，少なくとも，他人のプログラムの内容を的確に理解し，頭の中に入れておかなければならない．プログラムの構造が適切でなかったり，理解しづらいコードになっている場合は悲惨である．最悪の場合，コード変更が現実的でないときもある．しかし，そのような状況でもバグを修正しなければ顧客に迷惑をかけてしまう．保守を担当するエンジニアは本当に辛い．ソフトウェア保守の仕事は周りから地味に思われがちであるが，本当に実力のあるエンジニアでないとできない仕事である．

● 受け継がれる「ぼやき」 ●

プログラムコードが汚いから作り換えたい．他人のプログラムを引き継いだエンジニアがよく発する言葉である．コードが汚いから読みたくない，コードが汚いから修正しづらい，などがその理由である．しかし，コストや納期を考慮すると，プログラムをゼロから書き換えるのは，大抵の場合，現実的ではない．プログラムを引き継いだエンジニアには気の毒であるが，そのプログラムの保守をやっていただくしかない．ただ，冒頭のようにぼやいたエンジニアが作成したプログラムが別の人に引き継がれるとき，また同じようなぼやきが出てくる．引き継ぐ者と引き継がれる者の関係は一筋縄にはいかない．冒頭の言葉は，永遠に受け継がれるぼやきのような気がする．

10.3.2 保守の対象範囲とその支援

バグ修正を例にソフトウェア保守の大変さについて述べたが，この大変さを少しでも緩和するために，様々な手法や技術が提案されている．ソフトウェア保守の対象は，要求仕様書や設計書のようなドキュメント，プログラムコード，テストケースなど幅広い．また，保守の種類も，是正，適応，完全化，予防など多岐にわたる．ただし，いずれもプログラムコードの変更を伴う．そのため，以降の本節では，コード変更を支援するための手法や技術を中心に紹介する．

コード変更には，大きく分けて，以下の2種類がある．

(1) 顕在化した欠陥，潜在的な欠陥を修正するためのコード変更
(2) プログラムの振舞いは変更せずに，動作環境の変化，性能向上，保守性向上のためのコード変更

(1) はいわゆるバグ修正であり，是正保守や予防保守などを主目的とするコード変更である．デバッグ支援技術やプログラム解析技術が (1) のタイプのコード変更に役立つ．デバッガなどのツールはバグの修正に直接的に寄与する．プログラム解析とは，プログラムを実際に実行させることなく，様々なプログラム上の性質を静的に解析するための技術である．たとえば，コード変更が他のコード領域に悪い影響を与えないかを自動的に解析する影響波及分析などがある．また，プログラムコード中に潜む潜在的な欠陥を発見する静的解析ツールもある．予防保守に効果を発揮する．

一方，(2) はプログラムの機能はそのままで，動作環境，性能を変更するための修正である．また，振舞いを保ちつつ，プログラムコードの保守性を改善するリファクタリングも (2) のタイプのコード変更である．適応保守や完全化保守などが (2) に相当する．機能は変わらないので，(2) のタイプのコード変更を行っても，テストケースやその内容は変わらない．ただし，コード変更により既存の機能が動作しなくなると問題なので，再度テストを実施する必要がある．その際，効率的にテストを実行しないと，コストに影響してしまう．第8章で紹介したリグレッションテストやテスト自動化を参照して欲しい．(2) のタイプのコード変更は機能要求に関する変化はないものの，性能などの非機能要求については変化する．そもそもが性能向上などを目的としたものなので当然なことである．したがって，性能テスト，負荷テスト，脆弱性《ぜいじゃくせい》テストを再度実施し，性能が向上したのか，負荷が増大している兆候はないか，セキュリティが脆弱になっていないか，などについて確認しなければ

ばならない．一方，リファクタリングについては，機能要求と非機能要求に変化はないが，コード変更がこれらの要求に悪影響をおよぼしていないかをテストにより確認しなければならない．

以下では，ソフトウェア保守を支援する手法や技術として，デバッグ支援，プログラム解析，リファクタリングの3つを紹介する．

10.3.3　デバッグ支援

デバッグ支援のうち，バグの箇所を突き止めるために最も有効なツールはデバッガである．バグの原因と思われる怪しそうなコード位置にブレイクポイントを設定し，プログラムの振舞いやデータの値がおかしくないかをプログラムを実行させながら調べることができる．デバッガは統合開発環境に組み入れられ，エディタやコンパイラと連携して利用される場合が多い．

デバッガの機能およびその使用方法自体はプログラミングにおいて一般的なものなので，ここでは詳細な説明を割愛し，その他の重要なデバッグ支援技術を中心に紹介する．

Whyline

一般にデバッグ作業はエンジニアにとって大きな負担である．どこにバグの原因があるのかを特定した上で，プログラムコードを修正しなければならない．

コー（A. J. Ko）は，ソフトウェアのデバッグ支援に大きな影響を与えたツール **Whyline** を開発した．Whylineとは，エンジニアとの間で交わされるWhy / Why Notの形をしたQ&A（Question and Answer）の連鎖によりバグの原因を突き止めるツールである．エンジニアはプログラムの出力結果について「なぜしたのか（Why did）」「なぜしなかったのか（Why didn't）」という質問をすることができる．たとえば，ある変数 x の値がエンジニアの期待に反して1だった場合，「なぜ x は1に設定したのか？」という質問をWhylineに投げかけることができる．これに対し，Whylineは望ましい出力を妨げた理由をプログラムの静的解析と動的解析に基づいて回答する．バグの原因が究明されるまで，このQ&Aを繰り返す．なお，Whylineから質問候補が自動的に提示されるので，エンジニアはその中から関心のあるものを選択するだけでよい．Whylineは，実行トレース結果の追跡や関連するデータ値のチェックなど，多くのエンジニアが実際のデバッグ時に自問自答していることをプログラム解析の技術を用いて自動化する．通常のデバッガであれば，エンジニアが自らブレイクポイントを設定し，実行時の値を調べ，原因を推測しなければならない．

自動プログラム修正

デバッグ作業の自動化は誰しもが必要性を感じるが，大抵の人は「そんなことができるはずはない」と考えている．しかし，ソフトウェア工学では，**自動プログラム修正**（Automatic Program Repair，APR）に関する研究が急速に進展している．自動プログラム修正とは，「テストにパスするプログラムは正しい」という考えの下，自動的にバグを修正する技術である．最初に欠陥の箇所を特定化し（fault localization），次にバグを修正するためのパッチを生成し（patch generation），最後にパッチを当てテストを実行する．テストに合格すればバグが直ったとする．テストが不合格であれば，別のパッチを当て，再度テストを行う．テストに合格するまでこれを繰り返す．もし制限時間内にテストに合格しなければバグは修正できなかったことになる．このような方式のことを **G&V**（Generate and Validate）という．すなわち，パッチを生成し，生成したパッチが妥当かどうかをテストにより確認する．

G&V 方式の自動プログラム修正では，バグ位置の特定とパッチの生成が鍵となる．バグ位置の特定手法としては，**SBFL**（Spectrum-Based Fault Localization）が有名である．これは，プログラムを実行し，テストに合格した場合に通過したステートメントとテストに不合格となった場合に通過したステートメントを比較し，後者の割合が高いステートメントをバグ位置と予測する手法である．一方，パッチ生成にはいくつかの方法がある，代表的なものとして，プログラムコード上の他の部分からコード片を持ってきて，それに遺伝的アルゴリズムを適用してパッチを自動生成する方式がある．その他，バグ修正のパターンを収集しそれをテンプレート化してパッチ生成に用いる方法などもある．代表的な自動プログラム修正ツールとして，遺伝的アルゴリズムベースの GenProg などがある．なお，テストに合格したパッチが正しいとは限らない．これは現在の自動プログラム修正技術が抱える問題の一つである．

10.3.4 プログラム解析

プログラム解析とは，プログラムの構造を静的に解析する技術であり，その応用範囲は広い．代表的なものとして，コントロールフロー解析，データフロー解析，プログラムスライシング，シンボリック実行，影響波及解析，静的コード解析などがある．

コントロールフロー解析とデータフロー解析

コントロールフロー解析（control flow analysis）はプログラムの制御の流れを明らかにし，**データフロー解析**（data flow analysis）は変数への値の代入や参照を解析する．代入のことを定義（define），参照のことを使用（use）と呼び，これを明らかにすることを**DEF-USE解析**という．プログラム中の変数の値がおかしくてそれがバグに影響している可能性がある場合にDEF-USE解析の結果を利用するとデバッグに役立つ．その変数がどこで代入されておかしな値になったのかを知ることができる．

プログラムスライシング

プログラムスライシング（program slicing）はワイザー（M. Weiser）により提案されたプログラム解析技術である．これは，あるステートメントに関連するプログラム片のみを切り出す技術であり，コントロールフロー解析やデータフロー解析に基づく．社会で広く利用されるソフトウェアは巨大になる傾向があり，バグを修正する際にプログラムコードの全てをチェックしてバグの原因を突き止めることは容易ではない．プログラムスラシング技術はこのような場合に有効である．

シンボリック実行

シンボリック実行（symbolic execution）については，第8章でConcolicテストを紹介する際に既に出てきている．シンボリック実行は，変数をシンボルとして扱うと共にそれに対する代入や参照を解析することにより，条件を満たす入力値を求めるプログラム解析技術である．シンボリック実行により，全ての実行経路を検証することができるためデバッグに役立つ．ただし，シンボリック実行は一般的に適用するためのコストが高いという問題がある．バグの深刻度，他の部分への影響度を考慮し，テストのみでは不十分な場合にシンボリック実行を適用するとよい．Concolicテストはシンボリック実行の良い適用事例と言える．

影響波及解析

プログラムコードを修正する際に最も気になるのは，その修正がプログラムの他の箇所に悪影響を与えないかである．また，プログラムコードを1箇所変更すると，それに伴って複数の別の箇所も変更しなければならないこともある．このようなときに役立つのが**影響波及解析**（impact analysis）である．これはある修正がプログラム中のどの箇所に影響するのかを解析して，その結果をエンジニアに提示する技術である．影響波及解析は，コントロールフロー解析やデータフロー解析などを用いて実現することができる．

静的コード解析

プログラムの潜在的な欠陥を検出する**静的コード解析**（static code analysis）は，ソフトウェア開発の現場でよく利用される．検出可能な潜在的欠陥として，初期化していない変数の利用，条件式の間違い（C 言語において ==（比較）とすべきところが =（代入）になっているなど），未到達のステートメントなどがある．このような欠陥がプログラム中に含まれていても，プロジェクトで用意した全テストケースをパスするかもしれない．しかし，これはテストケースが不十分であり，バグが見過ごされていただけである．最悪の場合，これらの欠陥はリリース後に顕在化することになるかもしれない．ソフトウェア開発の現場では，プログラムが完成しテスト工程に入る前に静的コード解析ツールを適用し，潜在的な欠陥を未然に除くことを開発プロセスの中に埋め込んでいる場合が少なくない．

10.3.5 リファクタリング

リファクタリング（refactoring）とは，ソフトウェアの外部的な振舞いを保ったまま，内部の構造を改善していく作業である．保守に限らず，日々の設計，実装でも適用される．デバッグ支援やプログラム解析は，欠陥を修正するのに利用する手法や技術であった．欠陥は是正すべきものであるから，これらの手法や技術は必ずなくてはならないものである．一方，リファクタリングはプログラムコードの構造や質を向上させるものである．そのため，実施しなくても，直接的には問題は生じない．しかし，読みづらいコード，変更がしづらいコードは，将来，良くない影響をおよぼしかねない．たとえば，新しい機能を入れようとしたときに煩雑なコード変更をしなければならなく，新たなバグを埋め込む誘因になりかねない．

機能追加やバグ修正などを繰り返すと，プログラムコードの構造や質は段々と劣化していくことが多い．劣化させずに日々プログラムの質を維持してゆくことが大切である．リファクタリングは，そのための手段である．

ファウラー（M. Fowler）らは，様々なコード改善方法を**リファクタリングカタログ**としてまとめている．カタログでは，オブジェクト指向プログラミングにおけるコード改善を，メソッドの構成，オブジェクト間での特性の移動，データの再構成，条件記述の単純化，メソッド呼出しの単純化，継承の取扱い，などの観点から整理している．表 10.1 にカタログ項目の一部を示す．

プログラムコードの構造が適切でない場合にリファクタリングを適用することになるが，そのきっかけとなるものが存在する．これは**コードの不吉な匂い**（code smell）と呼ばれ，重複したコード，長すぎるメソッド，巨大なクラス，などがある．たと

表 10.1 リファクタリングカタログ（一部）

項目	概要
decompose conditional	複雑な条件記述をメソッド化する
extract subclass	クラスの一部をサブクラスとして抽出する
extract superclass	複数のクラスに共通する属性やメソッドをスーパクラスとして分離する
extract class	クラスの責務を考慮し，クラスの一部を切り出して別クラスに移す
extract method	長いメソッドや複雑なメソッドの一部を切り出して別メソッドに移す
pull up method	サブクラス間で重複するメソッドをスーパクラスに引き上げる
push down method	ある特定のサブクラスのみに関係するメソッドをスーパクラスからサブクラスに引き下げる
rename method	メソッド名を適切なものに変更する

えば，同一クラス内の複数メソッドに同じコードが重複して出現する場合は「重複したコード」と言う匂いを持つ．この場合は「メソッドの抽出」(extract method) のリファクタリングを適用するとよい．カタログでは，各リファクタリングは，名前，要約，動機，手順，例，の 5 つの部分の記述から構成されている．手順にしたがえば，正しくリファクタリングが行えるようになっている．

リファクタリングの多くは機械的な操作のみで行うことができるため，自動的にリファクタリングを行う機能が統合開発環境の中に組み入れられていることが多い．不吉な匂いがしたら，統合開発環境上で簡単にリファクタリングを行うことができる．リファクタリングにおいては，開発と保守の境界はないと言ってよい．

10.4 保守からソフトウェア発展へ

10.4.1 開発スタイルの変化

意外に感じられるかもしれないが，現在では，まっさらな状態からソフトウェアを新規に開発する機会は，実はあまり多くない．既存のシステムに新機能を追加して新たなバージョンとしてリリースすることの方が遥かに多い．たとえば，PC向けの新しいオペレーティングシステムがリリースされると，新製品が出たというイメージが先行するが，その開発の実態はソフトウェア保守である．保守と言うとネガティブな印象を持つので，次期バージョン開発プロジェクトと言った呼び方をする．格好の良い開発コードネームをつけることも多い．保守の中に，要求獲得，分析，設計，実装，テスト，が存在するとも言える．もはやバグ修正などのレベルの話ではない．ウォータフォールモデルの最後に保守を位置づけるのは，現在では適切とは言えない．むしろ，保守はソフトウェア開発の中心に位置づけるべき存在である．また，ソフトウェア保守ではなく，ソフトウェア発展と言う用語を使用する方が適切である．

現在のソフトウェア開発においては，開発という名の保守と運用が中心的な役割を担っている．保守と運用を継続させながら，ソフトウェアの機能要求と非機能要求を発展させている．第2章で紹介したDevOpsは，開発と運用が一体化した開発プロセスであり，保守は完全にその中に組み込まれている．DevOpsはソフトウェア発展のための開発プロセスとも捉えることができる．プロジェクトの終結まで顧客の要望を取り入れながら，顧客が満足するシステムに育て上げていく．しかし，プロジェクトが終結しソフトウェアをリリースした後でも，顧客からは新たな要望が出てくるし，要望自体も変化していく．そのソフトウェアを求める顧客がいる限り，プロジェクト終結後も開発と運用を続けていくことになる．

10.4.2 要求監視

ソフトウェア発展の対象となるシステムは，レーマンの分類にしたがえばE型となる．E型のソフトウェアにおいては，人間行動により変化する要求を継続的に収集してゆくことが重要となる．このための方法の一つとして，**要求監視**（requirements monitoring）がある．これは，ソフトウェアの中に人間の操作履歴などの情報を収集するプログラムを埋め込み，時間の経過と共に人間行動がどのように変化しているかを監視する仕組みである．

第5章でA/Bテストを紹介した．A/Bテストでは，Webサイトの利用インタフェースとして A パターンと B パターンを用意し，ユーザがどちらを好むかをテストする．もし A パターンの方が優れているとわかるとそれをシステムに正式に取り込む．A/B テストは，要求監視の一実現形態と言える．

10.4.3　ソフトウェア発展の自動化

要求監視の考え方をさらに一歩進めて，絶えず変化する要求を監視するだけでなく，ソフトウェア自体も同時に更新してゆくための仕組みも提案されている．このようなソフトウェアのことを**自己適応システム**（self-adaptive systems）と呼ぶ．

自己適応システムでは，外部環境（人間行動を含む）やシステム自身の状態変化により，システムの構成や振舞いを自動的に変え，変化に適応していくシステムである．自己適応システムの基本構造は **MAPE-K ループモデル**により表現される．システムの状態を監視（Monitor）し，その結果を分析（Analyze）し，変更を計画（Plan）し，それを実行（Execute）することを繰り返すモデルである．そのループの中核にあるのが知識（Knowledge）である．自己適応システムは，ソフトウェア発展が自動化されたものとも言える．

自己適応システムと自動プログラム修正技術を組み合わせると，運用中に発見されたバグをシステム自身が修正することにより，システムを止めることなく運用を継続させることができる．現在においても，システム障害に対して自己修復するシステムは存在するが，それが可能なのは予め決めておいた修復パターンが適用できる場合に限定される．また，プログラムコード自体を自動的に変更するわけではない．将来，自動プログラム修正技術が実用化されると，運用時の信頼性をさらに高めることが可能となる．

第 10 章の問題

□ **10.1**　いままで作成したプログラムの DEF-USE 解析を手でやってみよう．

□ **10.2**　いままで作成したプログラムにどのようなリファクタリングが適用できそうか調べてみよう．

第11章

ソフトウェア品質

ソフトウェア品質には大きく分けて，プロダクト品質とプロセス品質の２つがある．バグがなく使い勝手も良いという側面がプロダクト品質であり，ソフトウェアの開発過程が信頼の置けるものであるかどうかを示すものがプロセス品質である．本章では，プロダクト品質とプロセス品質の両面からソフトウェア品質保証の手法について学ぶ．

11.1　ソフトウェア開発における品質の重要性

品質の良いソフトウェアとはどのようなものであろうか？ 大抵の人は，バグのないソフトウェアや使い勝手の良いソフトウェアは品質が良いと言うであろう．中には，さらに踏み込んで，ソフトウェアの開発過程に信頼性がある場合と答える人もいるかもしれない．昨今，食品の賞味期限を偽装する事件が後を絶たないが，購入しようとしている食品パックに品質的な問題がないかは見た目ではわからないことが多い．しかし，生産地や物流に関する情報まで提示すると消費者の信頼が厚くなる．あるいはもっと直感的に「あそこの生産者，企業なら大丈夫」と思うかもしれない．ソフトウェアの場合も食品と同様にその開発過程に信頼が置けると，そこで生み出されるソフトウェアの品質も良いことが多い．

ソフトウェア品質には大きく分けて，プロダクト品質とプロセス品質の２つがある．バグがなく使い勝手も良いという側面がプロダクト品質である．プロダクト（製品）としての品質を直接示すものであり，第８章で学んだテスト手法は重要な役割を果たす．一方，ソフトウェアの開発過程が信頼の置けるものであるかどうかを示すものがプロセス品質である．プロダクト品質とプロセス品質は車の両輪のようなものである．一方が不十分だと品質事故につながる．品質はソフトウェア製品を開発する企業にとって，企業が存続してゆくための生命線だと言っても過言ではない．

本章では，プロダクト品質とプロセス品質の両面から主だった手法について説明する．

● 品質は企業の生命線 ●

筆者は 20 年以上電機メーカに在籍したが，仕事を通じて学んだことの第一は「品質の重要性」である．一にも二にも品質である．品質は企業活動の生命線である．一度，品質事故を起こすと大変なことになる．たとえ技術的には小さなミスでも，一旦，それが出荷され社会に出てしまうと，多くの人に多大な迷惑をかけることになる．エンジニアは常にそれを心の中で噛みしめながらソフトウェア開発に取り組まなければならない．エンジニアの仕事は会社に閉じている訳ではなく，社会とつながっているのである．

11.2　プロダクト品質

プロダクト品質は，製品としてのソフトウェアそのものに対する品質である．ここでは，プロダクト品質を保証するための手法を紹介する．

11.2.1　ソフトウェア信頼度成長モデル

プロダクト品質を狭い意味で捉えると，「バグがない」「性能が要求仕様に合致する」などの項目を挙げることができる．これらは基本的にテストを十分に実施することにより達成される．しかし，第 8 章で述べたようにテストにはコストがかかる．また，テスト中にバグが見つかればプログラムコードを修正するだけではなく，もう一度テストし，バグが直ったか，他に悪影響を与えていないかなどをリグレッションテストにより確かめなくてはならない．一体いつまでリグレッションテストを続けなければならないのであろうか？ 正解を答えるのは難しい．実際の開発現場では，次善の策として，**ソフトウェア信頼度成長曲線**（software reliability growth curve）が良く使用される．ソフトウェア信頼度成長曲線はソフトウェアバグ成長曲線とも呼ばれる．

ソフトウェア信頼度成長曲線とは，図 11.1 に示すように，横軸にテスト実施日，縦軸にその日までに発見したバグの累積数をプロットしたものである．テスト期間初期はバグ数は比較的少ないが，中盤に差し掛かるとバグの累積数が増え，後半になると緩やかになるのが一般的である．最後の方は開発中のソフトウェアも安定してくるのでバグの発見数も少なくなる．曲線は S 字を描くことが多い．バグの累積数

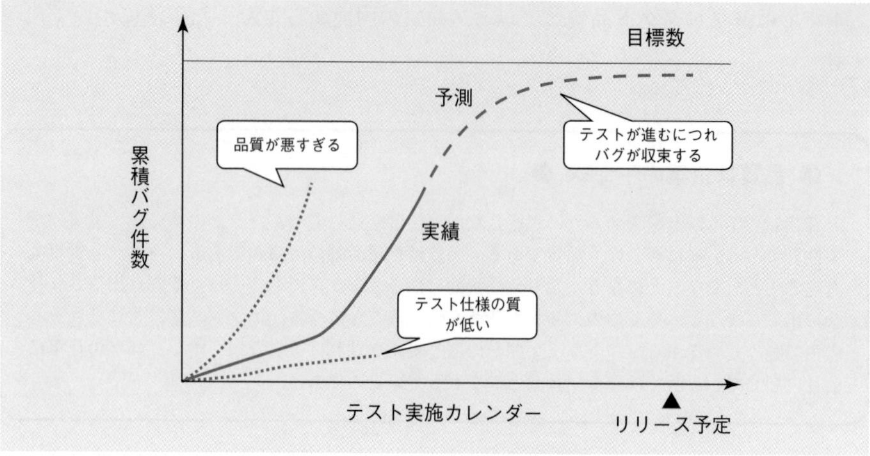

図 11.1　ソフトウェア信頼度成長曲線

が増えることを，ここでは成長と呼んでいる．ソフトウェア信頼度成長曲線は，十分にバグを出し切ればソフトウェアの信頼性は高くなっているだろうという考えに基づいている．バグが数日間発生しなくなり，成長が止まったところがテストの終了時期と見定めることができる．終了判定の基準は企業により異なる．なお，横軸には必ずテスト実施日のみをプロットすることに注意しなければならない．カレンダー通りに日付をプロットしてしまうと，連休中の成長がゼロとなり間違った終了判定をしてしまうことになる．なお，テスト実施日の代わりに，消化テストケースの項目数やテスト工数を使用することもある．

ソフトウェア信頼度成長曲線には「ソフトウェアには適度なバグが含まれるものである」という前提が背後にある．ある人は「自分のプログラムは完璧なのでこのような成長曲線にはならない」と主張するかもしれない．確かにその人のプログラムは一発でテストを終了するかもしれない．しかし，複数人で分担して大規模なソフトウェアを開発する場合は，そのようなケースは極めてまれである．だからこそ，ソフトウェア信頼度成長曲線が多くの開発現場で使用されているのである．

ソフトウェア信頼度成長曲線は，多くのソフトウェア開発で似たようなカーブを描くことが多い．この曲線を何らかの数式でモデル化すると，ある時点以降の必要テスト日数とバグ累積数を予測することが可能となる．この数式のことを**ソフトウェア信頼度成長モデル**（Software Reliability Growth Model，SRGM）と呼び，代表的なものとして，指数形モデル，遅延 S 字型モデル，ゴンペルツ曲線などがある．

もし曲線に近い形でバグ累積数が成長しない場合は，ソフトウェア品質に問題があることを疑った方がよい．予測モデルよりもバグ数が異常に多い場合は，ソフトウェア自身がテストに耐えられないほど質が低い可能性が高い．逆にバグの検出数が異常に少ない場合は，テスト仕様の質を疑う必要がある．ソフトウェアの品質が本当に良くてバグが少ない可能性はなくはないが，大抵の場合はそうではない．テストケースが十分に抽出されておらず，ソフトウェア中に潜在するバグが捕捉できていない可能性の方が高い．

11.2.2 外部品質と内部品質

ソフトウェア品質には**外部品質**と**内部品質**の両面がある．

バグが出尽くした，使い勝手に問題はない，などの側面が外部品質である．ソフトウェア信頼度成長モデルはバグが出尽くしたかどうかの判断には使用できるが，それはあくまでも外部品質からの側面である．

内部品質は，ソフトウェアの中身が適正に作られているかどうかを見る側面である．人は外見的には健康そうでも，血圧やコレステロール値など身体内部の指標で見ると不健康な場合がある．ソフトウェアの場合も同様で，プログラム内部の様々な性質を調べると品質的に問題が存在することがある．たとえば，コードが複雑すぎて中身のアルゴリズムを追っていくことが難しかったり，モジュールが適切に分割されていないと，そのソフトウェアは健康と言えない．このような状況を**技術的負債**（technical debt）と呼ぶ．技術的負債を抱えたソフトウェアを改良，保守していくことは困難であるばかりかコスト的にも見合わない．技術的負債はぜひとも避けなければならない．なお，内部品質を語る場合，ソースコードだけでなく，要求仕様書や設計書などのドキュメント，テスト仕様なども測定の対象に含まれる．

内部品質の良し悪しを測定する指標には様々なものがあるが，わかりやすい例として，1つのモジュール（関数，メソッド，クラスなど）当たりの行数，ソースコードの入れ子の深さ，変数の命名などがある．これらは身体内部の指標にたとえると血圧やコレステロール値に相当する．内部品質の観点から見て，モジュール行数が異常に長く，入れ子が深いプログラムや変数名の付け方が適切でないプログラムは，その処理内容を理解するのが困難になりやすく，技術的負債の兆候と捉えることができる．ソフトウェアにこのような兆候が見られたら，早急にソフトウェアの構造を見直した方がよい．テストに合格したからといって安心してはならない．

表 11.1 ソフトウェア製品の品質モデル

品質特性	内容（例）
機能適合性	ソフトウェアが要求された機能を提供しているか？
性能効率性	ソフトウェアの性能は適切か？
互換性	他のソフトウェアとの共存性や相互運用性は保たれているか？
使用性	ソフトウェアの使い勝手や操作性は良いか？ 習得は容易か？
信頼性	ソフトウェアの動作は信頼できるか？ 障害対策は十分か？
セキュリティ	ソフトウェアの機密性は保たれているか？
保守性	ソフトウェアの保守，改良は容易か？
移植性	ソフトウェアを容易に別の環境に移して利用することは可能か？

11.2.3 ソフトウェア品質特性

ソフトウェア品質を測定するためには，何らかの形でその特性を測定する必要がある．この特性のことを**ソフトウェア品質特性**と呼ぶ．表 11.1 に主なソフトウェア品質特性を示す．これは国際規格 ISO/IEC25000 **SQuaRE**（Systems and software Quality Requirements and Evaluation）シリーズで提示されたものである．前述の例は，保守性に言及したものである．品質と言うと機能適合性や信頼性が注目されがちであるが，その他の特性も見過ごしてはならない．表に示した品質特性をバランス良く達成していくことが，高品質なソフトウェアを開発する上で重要となる．

11.2.4 当たり前品質と魅力品質

プロダクト品質には，**当たり前品質**と**魅力品質**という 2 つの側面がある．ソフトウェア工学の学術書にはあまり出てこない用語であるが，ソフトウェア開発の現場ではよく使用される．これらは顧客目線の品質である．

当たり前品質とは，「バグがない」など顧客から見て達成できて当たり前の品質である．バグで使いものにならないソフトウェアは誰も欲しいとは思わない．開発サイドからすると最低限達成しなければならない品質と言える．

一方，魅力品質とは「使い勝手が良い」「デザインが格好良い」「どうしても欲しい」といった魅力を指す．この場合，商品企画や要求仕様が魅力的であるかが重要なポイントとなる．いくら要求仕様通りに正しく設計，実装，テストを実施したとしても，要求仕様自体に魅力がなければ顧客の満足は得られず品質は低いものとなる．

当たり前品質と魅力品質は方向性は違えども両方とも重要な品質である．エンジニアは前者に偏りがちであるが，後者の重要性もきちんと認識する必要がある．

● 街角で出会った品質 ●

電機メーカに勤めていたときに品質に関する作文を書く機会があった．メーカには品質月間というのがあり，その際に作文やポスターを募集することが多い．あるとき，誰が出すかということになり筆者に担当がまわってきた．ポスターよりは作文の方が楽そうだったので，作文を書くことにした．以下はそのときに書いたものの一部である（原文のまま）．1996 年のことなので随分昔のことであるが，品質に対する筆者の想いを綴ったものである．会社にいた頃はあまり褒められることはなかったが，この作文は金賞を貰い，いまも筆者の手元に残っている．

先日，ミニノートパソコン Libretto を購入するために，街角の電器店に出かけました．今年 4 月に発売されるやいなや，多方面で大きな反響をいただき，今でも品切れが続くほどのヒット商品になっています．私も，その場では購入できず，予約を入れました．商品は 2 週間後，無事に納品され，私の日常生活で大活躍しています．この作文の原稿も Libretto で作成しています．電器店を何軒か回りましたが，どの店に行っても，いつも，何人かの顧客が Libretto の周りに集まって，熱心にいじっくっていました．みんな，「これ，本当にパソコンか？」「こんなに小さいのに Windows95 が動くの？」という驚きの目で操作しているのが分かります．青梅工場で作られた Libretto が街角でこんなに話題になっているのを目のあたりにすると，同じ青梅工場で働く人間として，嬉しく感じると同時に，品質の原点をみる思いがしました．「欲しいな～欲しいな～」と顧客に感じさせる魅力的な商品，それが品質の第一歩だからです．

顧客満足度（customer satisfaction，CS）という言葉がありますが，顧客はどのようなときに一番，品質を意識するのでしょうか？ 製品の機能や価格，デザインは当然として，「この商品欲しい」と感じたときではないでしょうか？ バグも故障もない商品は，確かに，顧客に迷惑をかけることはありません．でも，その商品が平凡で魅力に欠けるものだったら，本当の意味で，品質が高いと言えるでしょうか？ Microsoft が開発したパソコン OS Windows95 はまだ多くのバグを抱えていると言われています．ユーザからも多くのクレームが出ているそうです．しかし，Windows95 は依然として，売れ続けていますし，多くのユーザにとって，なくてならないものになっています．多少のバグに目をつぶってでも欲しいと思うもの」「それがないと困るもの」に顧客が集まる時代になってきたようです．いくら，技術的に優れていても，故障がなくても，「魅力」がなければ顧客にとっての品質は高くないのです．これからはバグや故障がない「当たり前品質」に付け加えて，私たちメーカは「魅力品質」により一層取り組んで行く必要があると言えそうです．そして，この「魅力品質」の源は街角の電器店にあると思います．寺山修司の「書を捨て街にでよう」ではありませんが，「技術で固くなった頭を捨てて，街角の電器店にでてゆく」ことが重要です．（後略）

11.3 プロセス品質

プロセス品質とは，ソフトウェアを開発するプロセスが適切であるかどうかを見る品質である．ここでは，プロセス品質を向上させるための手法を紹介する．

11.3.1 ソフトウェア品質とプロセスの関係

ソフトウェアの開発が組織として適切に行われていれば，その組織から生み出されるソフトウェアの品質は問題ないであろうという考え方がプロセス品質である．逆に，開発メンバにまとまりがなく各自が勝手気ままに設計やテストを行っている組織から生み出されるソフトウェアには高い品質は期待できない．

一人でプログラムを作っている範囲では，作り方のプロセスがしっかりしていなくても素晴らしいソフトウェアを開発することができるかもしれない．実際に個人制作の優れたソフトウェアはたくさんある．しかしながら，企業で開発するような商用ソフトウェアは大人数で長期にわたって開発されることが少なくない．共通の設計標準やテスト基準がないと，いくら個々のエンジニアの能力が高くても，開発組織としての能力は高くならない．

「ソフトウェア（の開発）は難しい」とよく企業人は言うが，この場合の難しさは技術的な難しさではなく，開発組織やプロジェクトマネジメントなどの人間的側面に起因する難しさを指す．

11.3.2 ソフトウェアプロセス改善モデル

ソフトウェアプロセス改善モデルとは，ソフトウェア開発能力を組織的に改善していくためのモデルであり，より良いソフトウェア開発組織を生み出すための指針となる．

代表的なソフトウェアプロセス改善モデルとして，米国カーネギーメロン大学のソフトウェア工学研究所（Software Engineering Institute，SEI）で開発された**能力成熟度モデル統合**（Capability Maturity Model Integration，**CMMI**）がある．CMMIは開発組織およびその開発の成熟度レベルを段階的に改善していくためのモデルであり，ハンフリー（W. S. Humphrey）が開発を主導したCMM（Capability Maturity Model）の発展版である．国際的に最も適用されているモデルであり，日本国内でも多くの企業が導入している．このモデルで最も重要な点は，段階的に改善していくところにある．組織の問題は一朝一夕には改善できないからである．CMMI V2.0（2018年に制定）では，CMMI-DEV（開発），CMMI-SVC（サービス），CMMI-SPM（供給者管理）の3つのビューが用意されている．組織の業務形

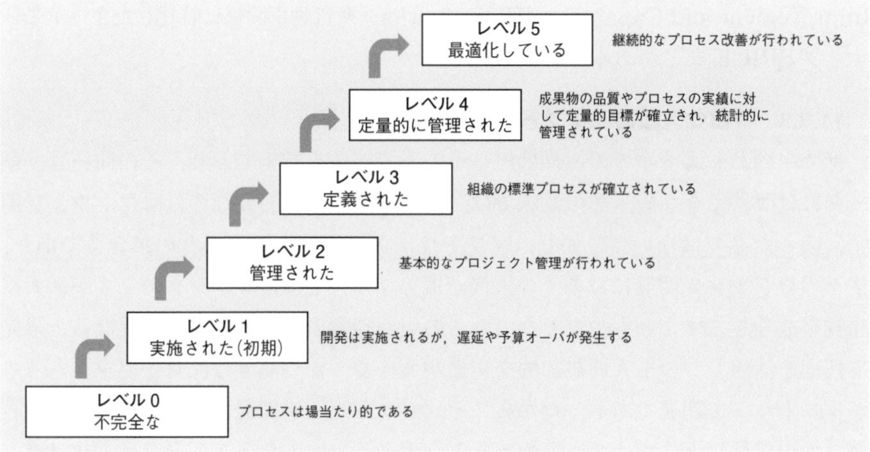

図 11.2　**CMMI V2.0 の成熟度レベル**

態に応じてビューを選ぶことができる．また，複数ビューを組み合わせて利用することも可能である．

CMMI では図 11.2 に示すように，レベル 0（不完全），レベル 1（初期），レベル 2（管理された），レベル 3（定義された），レベル 4（定量的に管理された），レベル 5（最適化している）の 6 段階の成熟度レベルが設定されている．ある組織が現在どのレベルにあるのかを評価，認証する仕組みも用意されている．評価の対象となる**能力領域**と**プラクティス領域**はソフトウェア開発活動全般を網羅している．各能力領域には，その能力に求められるプラクティスが提示されており，実際の**ソフトウェア開発プロセス改善**（Software Process Improvement，**SPI**）活動を進めていく際の指針を与えている．たとえば，品質の確保（ENsuring Quality ENQ）という能力領域では，ピアレビュー（Peer Reviews，PR），プロセス品質保証（Process Quality Assurance，PQA），要求の開発と管理（Requirements Development & Management，RDM），検証と妥当性確認（Verification & Validation，VV）のプラクティスが用意されている．組織においてソフトウェアプロセス改善活動を推進するグループのことを **SEPG**（Software Engineering Process Group）と呼ぶ．

CMMI は組織レベルのプロセス改善であるが，個人を対象とした **PSP**（Personal Software Process）やチームを対象とした **TSP**（Team Software Process）が SEI より提供されている．いずれもハンフリーが開発を主導している．

ソフトウェアプロセス改善モデルには，CMMI の他に，**SPICE**（Software Process

Improvement and Capability dEtermination）や自動車関係に特化したオートモーティブ SPICE などがある．

11.3.3 プロセス改善とソフトウェア開発

世の中のおおよそ全ての組織は何らかの形で問題を抱えており，その問題は一朝一夕には改善できない．その意味では，プロセス改善が必要なのはソフトウェア開発に限った話ではない．しかし，ソフトウェアは緻密なロジックの集合体であり，個々のロジックの開発には多くの人間が関与する．1つのロジックのミスが甚大な品質事故を起こすことも少なくない．この点が通常の組織とは大きく異なる．最先端技術を活用しつつも人間集約的な側面が大きく，かつ高度な品質が要求されるのがソフトウェア開発である．だからこそ，ソフトウェア開発におけるプロセス改善が，他の業種以上に求められるのである．現在，ソフトウェア開発の自動化は進んできてはいるが，完全自動化には至っていない．人がソフトウェアを開発している限り，プロセス改善の重要性はなくならない．

皆さんの多くは，プロセス改善が重要と言われてもあまりピンとこないのではないかと思う．本節で紹介した内容も理解が難しかったかもしれない．しかし，対象をソフトウェア開発ではなく，大学のサークルやアルバイト先に置き換えてみたらどうであろうか？ サークルで何らかのイベントに参加したとする．その際，チームワークが良いサークルとそうでないサークルとでは，イベントでの成果に大きな差が出るはずである．その差の要因が，必ずしもサークルメンバ個々人の能力の差で

● 共通言語としてのプロセス改善モデル ●

電機メーカに在籍していた頃，一時期，工場におけるソフトウェアプロセス改善活動に従事したことがある．プロセス改善活動は一朝一夕にできるものではなく，いきなり CMMI に合致する開発標準を作り出すことはできない．その一方で，開発組織には長年活用してきた開発標準や明文化されていない暗黙知が既に存在している．CMMI というデファクトスタンダードと部門ルールを突き合わせ，何が既にあり，何がまだ不足しているのか，あるいは明文化されていないのかを認識するところから開始することになる．CMMI に明文化されているプラクティスは，ソフトウェア開発改善のための共通言語の役割を果たす．開発現場のエンジニアが同じ言葉を使用して組織の課題を共通認識し，その上で開発組織力を高めていく過程が実は最も重要なことである．プロセス改善に言葉ありきである．開発現場のエンジニアにとっては，実はプラクティスに記載されていることは新しいことではない．むしろ当たり前のことしか記載されていない．しかし，CMMI では必要事項が的確かつ網羅的にまとめられている．当たり前のことを万人が理解できるように整理し文書化するのは実際には容易なことではない．そこにも CMMI のようなプロセス改善モデルの存在意義がある．

ないことが多々ある．サークル活動の組織的土壌が影響を与えている場合もあるであろう．その土壌を改善することは一朝一夕でできるものではないと気づくこともあろう．これは，まさにプロセス改善の問題そのものである．本節で紹介した内容を，身近な問題に置き換えてみると，案外理解しやすいのではないだろうか．

11.4 ソフトウェアレビュー

11.4.1 レビューの必要性

ソフトウェア開発では，要求仕様書，設計書，プログラムコード，テスト仕様書など様々な成果物が作られる．エンジニアはベストを尽くして最良の成果物を作ろうとするが，やはり人間である．成果物の中身に間違いや抜けが生じるのは防ぎようがない．しかし，間違いや抜けがあるままリリースしてしまったら大変なことになる．そこで実施されるのが**ソフトウェアレビュー**（software review）である．単にレビューと呼ぶ場合も多い．

ソフトウェアレビューでは，プロジェクトマネジャー，開発リーダ，開発メンバらが集まり，成果物の内容をチェックし，間違いや抜けがないかを調べる．また，要求仕様書のレビューでは，顧客や実際のシステム利用者が加わることが一般的である．単に成果物を読み合わせるだけではチェック漏れが生じるので，通常はチェックリストを用意してからソフトウェアレビューを行う．

11.4.2 レビュー手法

代表的なソフトウェアレビューの方法として，**ウォークスルー**（walkthrough）や**ソフトウェアインスペクション**（software inspection）などがある．

ウォークスルーは，成果物の作成者がレビューアを募り，成果物の内容を説明する形態をとる．比較的カジュアルなレビュー方法である．ウォークスルーは問題点の発見だけでなく，教育目的で実施することも多い．新入社員が作成した成果物をレビューする際は，問題点の指摘だけでなく，仕様書や設計書の書き方やプログラミング時の注意事項なども合わせて指摘することが多い．

一方，ソフトウェアインスペクションでは，成果物の作成者とは別の第三者が事前に定められた手順とチェックリストにしたがってプログラムコードなどの精査を行う．ウォークスルーよりも厳密なレビューである．インスペクションはファガン（M. Fagan）により提案された．

11.5 ソフトウェアメトリクス

ソフトウェア品質の良し悪しを判断するためには，プロダクトとプロセスの両面からデータを収集する必要がある．さらにデータから何らかの指標値を計算し，その優劣により品質を測ることになる．ソフトウェア品質を定量的に評価する方法や基準のことを**ソフトウェアメトリクス**（software metrics）と呼ぶ．ソフトウェアメトリクスは，大きく，プロダクトメトリクスとプロセスメトリクスの 2 つに分けられる．

11.5.1 GQM

ソフトウェア開発における指標やその元になるデータは闇雲に収集すればよいというわけではない．ソフトウェア開発の効率を上げたい，品質を向上させたい，早期に異常を把握したい，などの目的がないと指標を算出しても意味がない．何のために計測するのかが重要である．一方，指標は，計測の目的を的確に捉えるものでなくてはならない．すなわち，目的と指標は適切に結びついていなければならない．

バシリ（V. Basili）は **GQM**（Goal, Question, Metric）というゴール指向のアプローチを提案している．GQM では，G：概念レベル（ゴール），Q：運用レベル（質問），M：定量レベル（指標）の 3 段階に分けて考える．G で計測を行う目的を定め，Q でその目的を達成するために評価すべき質問を定め，M で質問に対して定量的に答えられる指標を定める．GQM のアプローチは何ら特別なことではなく，むしろ当たり前の考え方である．しかし，この当たり前のことを実践するのは必ずしも容易なことではない．開発組織にとって本当に重要と考える指標のみを用いるべきである．

11.5.2 プロダクトメトリクス

プロダクトメトリクスは，要求仕様書，設計書，プログラムコードなど製品としてのソフトウェアの構成物から収集したデータから算出する指標からなり，ソフトウェアそれ自身の品質が適切かどうかを判断する．主なプロダクトメトリクスを表 11.2 に示す．

表 11.2 プロダクトメトリクス

指標	内容	利用目的
循環的複雑度	プログラムの制御フローの複雑さを示す指標	プログラムの保守性や理解容易性を測定するのに用いる．
ハルステッドの尺度	オペレータとオペランドの種類数/出現数に基づいて算出する指標	規模，バグ数，開発時間を予測するのに用いる．
C&K メトリクス	オブジェクト指向プログラムに対する指標	プログラムの保守性や理解容易性を測定するのに用いる．

ここでは代表的なプロダクトメトリクスとして，循環的複雑度，ハルステッドのソフトウェアサイエンス（ハルステッドの尺度），C&Kメトリクスの3つを紹介する．これらはプログラムの構造がどれくらい複雑かを測るメトリクスである．プログラムの制御構造が入り組んでいたり，プログラム中に出現する語彙が多いとバグが発生しやすいし，ソフトウェアに新たな機能を追加しようとしても容易ではない．

循環的複雑度

循環的複雑度（cyclomatic complexity）は，マッケイブ（T. J. McCabe）が1976年に提案した指標であり，プログラムの制御構造に着目して算出される．循環的複雑度は英語名のままに**サイクロマティック複雑度**と呼ぶことが多い．循環的複雑度は，プログラムの制御フローをグラフと見なし，以下の式により計算する．

$$M = E - N + 2P$$

ここで，Mが循環的複雑度，Eがグラフのエッジ数，Nがグラフのノード数，Pが連結されたコンポーネントの数である．ノードがプログラムの命令，エッジは2つの命令間のつながりである．個々のモジュールは別々のコンポーネントとして扱われる．単独モジュールの循環的複雑度を計算する場合，Pの値は1となる．循環的複雑度はオイラー（Euler）の多面体定理をプログラムの制御構造に応用したものである．図11.3に簡単なプログラムとその循環的複雑度の計算結果を示す．図を見てわかるように，循環的複雑度は制御フローグラフにより分割される領域の数（グ

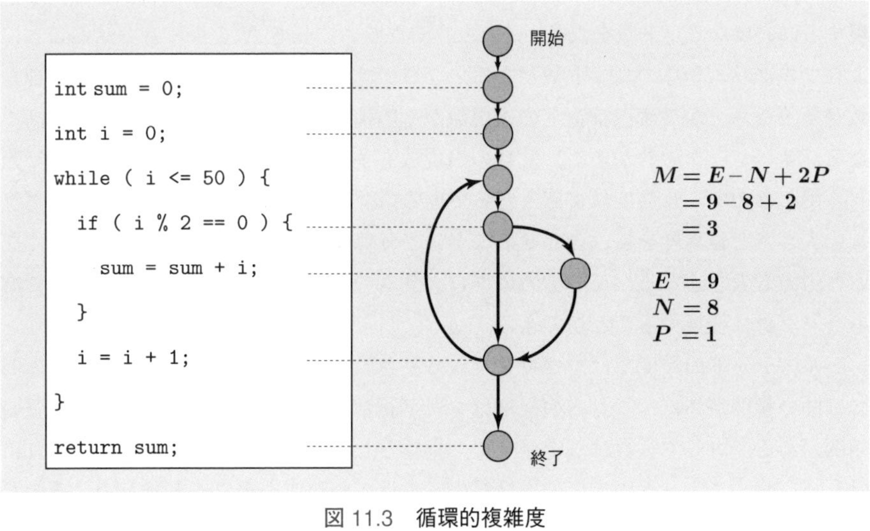

図11.3　循環的複雑度

ラフで囲まれる領域と外側の領域の数）を示す．この数が増えると制御が入り組んでいることが直感的に理解できるであろう．実は，循環的複雑度は，以下のような簡単な式で求めることができる．

$$M = \text{条件分岐の数} + 1$$

循環的複雑度はホワイトボックステストにおけるテストケースの項目数に対応する．すなわち，ホワイトボックステストがやりやすいかどうかの判断基準となる．一般的に 10 以下が望ましいとされている．循環的複雑度が大きくなると，ホワイトボックステストのコストが高くなるだけでなく，バグも発生しやすくなる．複雑な条件式や繰返し文のプログラムを作成してデバッグに苦労した経験は誰にもあるであろう．循環的複雑度はそのような状況に陥らないために，プログラム実装時に測定できる便利な指標である．

ハルステッドのソフトウェアサイエンス

ハルステッドのソフトウェアサイエンスは，循環的複雑度と並ぶ有名な指標（ハルステッドの尺度と呼ばれる）であり，ハルステッド（M. H. Halstead）により 1977 年に提案された．この尺度は，プログラム中に定義されている語彙，すなわちオペレータ（operator）とオペランド（operand）の種類数と出現数からソフトウェアの規模や開発工数などを予測する．オペレータは算術演算子，論理演算子，if や while などの予約語などのトークンを，オペランドは変数や定数などのトークンを示す．

表 11.3 に主な尺度を示す．プログラムの大きさにおける $\log_2 n$ は語彙数 n を表現するに必要なビット数を表し，それとプログラムの長さ N を掛け合わせることによりプログラム全体のビット数となる．プログラムの難易度は，オペレータの種類数が多くなり，かつオペランドの出現数がその種類数に比べて多くなるときに高くなる．オペレータの数が多く，変数の出現数も多くなると，プログラムは冗長で難しく感じるので，難易度は実感と合っている．プログラム作成の労力は，プログラムの大きさと難易度を掛け合わせることにより算出される．プログラムが大きくなると労力も大きくなる．この労力はプログラムの作成に必要な時間や発生するであろうバグ数に変換することができる．

ハルステッドの尺度では，プログラムの長さ，大きさ，プログラミング労力の間には強い相関がある．これらの尺度はコード行数（line of code，LOC）とも強い相関がある．コード行数は測定が楽で，指標としても非常にわかりやすい．それに対して，ハルステッドの尺度の方は算出式を見てわかるように若干難しい．そのた

表 11.3　ハルステッドの尺度

指標	算出式
語彙数	$n = n_1 + n_2$
プログラムの長さ	$N = N_1 + N_2$
プログラムの長さの見積もり	$\widehat{N} = n_1 \log_2 n_1 + n_2 \log_2 n_2$
大きさ	$V = N \log_2 n$
難易度	$D = \frac{n_1}{2} * \frac{N_2}{n_2}$
労力	$E = D * V$
プログラム作成時間	$T = \frac{E}{18}$ seconds
実装時におけるバグ数	$B = \frac{E^{\frac{2}{3}}}{3000}$

n_1：プログラム中のオペレータ種類数，n_2：プログラム中のオペランド種類数
N_1：プログラム中のオペレータ出現数，N_2：プログラム中のオペランド出現数

め，実際の開発現場ではあまり使用されていない．しかしながら，ソフトウェア工学における古典的なメトリクスであるため，知識としては重要である．

C&K メトリクス

C&K メトリクスは，チャイダンバー（S. R. Chidamber）とケメラー（C. F. Kemere）が提案したオブジェクト指向プログラムを対象としたソフトウェアメトリクスである．オブジェクト指向プログラムには，手続き型プログラムにはないクラス，継承などの仕組みが含まれている．これらの仕組みは有用であるが，使い方が適切でないとプログラムの構造が複雑になるだけでなく，プログラム自体の動作を理解することが難しくなる．そのようなプログラムになっていないかを判断するのが C&K メトリクスである．

表 11.4 に示すように，C&K メトリクスはオブジェクト指向プログラムの複雑度を示す 6 つの指標からなる．クラスの継承木における深さを示す DIT などは理解しやすいであろう．継承が深くなるとオブジェクト指向プログラムの動作を理解するのが難しくなる．C&K メトリクスはオブジェクト指向の仕組みに基づいて良く定義されており，オブジェクト指向メトリクスでは最も有名である．

11.5.3　プロセスメトリクス

プロセスメトリクスは，要求仕様やソースコードの変更履歴，課題管理システム (Issue Tracking System，ITS)，バグ修正履歴，テスト履歴，開発進捗履歴，メーリングリストにおける議論などソフトウェア開発活動から収集したデータから算出

表 11.4　**C&K メトリクス**

指標	内容
WMC (Weighted Methods per Class)	クラスの重みつきメソッド数
DIT (Depth of Inheritance Tree)	クラスの継承木における深さ
NOC (Number Of Children)	直接の子クラスの数
CBO (Coupling Between Object classes)	クラス間の結合 (あるクラスがメソッドを通じて参照しているクラスの数)
RFC (Response For a Class)	クラスの反応 (あるクラスに属するオブジェクトがメッセージに反応して実行され得るメソッドの数)
LCOM (Lack of COhesion in Methods)	メソッドの凝集の欠如 (クラスのカプセル化の度合いを示す指標．あるクラスにおいてインスタンス変数を共有しないメソッドの組の数から共有するメソッドの組の数を引いた値．ただし，値が 0 よりも小さい場合は 0 とする)

表 11.5　プロセスメトリクス

カテゴリ	指標
開発全般	開発工数，開発工期，開発生産性（ステップ数/人月など）
要求獲得，分析	要求仕様の変更回数，変更頻度，変更量，変更内容の内訳 要求仕様レビュー実施の有無，レビュー工数，欠陥検出数，欠陥除去率
設計	設計の変更回数，変更頻度，変更量，変更内容の内訳 設計レビュー実施の有無，レビュー工数，欠陥検出数，欠陥除去率
実装	プログラムコードの変更回数，変更頻度，変更量，変更内容の内訳 コードレビュー実施の有無，レビュー工数，欠陥検出数，欠陥除去率 静的解析ツール適用の有無，リファクタリング実施の有無
テスト	テストケースの項目数，テスト項目率（項目数/KLOC） バグ数，バグ比率（バグ数/KLOC），バグ原因の内訳
その他	メールなどでの議論回数，議論頻度，議論内容の内訳

KLOC：Kilo Lines Of Code

する指標からなり，ソフトウェアそのものではなく開発過程が適切かどうかを判断する．主なプロセスメトリクスを表 11.5 に示す．

11.5.4 ソフトウェアメトリクスの選び方

ソフトウェアメトリクスは世の中で非常にたくさん提案されている．それぞれ目的があって提案されたものであるが，簡単に算出できるものから複雑な式を当てはめなければならないものまで様々である．あまりに多くの指標があると，開発現場ではどれを採用すればよいか悩むし，そもそも指標算出のためのデータ収集のコストも馬鹿にならない．

GQMのところでも述べたが，開発組織にとって重要性の高い少数の指標のみに絞ることが重要である．その際，直感的に理解しやすい指標を採用すべきである．頭を悩ませないと理解できないような難しい指標は結局のところ役に立たない．最も理解しやすい指標はコード行数である．行数が長ければ難しそうなプログラムかどうかが直感的にわかる．次にわかりやすいのが循環的複雑度である．循環的複雑度を計算したモジュール一覧を出力すれば，どのモジュールを重点的にテストすべきかが一目で理解できる．

11.6 ソフトウェアリポジトリマイニング

現在，インターネットが社会の隅々まで普及している．インターネットを抜きにしてソフトウェア開発を語ることはできない．特にインターネットの成長と共に大きく発展した開発スタイルがオープンソースソフトウェア（Open Source Software, OSS）のプロジェクトである．世界中のエンジニアがインターネットを介して共同でソフトウェアを開発する．代表的なものとして，Linux や Eclipse などがある．また，開発データは**リポジトリ**（repository）と呼ばれるデータ貯蔵庫に格納され，このデータは世界中のどこからでも参照できる．

2000年以降のソフトウェア工学はリポジトリに格納された大量の開発データ（プログラムコードの変更履歴，バグ修正履歴，メーリングリストでの議論など）を分析し，開発，運用，保守に役立つ知見を抽出する方向で発展した．この技術分野は**ソフトウェアリポジトリマイニング**または**マイニングソフトウェアリポジトリ**（Mining Software Repository, **MSR**）と呼ばれる．ソフトウェアリポジトリマイニングはソフトウェア開発ビッグデータを対象としたデータサイエンスであり，統計学，機械学習，自然言語処理などの技術を駆使して開発データに潜むソフトウェア工学上の知見を発見する．たとえば，あるプログラムコードにバグが潜んでいるか否かを，過去のコード変更履歴から予測する．

以前は大量の開発データが公開されていたのは OSS プロジェクトのみであった

が，Git などの普及により一般の企業でも開発データが機械処理可能な形で蓄積されてきている．企業における開発データから種々の指標を人手で算出し，それを元に進行中のプロジェクトの品質を診断するのは大変である．また，人手だと過去のプロジェクトとの比較も容易ではない．ソフトウェアリポジトリマイニングの技術を適用することにより，企業の開発データを有効に活用することが可能となる．

第 11 章の問題

□ **11.1** いままで作成したプログラムを外部品質と内部品質の観点からチェックしてみよう．バグは潰されているか，プログラムは読みやすいか，もう一度見直してみよう．

□ **11.2** いままで作成したプログラムの循環的複雑度を計算してみよう．

第12章

開発管理と開発環境

ソフトウェアを開発するためには，要求獲得，分析，設計，実装，テスト，保守に必要な手法や技術だけでなく，それらを支えるためのプロジェクトマネジメントの実践とソフトウェア開発環境の整備が重要となる．本章では，プロジェクトマネジメントの基礎，ソフトウェア開発を支援するツールの役割について学ぶ．

12.1　プロジェクトマネジメント

12.1.1　プロジェクトの定義

これまでに，要求獲得から分析，設計，実装，テストまで，ソフトウェア開発の手順を一通り説明してきた．1人で小規模なソフトウェアを開発する場合は，これまで説明してきた内容で事足りるが，通常のソフトウェアは規模的に1人で開発することは難しく，プロジェクトを形成して開発する．数名のメンバから構成されるプロジェクトから100名を超える大プロジェクトまである．プロジェクトを円滑に進めるには，予算，スケジュール，品質などを適切に管理する必要がある．これを行うのが**プロジェクトマネジメント**である．

プロジェクトマネジメントを実行するのに必要な知識を体系的にまとめたものとして，PMI（Project Management Institute）によって作成された**PMBOK**（Project Management Body of Knowledge）がある（「ピンボック」と発音する）．これは，プロジェクトマネジメントに関するデファクトスタンダードと言えるもので，多くのソフトウェア開発組織で利用されている．企業では長年培ってきた開発文化から独自の用語を用いてプロジェクトを管理することが多いが，このPMBOKの知識体系と対応づけることにより，その企業のプロジェクトマネジメントをデファクトスタンダードに合わせることができる．

PMBOKでは，プロジェクトは以下のように定義されている．

プロジェクトとは，独自のプロダクト，サービス，所産を創造するために
実施する有期性のある業務

有期性というのがポイントである．期限を設けずに趣味でソフトウェアを開発するのはプロジェクトとは呼ばない．ビルの建設プロジェクトも製品開発プロジェクトも納期が決まっている．

PMBOK では，プロジェクトをマネジメントするためのプロセスとして，立上げプロセス群，計画プロセス群，実行プロセス群，監視・コントロールプロセス群，終結プロセス群を定義している．標準化で使用されている用語なので，表現は若干固く理解しづらい部分もあるが，要は，プロジェクトを立ち上げ，プロジェクトを実施するための計画を策定し，実際にプロジェクトを実行することを述べているのにすぎない．また，プロジェクトが計画通りに進んでいるか否かを確かめ，もしも予定通りに進んでいないのであれば何らかの対処を行い，最終的にプロジェクトが無事完了したら終結の手続きを行わなければならないことを言っているだけである．これらは一見当たり前のことではあるが，実際にプロジェクトマネジメントを適切に行うことは容易なことではない．大学のサークル活動をマネジメントする難しさを思い浮かべて見れば，理解しやすいと思う．

12.1.2 ソフトウェア開発の成功

ソフトウェア開発の成功の意味には2つの側面がある．一つはプロジェクトが，**コスト** C (cost)，**スケジュール** S (schedule)，**パフォーマンス** P (performance) の制約を守りつつ開発を終えるという意味での成功である．コストは工数や費用，スケジュールは納期や開発途上でのマイルストーン，パフォーマンスは成果物や品質を指す．C，S，P はトレードオフの関係にある．P を向上させようとすると，C が高くなったり，S が延びたりする．C，S，P の間のバランスをどうとるかがプロジェクトをマネジメントする上で重要となる．なお，企業の開発現場では **QCD** という言葉がよく使用される．QCD とは，品質 (quality)，コスト (cost)，納期 (delivery) の頭文字を取ったものである．品質はパフォーマンスに，納期はスケジュールに対応する．C，S，P は，ソフトウェア品質のところで学んだ「当たり前品質」を達成するための側面である．

プロジェクトの成功のもう一つの側面が，問題をいかに解決し顧客あるいは社会の価値につなげることができたかである．開発したソフトウェアが顧客の価値につながらない，社会にとって無用の存在であったらどうであろうか？ そのようなソフトウェアを開発したプロジェクトは本当の意味で成功と言えるであろうか？ 解決す

べき本当の問題を見誤ってしまうと開発プロジェクト自体が徒労に終わってしまう．問題の設定が一番重要であり，この側面は「魅力品質」の達成に対応する．

一般にプロジェクトマネジメントとは，C，S，P をバランス良く達成するための手法であり，「高品質で，コスト的にもリーズナブルに，納期を守る」ということをゴールに，それを達成するために計画を立て，実行することである．

ソフトウェア開発に限らず，何らかの仕事をしようとすると，スケジュールを立てたり，担当者をアサインしたりする必要がある．たとえば，大学のサークルで演奏会を開催するとしよう．演奏会の日程が決まったら，まず，どのような演目にするのか，演目が決まったら誰が何を担当するのか，練習はどのようなスケジュールで行うのかを決めていかなければならない．ソフトウェア開発のプロジェクトで行うことも実はこれとあまり大差がない．

12.1.3 基本的なマネジメント

プロジェクトマネジメントでは，C：コスト，S：スケジュール，P：パフォーマンスをバランス良く達成するためにプロジェクトを運用しなければならない．したがって，プロジェクトの予算管理（コスト），計画策定と進捗管理（スケジュール），品質管理や成果物管理（パフォーマンス）が一番基本的なマネジメント事項になる．

コストの管理

予算管理では，プロジェクトに与えられた予算と，プロジェクトのある時点までに使用したコストを管理する．予算オーバにならないようにプロジェクトを運営しなければならない．

予算を見積もるには，開発するソフトウェアの開発工数を見積もる必要がある．代表的な手法として，ベーム（B. W. Boehm）が考案した **COCOMO**（COnstructive COst MOde）やアルブレヒト（A. J. Albrecht）が提案した**ファンクションポイント法**（function point method）などがある．COCOMO では，プログラムコードの予想行数にソフトウェア規模の大小を表す係数を掛けることにより開発工数を見積もる．一方，ファンクションポイント法では，開発予定のソフトウェアが持つ機能の数に基づいて開発工数を見積もる．実装で使用するプログラミング言語に依存せずに開発工数を見積もることができる．

スケジュールの管理

計画策定では，プロジェクトの開始時期と終了時期，途中のマイルストーンなどを定める．プロジェクトの仕事は複数の**タスク**（task）から構成され，大きなタスクは小さなタスクにブレイクダウンしていく．そして，プロジェクトの仕事を細かく個々の作業単位にまで展開したものを**WBS**（Work Breakdown Structure）と呼ぶ．WBSには，作業内容，担当者，開始日，終了予定日，工数（コスト）などを記載する．

プロジェクトは，作成した計画にしたがって運営する．計画は作りっぱなしにしてはならない．節目節目でプロジェクトが予定通り進んでいるか確認しなければならない．これが**進捗管理**である．もし予定よりも遅れていたら遅れを挽回するための方策を立てなければならない．第2章で色々なソフトウェア開発プロセスモデルを紹介したが，プロジェクトがどの開発プロセスを選択するかにより進捗管理の方法は異なる．ウォータフォールモデルでは各工程の始めと終わりが進捗管理の一つの節目になる．アジャイル開発では毎回のイテレーションが進捗管理の節目になる．

プロジェクトの進捗状況を確認するのによく使われる代表的な方法として**ガントチャート**（Gantt chart）がある．ガントチャートは，ガント（H. L. Gantt）により提案された図でプロジェクトの進捗を視覚的に表現する．ガントチャートでは縦軸にWBSを並べ，横軸（日程）に各WBSの予定と実績を水平線で示す．これにより，進捗確認日において該当するWBSの進捗が予定通りに進んでいるのか，それとも遅れているのかが視覚的に把握できる．プロジェクト管理ツールを用いるとWBSの作成，進捗，終了を**チケット**という形で管理することができる．チケットを用いて管理する開発スタイルのことを**チケット駆動開発**（ticket-driven development）と呼ぶ．

進捗状況をパーセンテージで報告するプロジェクトが少なくないが，必ずしも実態に即した報告にはならない．このような問題を回避するための方法の一つとして，図12.1に示す**EVM**（Earned Value Management）がある．EVMでは，プロジェクトの進捗をコスト（金銭）に換算して管理する．具体的には，計画値（Planned Value，PV），実コスト（Actual Cost，AC），出来高（Earned Value，EV），完成時総予算（Budget At Completion，BAC）などの指標を用いる．ここで，PVは進捗確認日までに予定していた予算コスト，ACは進捗確認日までに実際に消費したコスト，EVはプロジェクトの実行により進捗確認日までに実現した価値（それまでに完了したタスク群の見なし価値の総和）．BACはプロジェクトを完了するまでに必要となる予算の総額を指す．EVは，BAC × 作業進捗率で算出される．

EVMでは，これらの指標値をグラフ表示して，プロジェクトの進捗状況を可視化する．もし，EVがPVよりも小さい場合は，予定通りの価値が実現されていない，すなわち開発の進捗が遅れていることを意味する．また，EVがACよりも小さい

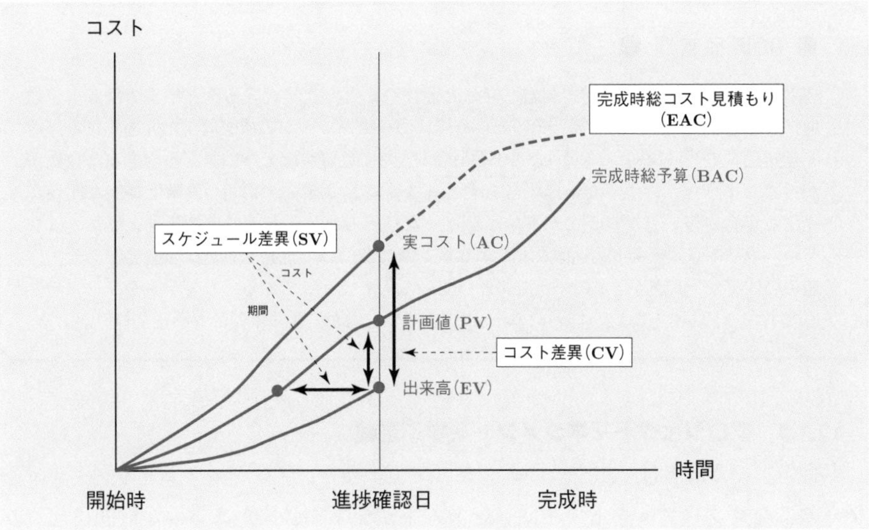

図 12.1　**EVM**

場合は，予算を超過していることを意味する．このように，EVM では，進捗の管理は**スケジュール差異**（Schedule Variance，SV），すなわち，SV = EV − PV で行い，予算の管理は**コスト差異**（Cost Variance，CV），すなわち，CV = EV − AC で行う．EVM には，この他にもコスト効率指数（Cost Performance Index，CPI），スケジュール効率指数（Schedule Performance Index，SPI），完成時総コスト見積り（Estimate At Completion，EAC）などの算出指標が用意されている．それぞれの算出式は以下の通りである．

$$\mathrm{CPI} = \mathrm{EV}/\mathrm{AC}$$

$$\mathrm{SPI} = \mathrm{EV}/\mathrm{PV}$$

$$\mathrm{EAC} = \mathrm{AC} + (\mathrm{BAC} - \mathrm{EV})/\mathrm{CPI}$$

パフォーマンスの管理

品質管理については，その重要性を含め様々な手法や技術を第 11 章で紹介した．プロジェクトマネジメントの観点からもう一度おさらいをして欲しい．

成果物管理では，要求仕様書，設計書，プログラムコード，テスト仕様書，テスト報告書，バグ管理票など，プロジェクトで生み出される様々な成果物を管理する．変更履歴の管理も重要である．これらの成果物はリポジトリに保管し，プロジェクトメンバから容易にアクセスできるようにしておく必要がある．

● 90%症候群 ●

進捗状況をパーセンテージで報告させると面白いことがよく起きる．途中までは，予定通り進捗が報告され，50%，70%，80%という風にパーセンテージの値が段々と大きくなる．そして予定通り90%になる．しかし，90%以降は一向に数値が増えない．下手をすると数値が下がってしまう．このような進捗報告をする人は要注意である．90%の段階で様々な問題が露見する場合が多い．プロジェクトマネジャーはパーセンテージでの進捗報告を信じてはならない．コード量，テスト通過率などのエビデンスに基づいて進捗を管理する必要がある．作業週報の内容が「問題なし」の一言で終わっている人も要注意である．リファクタリングのところで「コードの不吉な匂い」(code smell) を紹介したが，進捗報告にも不吉な匂いがある．

12.1.4 プロジェクトマネジメントを学ぶ意義

本書の主たる読者は学生や若いエンジニアであるが，プロジェクトマネジャーでもないのになぜプロジェクトマネジメントの手法を学ぶ必要があるのか疑問に思うかもしれない．確かにプロジェクトマネジメントの手法はプロジェクトマネジャーがソフトウェア開発プロジェクトを成功に導くために実施すべきことをまとめたものである．ただ当然のことであるが，プロジェクトマネジャー1人ではプロジェクトを進めることはできない．プロジェクトとは複数のエンジニアがチームを作って取り組むものである．メンバそれぞれが自らの役割を誠実に果たすことにより初めてプロジェクトは動き出す．プロジェクトマネジメントの手法を理解することにより，メンバとしてどうプロジェクトに貢献できるかという認識を持つことが大切である．

大学の授業科目の一つとしてPBLを実施しているところが多い．PBLは，学生同士でチームを作って，ソフトウェア開発プロジェクトを遂行する演習である．企業での実開発ではないので，予実算管理や品質管理の厳しさまでを学生の皆さんが理解するのは難しいが，チーム内でのコミュニケーションの重要性などを身を以て体験でき，有効である．学生の皆さんが社会に出てどのように仕事に接していけばよいかを考えるきっかけにはなる．

PBLでプロジェクトに取り組む際，開発の節目節目で取組み結果を振り返ることが大切である．上手く行った取組みは継続すべきだし，そうでなかった部分については改善していく必要がある．振り返りの際，**KPT**（Keep，Problem，Try）の観点が役立つ．Keepはこれからも継続してゆきたい事項，Problemは上手くいかず課題として残った事項，Tryはこれからチャレンジしてゆきたい事項である．大学のPBLではアジャイル開発，その中でもスクラムが適用される場合が多いが，スプリントが終了し，次のスプリントに入る前にKPTによる振り返りを行うとよい．

● エンジニアと社会との接点 ●

プロジェクトマネジメントと言うと，あれをやらなければならない，これもやらなければならない，という風にスケジュールやルールに縛られる印象がある．しかし，プロジェクトで仕事を進めることは辛いことばかりではない．メンバが力を合わせて製品なりシステムなりを開発することは素晴らしいことである．その製品がリリースされ社会に出ていったとき，エンジニアは社会との間に接点を持つ．自分の仕事が社会とつながっていると感じるとき，エンジニアは最も幸せに感じるのではないだろうか．筆者は，若い頃，パソコン LAN（Local Area Network）の黎明期にファイルサーバの開発に従事する機会があった．パソコン本体ではないので普通の電器店に置いていないが，たまたま，ある電器店に自分が開発した製品が展示されているのを見つけた．客のふりをして，自分が担当した部分がちゃんと動作するかこっそりとコマンドを入力したことをいまでも覚えている．ただそれだけの話であるが，自分の仕事と社会との接点を感じ，私にとっては嬉しく感じた．

12.2　ソフトウェア開発環境

ソフトウェア開発環境とは，ソフトウェア開発を支援するための道具である．道具はカタカナ表記でツール（tool）と呼ぶことが多い．要求獲得，分析，設計，実装，テスト，保守，運用などソフトウェア開発における様々な工程を支援する．開発者にとってはなくてはならない存在である．以前は各々の工程を支援するツールが個々に提供されていたが，現在では，**統合開発環境**（Integrated Development Environment，**IDE**）として提供されるのが一般的となっている．

ツールは時代と共に利用性が向上してきた．そのため，本書のような教科書で特定のツールの使用方法を紹介するのは適切ではない．現在，エンジニアによく利用されているツールが数年後も利用されているとは限らない．ここでは，できるだけ特定のツールに依存せずに開発環境が提供すべき機能について紹介する．ツール名を示す場合は，ソフトウェア工学の歴史において重要な役割を果たしたものに限定する．

12.2.1　開発環境の歴史的な歩み

ソフトウェア開発環境はソフトウェア開発方法の変遷と共に発展してきた．

草　創　期

ソフトウェア工学が誕生したのは NATO 会議が開催された 1968 年であるが，第 1 章でも触れたように，当時，既に大規模なソフトウェアが開発されていた．当時の開発はプログラミングを中心とする集約的なものであったため，開発環境は，エディタ，コンパイラ，アセンブラ，マクロプロセッサなどのプログラミング言語処理系を中心とするものであった．

UNIX の時代

1980 年代に入り，C 言語と共に UNIX ワークステーションが開発の現場に導入されるようになった．UNIX は開発環境として優れており，エディタ，コンパイラ，デバッガの他にもビルドツール make，コード履歴管理システム sccs（Source Code Control System），rcs（Revision Control System），コード整形ツール cb（C Beautifier）などが提供されている．UNIX には有用な小コマンド群が用意されており，シェルプログラミングによりコマンド同士をつなぎ，より有用な開発ツールを作ることができた．エディタ emacs は LISP によるカスタマイズが可能であり，エンジニア自身が自分に合った環境に変更することができた．UNIX を導入するようになって，エンジニアはソフトウェア開発環境のことをより深く意識するようになったと言えよう．

上記のツールはいまも現役ではあるが，より使い勝手の良いオープンソースソフトウェアが利用されることが多くなっている．たとえば，ビルドツールはその後，Ant（Java アプリケーションのビルド，テスト，実行の自動化），Maven（Java ベースのプロジェクト構築，管理の自動化），Gradle（ビルドの自動化と多言語開発の支援）へと発展している．これらのツールは，成果物（ソースファイルやオブジェクトファイルなど）の依存関係に基づきビルド作業を自動化するが，その源流は make コマンドにある．一方，コードの履歴管理については，Git を利用するのが一般的になっている．

UNIX は現在のソフトウェア開発環境の原点とも言える存在である．UNIX 開発環境は有用であったが，その支援の中心はプログラミング周りであった．ソフトウェアの分析，設計，テスト，プロジェクトマネジメントなどの支援については，メーカが独自に UNIX 開発環境上に構築していた．当時は構造化手法をサポートする分析・設計ツールが提供されていた．

CASE ツールの時代

1990 年代は **CASE** ツールの時代である．1980 年代に開発されたソフトウェアの分析，設計，テスト，プロジェクトマネジメントなどツール群が統合開発環境として提供された．代表的な CASE ツールとして IBM の AD/Cycle などがある．AD/Cycle では，IBM のデータベースをリポジトリとし，それを中心にアプリケーション開発（application development）全体を自動化することを目指した．CASE ツールは，国内でも，日立，東芝，富士通，NEC などからも提供された．1990 年代中盤からは従来の構造化手法からオブジェクト指向開発を支援するツールが提供された．たとえば，Rational Software 社からは UML ツールの Rational ROSE が提供された．

当時提供された CASE ツールはその後姿を消したが，現在の統合開発環境である Eclipse や Microsoft Visual Studio などへ，その考え方は受け継がれている．Eclipse には様々なプラグインが用意されており，これらを組み込むことによりソフトウェア開発の様々な側面を自動化することができる．さらに Eclipse と Git を連携させることにより，リポジトリへの成果物登録，更新を自動化させることができる．

CI/CD の時代

第 10 章でも述べたように，現在は，DevOps を中心に，開発，保守，運用が一体化しつつある．そこで重要となるのが，**継続的インテグレーション**（Continuous Integration, CI）/ **継続的デリバリー**（Continuous Delivery, CD）である．CI/CD パイプラインとは，ソフトウェア配信プロセスを自動化するステップをいう．典型的なパイプラインは，プログラムコードのビルド，自動テストの実行，運用環境への展開，配置などのステップからなる．そこでは，Git によるコード履歴管理，Gradle によるビルド管理，単体テストなどのツールが使用される．また，コンテナ仮想化を用いてアプリケーションを開発・配置・実行することも多い．代表的なプラットフォームとして Docker がある．

図 12.2 にソフトウェア開発環境の発展経緯を示す．現在活用されているツールの原型は既に 1970 年代から存在していたことがわかるであろう．ツールは日々使い勝手が良くなっているので，これらのツールがつい最近生まれたと思ってしまいがちであるが，実は数十年の月日を経て発展してきたものである．現在のソフトウェア開発環境で重要な役割を担っているのは前述の CI/CD による作業プロセスの自動化とコンテナによる仮想化技術である．これらを支えているのが自動化スクリプト技術のためのプログラミングである．インフラの構成をコードで管理していくという意味で，**IaC**（Infrastructure as Code）と呼ばれている．成果物作成のためのプログラミングだけでなく，環境整備プロセスのためにもプログラミングを行う時代になっている．実はこのような考え方は，1987 年にオスターワイル（L. J. Osterweil）によって提唱された**プロセスプログラミング**（process programming）にその源流を求めることができる．彼は *Software Processes are Software, Too*（ソフトウェ

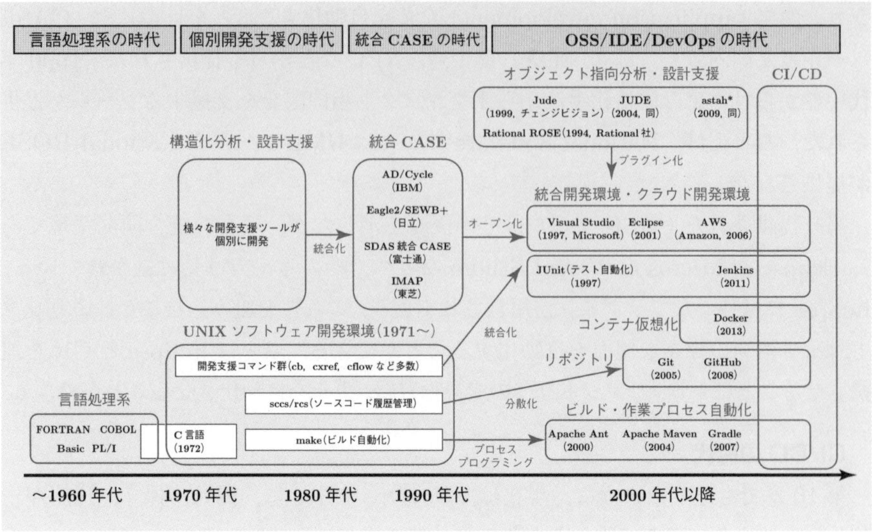

図 12.2　ソフトウェア開発環境の変遷

アプロセスもソフトウェアである）と述べている．残念ながらプロセスプログラミングの考え方は普及しなかったが，IaC という形に変わって現在に復活しているとも言えよう．

12.2.2　要求獲得支援ツール

プロトタイピングツール　システムのおおよその機能をユーザに提示するためのツール．システムの内部は実装せず，画面遷移などユーザとのインタラクション部分のみをプロトタイプとして提示する．これにより，ユーザからの要求獲得がやりやすくなる．一般的にプロタイピングには使い捨て型と進化型の 2 種類がある．前者では，必要な評価が終わったらそのプロトタイプは捨てられ，本開発には使用されない．ユーザインタフェースなどデザイン的な部分の確認によく使用される．一方，後者では，開発したプロトタイプをその後も使用し，最終的な完成品につなげていく．プロトタイピングはデザイン思考においても重要な道具となっている．

要求管理ツール　ユーザから提示された要求項目の追加，変更，削除を管理するためのツール．実際には**課題管理システム**（Issue Tracking System，**ITS**）を使用する場合が多い．実際のソフトウェア開発では，要求，バグ，設計変更を明確に区別することが難しいからである．

12.2.3　分析，設計支援ツール

モデリングツール　分析，設計モデリングを支援する．モデリング言語としてUMLやSysMLなどが使用される場合が多い．モデルからプログラムコードを自動生成することができるモデリングツールも多い．

形式手法支援ツール　形式的仕様記述や形式検証を支援するツールがある．仕様記述言語としてVDM，Z言語，Bメソッド，JMLなどが使用される．形式検証ツールの代表例としてモデル検査器がある．SPIN，NuSMV，Uppaalなどが有名である．

12.2.4　実装支援ツール

エディタ　プログラムコードを編集するためのツール．統合開発環境の中に組み込まれることが多い．代表的な統合開発環境として，EclipseやMicrosoft Visual Studioなどが有名である．

コンパイラ　プログラムコードを実行可能なオブジェクトコードに変換する．統合開発環境の中に組み込まれることが多い．

デバッガ　プログラムのデバッグを支援するツール．統合開発環境の中に組み込まれることが多い．

ビルドツール　コンパイル，ライブラリとのリンクなどを自動化する．代表的なビルドツールとして，make，Ant，Maven，Gradleなどがある．

12.2.5　テスト支援ツール

単体テストツール　単体テストの実施を自動化する．JUnit（Java用の単体テスト支援）などがある．統合開発環境の中に組み込まれて使用されることが多い．また，プログラムコードを解析して，自動的にテストコードを生成するツールもある．

テスト網羅率測定ツール　テスト網羅率を測定するためのツール．統合開発環境の中に組み込まれて使用されることが多い．

性能テストツール　システムレベルの性能を測定したり，顧客の利用環境に近いネットワーク負荷やアクセス負荷をかけたりする．

リグレッションテストツール　プログラム変更後にリグレッションが生じていないかをテストするためのツール．

テスト管理ツール　テストケースの追加，変更，削除を行う．また，テストの進捗状況も管理する．

12.2.6　保守支援ツール

静的コード解析ツール　プログラムコードを静的解析して様々な情報を提示する．また，影響波及解析や潜在的欠陥検出などを行うツールもある．

リファクタリングツール　リファクタリングを支援するためのツール．統合開発環境の中に組み込まれて使用されることが多い．

12.2.7　開発管理支援ツール

プロジェクトマネジメント支援ツール　プロジェクトにおけるコスト管理やスケジュール管理などを支援する．

品質管理ツール　ソフトウェア信頼度成長モデルによる必要テスト日数やバグ累積数の予測，ソフトウェア品質指標値の測定，バグレポートの管理，テストツールとの連携などを支援する．

構成管理ツール，履歴管理ツール　リポジトリを通じて，プロジェクト成果物の構成，プログラムコードの履歴などを管理する．

第 12 章の問題

□ **12.1** PBL 授業などを通じてチームで何らかのプロジェクトに取り組んだ経験があれば，そのときの様子を KPT の観点で振り返ってみよう．

□ **12.2** いままでに使ったことのあるツールをカテゴリ（各工程支援，開発管理支援）にしたがって分類してみよう．さらに，まだ使ったことがないカテゴリのツールとしてどのようなものがあるか調べてみよう．可能であれば，実際に使ってみよう．

第13章

これからのソフトウェア工学

これまでにソフトウェア工学の技術や手法について一通り学んできた．本章では，ソフトウェア工学の将来について考えてみる．最後に，ソフトウェア工学に興味を持ち，今後，研究の道に進みたいと思われた方のために，研究のあり方について述べる．

13.1　ソフトウェア工学の成熟度

本章では，これからのソフトウェア工学が進むべき方向性について考えてみる．往々にして将来の予測は外れることが多いが，本書執筆時点の 2020 年前後にどのようなことを考えていたのかを記すことは必ずしも無駄なことではないであろう．少なくとも，10 年後あるいは 20 年後にソフトウェア工学の歴史を振り返ったときに，現在の問題意識がどのように解決されたのか，あるいは解決できなかったのか，を知るための根拠となる．

13.1.1　ショーの工学発展モデル

これからのソフトウェア工学を語る前に，そもそも現在のソフトウェア工学が他の工学分野と比べてどのような位置づけにあるのかを知っておく必要がある．これに関連した面白い知見を，ショー（M. Shaw）が提示している．ショーは論文 *Prospects for an engineering discipline of software*（IEEE Software, 7(6):15-24, 1990.11）の中でソフトウェア工学の位置づけを土木工学や化学工学など他の工学との関係で論じている．図 13.1，図 13.2，図 13.3 に，それぞれ，土木工学，化学工学，ソフトウェア工学の発展系譜を示す．土木工学では 18 世紀から 19 世紀にかけて，化学工学では 19 世紀末から 20 世紀にかけて，プロフェショナルな工学として成立している．これに対して，ソフトウェア開発の場合は，コンパイラ構築など限定された個別分野でようやく工学の段階に入ったところだと言うのがショーの主張である．

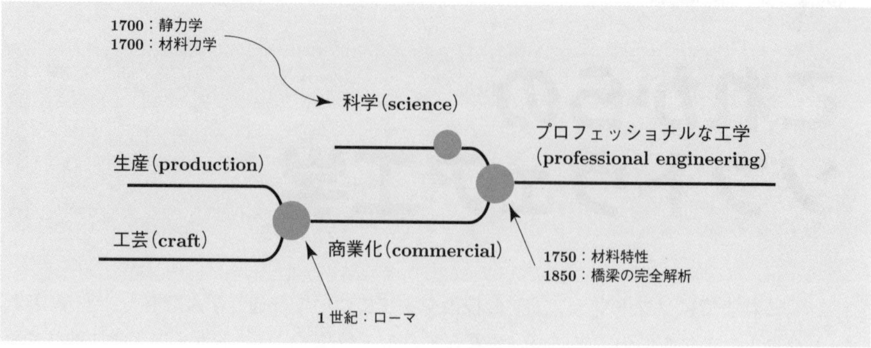

図 13.1　土木工学の発展

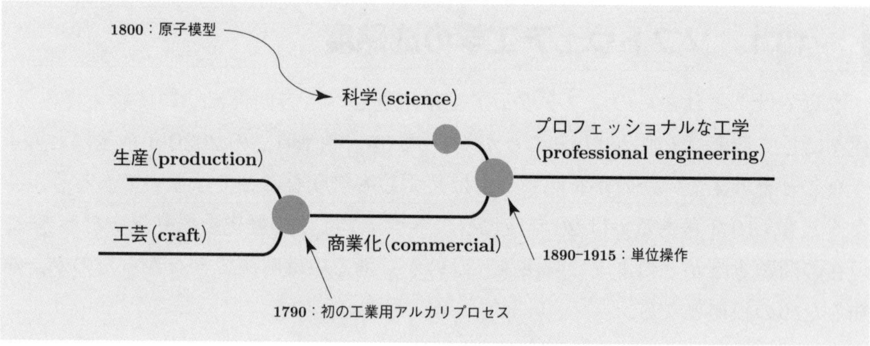

図 13.2　化学工学の発展

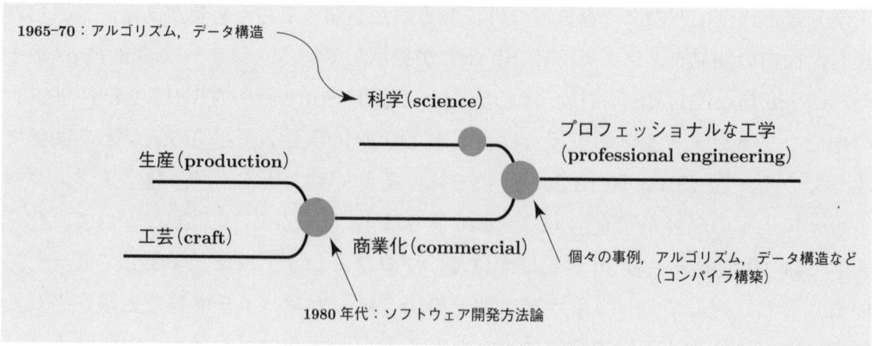

図 13.3　ソフトウェア工学の発展

13.1.2 現在のソフトウェア工学の水準

ショーの意見は 1990 年のものであるが，現在のソフトウェア開発の状況はどうであろうか？ 1990 年時点よりも形式手法や形式検証の技術が進展し，ソフトウェアの自動検証の範囲は格段に広がっている．また，リファクタリングの自動化やテストの自動化などソフトウェア開発の様々な局面で自動化が進んでいる．すなわち，コンパイラ以外の分野においても自動化が進んでおり，工学としては成長していると言えよう．ただし，ショーの言うところの「個々の事例」(isolated examples) が増えているだけとも言える．

ソフトウェア開発において大きな比重を占めるビジネスアプリケーションの場合はどうであろうか？ アプリケーションフレームワークの普及などにより開発の効率は 1990 年当時より格段に向上している．その意味では工学として成長していると言える．しかし，要求の獲得，プロジェクトの運営など人間との関わりが大きい部分については，現在においても，コンパイラのような確固とした理論的基盤がないのが実情である．知識エリアやパターンなどは充実してきたが，理論面の進展は弱かったと思われる．ただ，ソフトウェア開発は人間的な側面が大きいので，理論構築のみでは上手くいかないのも事実である．

しかしながら，人間との関わりが大きな部分は，本当に，今後も人的スキルのみに依存せざる得ず，理論に基づいた工学に移行することはできないのかという問いも存在する．これからのソフトウェア工学においても諦めざるを得ないのかという問いである．いままでのソフトウェア工学の理論的基盤の多くは言語理論や数理論理学に基づくものである．これらは演繹的な理論と言える．一方，人工知能，特に機械学習では，大量のデータを解析し新たな知見を発見したり，有用な予測を行うことができるが，これらは帰納的な理論と言える．私たちの周りには既に，プログラムコード，その変更履歴，要求仕様書など大量の開発データが存在する．これらのデータから要求獲得などに利用可能な知見を抽出することが可能となる．実際，自然言語処理と機械学習を組み合わせて，要求の獲得を支援する試みが多数なされている．すなわち，人間との関わりが大きな部分についても，機械学習などの帰納的な理論に基づいた工学が立ち上がりつつあるというのが，現在のソフトウェア工学の状況と言える．

13.2 ソフトウェア工学の将来

13.2.1 人工知能とソフトウェア工学

2010年から2020年にかけて，ソフトウェア工学研究の最先端で大きく進展したのは，プログラムのバグを自動修正する技術や，仕様からプログラムコードを自動生成する技術である．これらはソフトウェア工学における長年の夢であったが，オープンな大量の開発データと機械学習，自然言語処理が結びつき，ある程度の見通しがつきつつある．現時点では，開発現場において実適用するにはまだ非力ではあるものの，過去の人工知能研究とは異なる手応えを感じさせる．今後のソフトウェア工学では，この方面の研究がさらに深耕されてゆくと考えられる．また，量子計算技術の進展と共に，いままで計算能力の不足によって諦めていたアイデアが復活する可能性がある．

歴史的な振り返り

過去，ソフトウェア工学でも，人工知能を取り込んで知的にソフトウェア開発を支援しようという動きがあった．通商産業省（現在の経済産業省）が主導した第五世代コンピュータ開発と時期を同じくし1980年代に研究が活発となり，1990年代にはコンピュータによるソフトウェア開発支援環境CASEの興隆と相まって研究が進展した．知能ソフトウェア工学，知的CASEなどと呼ばれ，ソフトウェア開発のためのエキスパートシステムの研究が盛んであった．エキスパートシステムとは，特定の分野において専門家のような受け答えをするシステムであり，その実現には専門家の知識をルール化してコンピュータに搭載する必要がある．様々な専門家知識を網羅的にルール化することは容易ではなく，エキスパートシステムは非常に限られた分野にしか実用化されなかった．ソフトウェア開発のためのエキスパートシステムも残念ながら当時の技術水準では実現しなかった．2010年以降の人工知能ブームは，ビッグデータと機械学習の研究成果の上に成立している．1980年代，1990年代においては収集するのが困難であった専門家知識をインターネット上に遍在するデータから機械学習により抽出することが可能となった点が大きい．

AI4SE と SE4AI

人工知能とソフトウェア工学の間の関係には2つの方向性がある．一つは，人工知能を活用してソフトウェア工学の技術水準を向上させる方向である．もう一つは，人工知能搭載システムを開発するためのソフトウェア工学の樹立である．前者は **AI4SE**（Artificial Intelligence for Software Engineering），後者は **SE4AI**（Software Engineering for Artificial Intelligence）と呼ばれる．

最近では，ソフトウェアリポジトリマイニングと人工知能が結びつき，プログラムバグの自動修正やプログラムそのものを自動生成する試みがソフトウェア工学の研究コミュニティで活発になされている．AI4SE に関する技術開発であり，代表的なものとして，リポジトリに格納された過去のバグ修正履歴を機械学習に適用し，バグ修正のためのモデルを生成する研究などがある．

一方，機械学習，特に深層学習を中心とする人工知能を利用するソフトウェア製品が増えてきている．カーパシー（A. Karpathy）は，深層学習を新しいプログラミングパラダイムとして位置づけ，それを **software 2.0** と呼んでいる．本書でこれまで説明してきたように，通常のソフトウェアの開発では，要求獲得でシステムとしての実現範囲を決め，それに基づいて分析，設計，実装，テストを行う．開発したソフトウェアが正しいかどうかの判定基準はエンジニア自身が決めることができる．すなわち，ソフトウェア開発が演繹的に進むため，エンジニアは自分自身で開発をコントロールできる．これに対して，機械学習によるソフトウェア開発は，データから帰納的に学習モデルを生成する．すなわち，従来のプログラミングという行為そのものがない．ソフトウェアの品質はデータ依存するため，思うような結果が得られなくてもエンジニアがそれをコントロールすることが必ずしも容易ではない．そのため，機械学習利用システムの開発では，本書で紹介してきたようなソフトウェア工学の知見が活用できない場面が増えてきている．SE4AI の技術開発は，現在の人工知能搭載システムの開発に関わる様々な問題を解決することを目指している．特に，機械学習システムのためのテスト技術や品質保証技術は SE4AI における重要な研究課題となっている．

● ヴィトゲンシュタインの言語ゲーム ●

語りえぬものについては，沈黙しなければならない．オーストリアの哲学者ヴィトゲンシュタイン（L. J. J. Wittgenstein）の言葉である．ヴィトゲンシュタインは多くの計算機科学者を魅了する哲学者の一人である．冒頭の言葉は，ヴィトゲンシュタインが第一次世界大戦従軍中に草稿を作成した「論理哲学論考」の最後に記した名言である．論理哲学論考は番号づけられた短い命題の集合で構成される論理哲学体系であり，伝統的な演繹ベースの人工知能を彷彿させる．一方，後期ヴィトゲンシュタインの名著が「哲学探究」であり，そこでは言語ゲームが述べられている．言語ゲームでは，語の意味とは「言語の中でのその用法」だと言う．現実世界では，各自がどのような用法をしているかをお互いに見比べながら（一種のゲームを興じながら），何となく意味を理解している．言語ゲームは帰納的な機械学習を彷彿させる．ヴィトゲンシュタインが「論理哲学論考」から「哲学探究」へと至った道のりをいま私たちが歩んでいるような気がする．

ソフトウェア工学の転換期

2020年前後は，ソフトウェア工学研究の中心が演繹から帰納へ，さらには両者の融合へと発展しつつある転換期であると言える．将来，2020年頃にソフトウェア工学に大きなパラダイムシフトが起きた，と言われるかもしれない．

13.2.2 社会をデザインするための工学

ソフトウェア工学とはソフトウェアの作り方に関する学問領域である．しかし，本書で紹介してきた，要求獲得，モデリング，開発管理などはソフトウェア開発以外にも使えそうである．どのような商品やサービスでも顧客のニーズを把握しなければならないし，それを開発するには進捗管理や予算管理をしなければならない．社会全体がソフトウェア化しつつある現在，ソフトウェア工学の知見は，社会の仕組みや社会基盤のアーキテクチャをデザインするのに有効なツールになり得るであろう．

図13.4は第5章で紹介したジャクソンの問題フレームを社会システムの構築に拡張したものである．問題フレームは，機械D，現実世界C，要求Rの3つから構成される．本書では，機械がソフトウェアの場合の構築方法について述べてきた．もし，機械がソフトウェア以外の社会システムの場合はどうであろうか？ たとえば，救急医療の質を改善したいとする．この要求（R）は我々の生活空間という世界（C）に対するものであり，それを実現するには医療システム体制という機械（D）が必要となる．この他にも，商業経済，交通システム，エネルギーシステム，様々な市民サービスや地域活動などがここでいう社会システムに対応する．社会システムの運用者（P）は，国や地方自治体，交通や医療機関などの社会インフラ，企業，市民などである．また，生活空間（C）と社会システム（D）の間の仕様（S）は法律や条例などの社会制度になる．

このように考えると，社会のデザイン行為を問題フレームという枠組みで捉え直

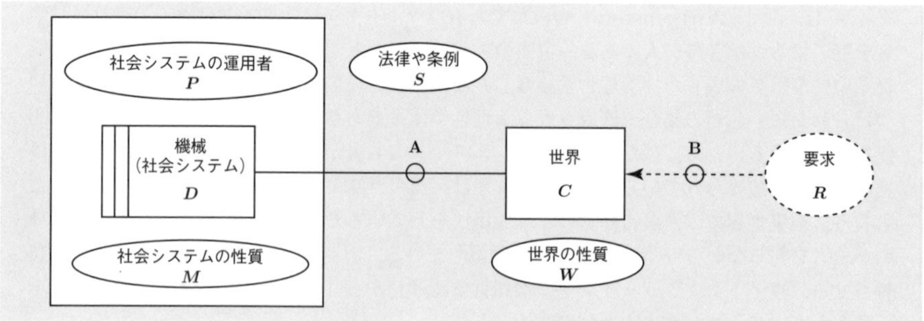

図13.4 問題フレームと社会デザインの関係

すことが可能となる．また，社会のデザインに様々なソフトウェア工学手法を適用することが可能となる．本書で紹介したテストや形式検証などはソフトウェア開発に特化したものと思われるかもしれないが，たとえば，医療機関の業務プロセスをモデル化し，それにモデル検査を適用し，医療ミスが生じるケースが存在しないかを形式検証するといったことが可能である．実際にそのような適用事例が存在する．将来，ソフトウェア工学の対象範囲は，社会や市場の制度設計とその検証にまで広がるかもしれない．

ここで述べたように，将来のソフトウェア工学は社会そのものをデザインするための工学に発展する可能性があるが，その際に最も重要となるスキルが，第4章で述べたモデリング能力と抽象化能力である．どのように世界を切り取るか，その能力がいままで以上に重要となる．また，具体的な制度設計においては社会システムのアーキテクチャを構築する能力が重要となる．さらに，それに加えて，文理融合のマインドが重要となる．工学と言うと理系のイメージが強いが，工学でも人間を対象とするものは人文科学や社会科学が重要となる．建築と同様，ソフトウェアも人間を対象とする工学であるので，文系と理系，双方の知識と心が求められる．社会構造がソフトウェア化しつつある現在においては，そもそも，文系と理系を分ける必要性はあまりない．

13.3 ソフトウェア工学研究のあり方

ソフトウェア工学に興味を持ち，今後，研究の道に進みたいと思われた方のために，研究のあり方について述べる．

ソフトウェア工学の研究価値はすぐには判断できないことが多い．論文発表後，一定の期間がすぎ，その技術が普及して初めてその真価が問える．ソフトウェア工学において最も権威ある国際会議として **ICSE**（International Conference on Software Engineering）がある．ICSEでは論文発表から10年を経て最も影響のあった論文をMIP（Most Influential Paper）として表彰している．ソフトウェア工学が誕生した1968年から数えて50年目の記念すべき大会となったICSE 2018（スウェーデンのヨーテボリで開催）のMIPに輝いたのは，ICSE 2008で発表されたコー（A. J. Ko）らの論文 *Debugging Reinvented: Asking and Answering Why and Why Not Questions About Program Behavior* である．第10章でも紹介したデバッグ支援ツールWhylineの論文である．コーのMIP受賞講演の内容はWhylineの紹介に留まらず，研究そのものへの取り組みに関する優れたプレゼンであった．以下にコーからのメッセージの一部を示す．これからソフトウェア工学の研究を志す人にとっては含蓄のある内容だと思う．

(1) ***Reading accelerates innovation***：世の中にはパワフルなアイデアに満ちた数百ないし数千もの論文が存在することを忘れてはならない．コーは900本以上の論文を読むのに3ヶ月を費やした．
(2) ***Observation develops insight***：デバッグの経験を深く理解することなしに，それをシンプル化することなどできない．十分な観察をせずにいくら論理的に思考しても，それは研究としての誤りにつながる．コーは論文読みに3ヶ月費やした後，初心者，エキスパート，そしてコー自身がどのようにデバッグを行っているのかを観察するのにさらに3ヶ月を費やした．
(3) ***Explain why, not just how***：発明の真価は，それがどう機能するかではなく，なぜそれが機能するのかについて明確に説明できるかどうかにある．Whyに拘ることによりアイデアがより一般化され，あるツールから別のツールへとそのアイデアを広め伝えることができる．Whylineの場合も同様で，本当の意味で研究の核となるのはアイデアの背景にある理論であり，ツールそのものではない．ツールは理論を単に具体化したものにすぎない．
(4) ***Augmentation > Automation***：我々は，十分なデータと正しいアルゴリズムさえあれば自動化は人間をしのぐことができると信じがちである．しかし，これはプログラマの知識や直観の凄さを過小評価した見方である．たとえば，Whylineは，プログラマが50,000行以上のスライスを取り扱うことができることを示した．我々は，ツール＋プログラマ＋チーム＋組織の全てを含んだものに対し新技術を発明していくべきである．

これらの考えは皆古くて新しいものばかりである．しかしながら，多くの研究者は目先の成果に気を取られてしまい，これらの大切な事柄を忘れてしまいがちである．コーのメッセージは，そのことに改めて気づかさせてくれる．

第 13 章の問題

□ **13.1** 現在のソフトウェア開発で不便と思う点を列挙してみよう．

□ **13.2** それらは人工知能の手法により解決できそうか考えてみよう．できそうならその方法について，無理と思われる場合はどのような技術が必要か考えてみよう．

● 巨人の肩の上に立つ ●

研究の世界では，巨人の肩の上に立つ（standing on the shoulders of Giants）という言葉がよく使用される．12 世紀の哲学者シャルトルのベルナール（Bernard de Chartres）の言葉とされているが，簡単に言うと「私たちは巨人の肩に乗る小人のようなものだ」「私たちが遠くまで見ることができるのは，私たちに特別な能力があるからではなく，巨人の肩の上に立っているからだ」という意味である．科学研究には先達が残した膨大な知識がある．研究とは，これらの知識を土台にしつつ，新たな知識を生み出す行為である．コーのメッセージ *Reading accelerates innovation* は，「巨人の肩の上に立つ」ための論文調査である．

● 悲しき熱帯 ●

第 3 章で紹介したレヴィ＝ストロースの著書に「悲しき熱帯」（Tristes Tropiques）がある．構造主義のバイブルとも言えるこの書は，文化人類学者である彼がブラジルの少数民族を現地調査した際の記録である．ソフトウェア工学の研究は文化人類学に似ているとよく言われる．ソフトウェア開発の現場をよく観察した上で，理論なり手法なりを提案すべきという意味である．コーのメッセージ *Observation develops insight* はまさに文化人類学からの視点と言えよう．

章末問題のヒント

ソフトウェア工学を学ぶ場合，知識も重要であるが，それ以上に実際に手を動かして自ら体験することが大切である．各章の演習問題は，全て，実際に手を動かすものであり，正解はない．ここでは，問題に取り組む際のアドバイスを提示する．

1章

■ **1.1**　皆さんの多くは，先生から提示された課題を解くプログラムを作成した経験はあるものの，その作成の元となる仕様についてはあまり作成したことはないと思われる．ここでは，プログラムコードを書く際に苦労したこと，作成したプログラムが思い通りに動作しないときに苦労したことをピックアップしよう．また，先生が提示した課題の内容が曖昧で困った経験はないであろうか？ 皆さんが困った点を，要求獲得，分析，設計，テストのどれに相当するかを考えながら，分類してみよう．問題点は多いほどよい．どの工程の問題が一番少ないかをチェックしてみよう．一番少ないところについては，これから重点的に学んでいく必要がある．

■ **1.2**　SWEBOKはソフトウェア工学に関する知識体系である．これを初めて見たとき，皆さんはその膨大さに驚くであろう．しかし，心配する必要はない．知識とは往々にして膨大なものである．まずは必要になったところから理解すればよい．必要になることが増えるにしたがって自ずと皆さんの知識は増えていく．ここでは，まず，演習問題1.1でピックアップした問題点に関連するSWEBOKの項目を読んでみよう．現時点では，難しくて理解できなくてもよい．それよりも大切なのは，皆さんが抱えている問題点が知識体系の中に含まれていること，先人の知恵が既に存在すること，を理解することである．

2章

■ **2.1**　皆さんの多くはプロジェクトというものに関わった経験がまだないと思われる．ここではちょっとした思考実験を行ってみよう．まず最初に，皆さんが総勢100名からなるプロジェクトのリーダになったとしよう．このプロジェクトは官公庁から受注した大規模システムで，開発に先立ち予め要求仕様を確定しておく必要がある．リーダとしてプロジェクトを率いなければならない皆さんは，この場合，どの開発プロセスモデルを採用すべきかを考えてみよう．次に，皆さんがスタートアップ企業のエンジニアで少数精鋭でインターネットサービスの開発をしているとしよう．この業界は変化が早く，顧客の要求も日々変わっていく．皆さんの開発チームはどの開発プロセスを採用するであろうか．これら2つの場合について，採用した開発プロセスモデルと採用理由を書き留めてみよう．

■ **2.2**　現在，多くの大学でPBLが情報系の授業に取り入れられている．その際によく使われるのがスクラムである．開発プロセスモデルは実際のプロジェクトで適用しないと，その長所も短所も理解することが難しい．PBLの授業を受ける機会があれば，スクラムが導入できないかチームで検討してみよう．

3章

■ **3.1**　図 3.1 の中から皆さんが興味を持った構造化プログラミング言語を最低 3 つ以上ピックアップしてみよう．次に，それらのプログラミング例を検索し，言語間で共通する部分と異なる部分を調べてみよう．さらに，連接，選択，反復の 3 制御要素が各々のプログラミング言語の構文としてどのように定義されているか調べてみよう．

■ **3.2**　歴史的に重要なオブジェクト指向プログラミング言語である Smalltalk，Java，C++，Scala の言語仕様とプログラミング例を調べてみよう．次に，それらを言語が発表された年代順に並べ変えてみよう．言語仕様にどのような変化が起きているのか，言語間を超えて受け継がれている言語仕様として何があるのか，について考えてみよう．

4章

■ **4.1**　いままで皆さんが作成してきたプログラムの中で，複数のモジュール（関数，手続き，クラス，メソッドなど）から構成されるものを探してみよう．親モジュール，子モジュールの順にプログラムコードを読み進め，それぞれのモジュール内で完結して理解できるかを確かめよう．また，モジュール内の記述の各々が同じ程度の詳細度になっているかを確認しよう．もしそのようになっていなかったら，モジュールの抽象度にばらつきがあることになる．各モジュールに記述すべき内容を見直すとともに，プログラムコードの方も書き換えよう．最後に，もう一度，先に述べた事項をチェックしよう．

■ **4.2**　アートやデザインに興味ある方は，美術館のポスター展を鑑賞したり，図録を眺めてみよう．たとえば，サヴィニャック（R. Savignac）の商業ポスターはユーモラスながら本質をついている．サヴィニャックの展示会は時々開催されるので，機会があれば美術館を訪れるとよい．ソフトウェアのモデリングの観点からも十分に楽しめる．絵本作家が作成した商業ポスターには心動かされるものがある．ミッフィーの作者として有名なブルーナ（D. Bruna）はグラフィックデザイナーでもあり，若い頃は書籍の表紙やポスターを作成していた．シンプルながらもメッセージ性が高いポスターは素晴らしい．童画で有名な「いわさきちひろ」も商業ポスターを作成している．こちらは情感が深いポスターになっている．抽象化という観点でどちらの作風が良いというわけではない．それぞれの想いで現実世界を切り取り抽象化している．抽象化の答えは 1 つではない．色々な抽象化があってよい．これは大切なことである．ソフトウェア開発において顧客のニーズや想いは様々である．そのことを汲んだ上で，現実世界を切り取り，抽象化し，要求仕様につなげていく必要がある．顧客ニーズの受け手であるエンジニアの共感力と抽象化能力が問われる．読書やアート鑑賞は勉強という観点では必ずしも必要なことではないかもしれないが，共感力や抽象化能力を養う良い機会になる．すぐには役立たないことが，実は長い目で見ると最も大切なものになってくる．ソフトウェア開発は，人間相手の仕事である．技術以前に重要なことがたくさんある．

5章

■ **5.1** 問題文に指示された内容に基づいて，シナリオを書き換えること自体は難しいことではない．ただし，顧客から言われたことを何でもシナリオに追加すればよいというわけではない．顧客が望んでいることは，実は，顧客自身が発した言葉そのものではないかもしれない．シナリオ作成においても，受け手であるエンジニアの現実世界を切り取る力が重要となる．エンジニアの道具箱（スキルセット）の中身は多いほど良い．普段は役に立たない道具が力を発揮することもある．顧客から要望が出たとき，本当は何を望んでいそうかを感じ取り，道具箱の中からより適した方法を提示することが大切である．

■ **5.2** 本書で説明した手順に沿ってイベントフローを書いてみよう．実際に手を動かしドリル的に取り組むとよい．

6章

■ **6.1** 本書で説明した手順に沿ってシーケンス図を書いてみよう．実際に手を動かすことが大切である．

■ **6.2** ソフトウェア分析において，クラス図とシーケンス図の間の整合性をチェックすることは非常に重要である．不整合の原因として，命名の不一致，メソッドとメッセージの非対応，などがある．クラス図を作成する際に想定した現実世界と，シーケンス図を作成する際に想定した現実世界がずれているのである．これは仕方がないことである．最初から一致することは少ない．不整合を解消するとは，異なる 2 つの世界観を統合することに他ならない．これをやらなかった場合，クラス図もシーケンス図も適切に現実世界を切り取っていないことになる．ダイアグラムは単なるお絵描きにすぎなくなってしまう．お絵描きでも発想を助けるので意味はあるが，この後に続く設計や実装にはあまり役に立たない．不整合チェックは，分析モデルが適切な抽象度を保っているか否かを確認する上でも重要である．あまりに細かいところまでダイアグラムに記載すると不整合が頻発する．顧客の現実世界を捉えつつ，適切な抽象度で整合性を保つことが重要である．不整合が頻発するのは抽象化が適切に行われていない兆候である．

7章

■ **7.1** UML ダイアグラムから手作業でプログラムコードを作成すると，UML ダイアグラムの意味をより深く理解することができる．特に，クラス図における関連とメッセージ送信の関係はプログラムコードに変換してみて初めて理解できたという人が多い．

■ **7.2** オブジェクト指向によるプログラミング経験のある方は，ぜひ GoF のデザインパターンを試してみて欲しい．Adapter や Iterator などのパターンは適用が容易であろう．ある程度オブジェクト指向プログラミングに慣れてきたら，Observer や Visitor などのパターンにも挑戦してみよう．

8章

■ **8.1** まずは，学務情報システムのユースケース単位にテストケースを考えてみよう．正常に動作する場合，例外が発生する場合について，どのようなテストケースを用意しなければならないか考えてみよう．

■ **8.2** 皆さんがいままで作成したプログラムの中のうち，比較的行数が少ないながらも条件文や繰返し文を含んでいるものを 1 つ選んでみよう．そのプログラムに対する入力データを用意し，プログラム中のどのステートメントを通過するか手作業でチェックしよう．通過すると判断したステートメントをラインマーカで色をつけ，C0 網羅率，C1 網羅率，C2 網羅率をそれぞれ計算してみよう．条件判定部分も忘れずにチェックしよう．さらに，まだ色がついていないステートメントを実行させるにはテスト用にどのような入力データを用意しなければならないかを考えてみよう．

9章

■ **9.1** 皆さんがいままで作成したプログラムの中から，内容が簡単で行数も少ないものを 2 つ選んでみよう．選んだプログラムのうちの 1 つは，代入文しかないものにしよう（たとえば，値を交換するだけの swap 関数など）．代入文の公理がよく理解できるとともに，証明もすぐに終わる．もう 1 つのプログラムは条件文か繰返し文を含んだものを選ぼう．証明は大変となるが，フロイド–ホーア論理について深く理解することができる．

■ **9.2** 演習問題 9.1 で選んだプログラムに対する事前条件，事後条件を JML で記述してみよう．

10章

■ **10.1** 皆さんがいままで作成したプログラムの中から，内容が簡単で行数も少ないものを 1 つ選んでみよう．ただし，条件文や繰返し文を含むものを選ぼう．プログラムの中から気になる変数を 1 つ選び，その変数への代入が行われたステートメントとその変数の値が利用されたステートメントをラインマーカで色づけし，どの範囲で変数の値が変わらないかを確認してみよう．

■ **10.2** まずは簡単なリファクタリングから行ってみよう．たとえば，「メソッドの抽出」など比較的オーソドックスなところから適用してみよう．

11章

■ **11.1** 皆さんがいままで作成したプログラムの中から，一番出来が良いと思うものを 1 つ選んでみよう．テスト入力は網羅しているか，バグが見つかる見込みはもうないか，外部品質の側面から確認してみよう．また，プログラムの行数が必要以上に多くないか，変数の命名は適切か，内部品質の側面から確認してみよう．外部品質も内部品質も問題ないと思ったら，友達から意見を貰おう．友達からの指摘事項に耳を傾け，その理由を考えてみよう．

■ **11.2** 皆さんがいままで作成したプログラムの中から，容易にテスト実行が終わったものと，デバッグに非常に苦労したものを 2 つ選んでみよう．両方のプログラムの循環的複雑度を計算し，どれくらい値が違っているかを確認してみよう．

12 章

■ **12.1** PBL における振り返りは非常に大切である．これを行うか行わないかでは，PBL によって身につくスキルに大きな違いが生じる．KPT の観点から振り返りを行い，Problem や Try となった事項については，チームメンバで話し合ってみよう．

■ **12.2** まずは皆さんが便利そうと感じるツールから使ってみよう．ただし，ツールを使うこと自体を目的としてはならない．ツールが使えるようになることに時間をかけすぎてしまい，肝心の開発（PBL などでの開発）に時間が割けなくなってしまったら元も子もない．

13 章

■ **13.1** 必要は発明の母である．ソフトウェア工学研究は，不便を解消したいという動機から始まる．不便に感じないことを研究しても仕方がない．

■ **13.2** 人工知能という言葉は非常に曖昧である．また，時代と共に人工知能が指す技術は変化してきた．2020 年前後では，機械学習，特に深層学習の技術が人工知能と見なされている．まずは，現在の人工知能技術により解決できそうなものを考えてみよう．その後，現在の人工知能にとらわれずに，どのようにソフトウェアが開発できたら嬉しいかについて思いを馳せてみよう．

参考図書

[A] ソフトウェア工学全般

[1] フレデリック P. ブルックス，滝沢 徹（訳），牧野 祐子（訳），富澤 昇（訳），人月の神話（新装版），丸善出版，2014.

[2] 有澤 誠，ソフトウェア工学（岩波コンピュータサイエンス），岩波書店，1988.

[3] 玉井 哲雄，ソフトウェア工学の基礎，岩波書店，2004.

[4] 岸 知二，野田 夏子，ソフトウェア工学，近代科学社，2016.

[5] 平山 雅之，鵜林 尚靖，IT Text ソフトウェア工学，オーム社，2017.

[6] ロジャー S. プレスマン，西 康晴（監訳），榊原 彰（監訳），内藤 裕史（監訳），古沢 聡子（訳），正木 めぐみ（訳），関口 梢（訳），実践ソフトウェアエンジニアリング—ソフトウェアプロフェッショナルのための基本知識，日科技連出版社，2005.

[7] マイケル・ジャクソン，榊原 彰（監訳），牧野 祐子（訳），プロブレムフレーム：ソフトウェア開発問題の分析と構造化，翔泳社，2006.

[B] ソフトウェア分析，設計，テスト

[8] 竹政 昭利，林田 幸司，大西 洋平，三村 次朗，藤本 陽啓，伊藤 宏幸，かんたん UML 入門［改訂 2 版］，技術評論社，2017.

[9] F. ブッシュマン，H. ローネルト，M. スタル，R. ムニエ，P. ゾンメルラード，金沢 典子（訳），桜井 麻里（訳），千葉 寛之（訳），水野 貴之（訳），関 富登志（訳），ソフトウェアアーキテクチャ—ソフトウェア開発のためのパターン体系，近代科学社，2000.

[10] エリック・ガンマ，ラルフ・ジョンソン，リチャード・ヘルム，ジョン・ブリシディース，本位田 真一（監），吉田 和樹（監），オブジェクト指向における再利用のためのデザインパターン，ソフトバンククリエイティブ，1999.

[11] リー・コープランド，宗 雅彦（訳），はじめて学ぶソフトウェアのテスト技法，日経 BP，2005.

[C] 形式手法

[12] 荒木 啓二郎，張 漢明，IT Text プログラム仕様記述論，オーム社，2002.

[13] 林 晋，プログラム検証論，共立出版，1995.

[14] 中島 震，SPIN モデル検査—検証モデリング技法，近代科学社，2008.

[15] ダニエル・ジャクソン，中島 震（監訳），今井 健男（訳），酒井 政裕（訳），遠藤 侑介（訳），片岡 欣夫（訳），抽象によるソフトウェア設計—Alloy ではじめる形式手法，

オーム社，2011.

[D] 一般教養

[16] G. ポリア，柿内 賢信（訳），いかにして問題をとくか，丸善，1975.
[17] 橋爪 大三郎，はじめての構造主義（講談社現代新書），講談社，1988.
[18] ル・コルビュジエ，吉阪 隆正（訳），建築をめざして（SD 選書 21），鹿島出版会，1967.

索　　引

さ 行

た　行

な 行

は 行

ま　行

や　行

ら　行

英　数

著者略歴

鵜《う》 林《ばやし》 尚《なお》 靖《やす》

1982年　広島大学理学部数学科卒業,（株）東芝入社
1999年　東京大学大学院総合文化研究科
　　　　広域科学専攻広域システム科学系博士課程修了
2003年　九州工業大学情報工学部知能情報工学科助教授
2010年　九州大学大学院システム情報科学研究院教授
　　　　情報処理学会フェロー，博士（学術）

専　門

ソフトウェア工学，プログラミング言語

主要著書

『IT Text ソフトウェア工学』（共著，オーム社）

情報工学レクチャーテキスト＝**QKC–8**

レクチャーソフトウェア工学

2021年12月10日 ©　　　　初　版　発　行

著　者　鵜林尚靖　　　　発行者　矢沢和俊
　　　　　　　　　　　　印刷者　山岡影光
　　　　　　　　　　　　製本者　小西惠介

【発行】　　　株式会社　**数理工学社**

〒151–0051　東京都渋谷区千駄ヶ谷1丁目3番25号
編 集 ☎ (03)5474–8661(代)　　サイエンスビル

【発売】　　　株式会社　**サイエンス社**

〒151–0051　東京都渋谷区千駄ヶ谷1丁目3番25号
営 業 ☎ (03)5474–8500(代)　振替 00170–7–2387
FAX ☎ (03)5474–8900

印刷　三美印刷(株)　　　　製本　(株)ブックアート

《検印省略》

本書の内容を無断で複写複製することは，著作者および
出版者の権利を侵害することがありますので，その場合
にはあらかじめ小社あて許諾をお求め下さい．

ISBN978-4-86481-077-7

PRINTED IN JAPAN

サイエンス社・数理工学社の
ホームページのご案内
https://www.saiensu.co.jp
ご意見・ご要望は
suuri@saiensu.co.jp まで．